XIN NENGYUAN CAILIAO JISHU

新能源材料技术

朱继平　主编　　罗派峰　徐晨曦　副主编　◄◄◄

化学工业出版社

·北京·

本书在介绍国内外新能源材料开发、利用、研究的基础上，结合当今世界新能源领域的研究发展现状，概述了新能源与新能源材料面临的主要任务和研究进展；阐述了锂离子电池材料技术、太阳能电池材料技术、燃料电池材料技术、生物质能材料技术、核能材料技术和风能、地热能、海洋能及其材料技术。

全书力求基础知识与应用前沿相结合，内容丰富，涵盖面广，涉及当前新能源材料与新能源技术关键问题与热点问题。本书适合从事新材料、新能源、化工、环境等相关领域的工程技术人员、科研人员和管理人员参考，也可供高校相关学科的本科生和研究生作为教材或教学参考书使用。

图书在版编目（CIP）数据

新能源材料技术/朱继平主编 . —北京：化学工业出版社，2014.11（2025.1重印）
ISBN 978-7-122-21820-9

Ⅰ.①新…　Ⅱ.①朱…　Ⅲ.①新能源-材料技术
Ⅳ.①TK01

中国版本图书馆 CIP 数据核字（2014）第 209976 号

责任编辑：朱　彤　　　　　　　　装帧设计：刘丽华
责任校对：王素芹

出版发行：化学工业出版社（北京市东城区青年湖南街 13 号　邮政编码 100011）
印　　装：北京科印技术咨询服务有限公司数码印刷分部
787mm×1092mm　1/16　印张 11¼　字数 303 千字　2025 年 1 月北京第 1 版第 13 次印刷

购书咨询：010-64518888　　　　　　售后服务：010-64518899
网　　址：http://www.cip.com.cn
凡购买本书，如有缺损质量问题，本社销售中心负责调换。

定　　价：45.00 元

前言

　　能源和材料是支撑当今人类文明和保障社会发展的最重要物质基础之一。随着世界经济的快速发展和全球人口的不断增长，世界能源消耗剧增，伴随煤炭、石油、天然气等主要化石燃料的匮乏和全球生态环境的不断恶化，特别是温室气体排放导致日益严峻的全球气候变化，人类社会的可持续发展受到严重威胁，这一现状使得可再生清洁能源的开发、利用越来越得到各国的重视，解决能源危机的关键是能源材料尤其是新能源材料技术的突破。

　　本书共分 7 章，在介绍国内外新能源材料开发、利用、研究的基础上，结合当今世界新能源领域的研究发展现状，概述了新能源与新能源材料面临的主要任务和研究进展；阐述了锂离子电池材料技术、太阳能电池材料技术、燃料电池材料技术、生物质能材料技术、核能材料技术和风能、地热能、海洋能及其材料技术。本书旨在为广大读者系统地介绍新能源材料工程领域的基本理论和技术进展等。本书适合高等院校能源、材料、化工、环境、生命等相关学科的本科生和研究生作为教材，也适合从事以上相关领域的工程技术人员、科研人员和管理人员参考。

　　本书由朱继平任主编，罗派峰、徐晨曦任副主编。其中，朱继平编写第 1 章、第 2 章、第 5 章和第 6 章；罗派峰编写第 3 章和第 7 章；徐晨曦编写第 4 章。张胜、祖伟、段锐、刘兆范等研究生也参加了本书的编写工作。项宏发、谢奎、周艺峰、姚卫棠等老师对本书的编写给予了大力帮助，在此表示诚挚的谢意。化学工业出版社对本书的出版给予了大力支持，合肥工业大学、安徽大学"新能源材料与器件"专业的同仁也提供了大量最新研究成果，在此一并致谢。

　　本书的出版得到了国家自然科学基金委项目（21373074）的支持，在此表示感谢！

　　由于新能源材料技术发展迅速、涉及面广，限于编者本身水平和能力所限，本书难免存在一些疏漏，诚恳地希望读者予以批评、指正。

编　者

2014 年 8 月

目录

第7章 其他新能源材料

第1章

绪论

　　能源和材料是支撑当今人类文明和保障社会发展的最重要的物质基础。随着世界经济的快速发展和全球人口的不断增长，世界能源消耗也大幅度上升，伴随主要化石燃料的匮乏和全球环境状况的恶化，传统能源工业已经越来越难以满足人类社会的发展要求。能源问题与环境问题是 21 世纪人类面临的两大基本问题，发展无污染、可再生的新能源是解决这两大问题的必由之路。解决能源危机的关键在于能源材料尤其是新能源材料技术的突破。

　　能源按其形成方式不同分为一次能源和二次能源。一次能源，即直接从自然界取得的以自然形态存在的能源，如风能、地热能。二次能源，即由一次能源经过加工或转换得到的能源，如煤气、电能等，它是联系一次能源和能源用户的中间纽带。一次能源包括以下三大类。

　　① 来自地球以外天体的能量，主要是太阳能。
　　② 地球本身蕴藏的能量、海洋和陆地内储存的燃料、地球的热能等。
　　③ 地球与天体相互作用产生的能量，如潮汐能。

　　能量按其循环方式不同可分为不可再生能源（化石燃料等）和可再生能源（生物质能、氢能、化学能源等）；按使用性质不同可分为含能体能源（煤炭、石油等）和过程性能源（风能、潮汐能等）；按环境保护的要求可分为清洁能源（又称为"绿色能源"，如太阳能、氢能等）和非清洁能源（煤、石油等）；按现阶段的程度可分为常规能源和新能源。表 1-1 归纳了能源分类方法。

表 1-1　能源分类方法

项目			可再生能源	不可再生能源
一次能源	常规能源	商品能源	水力（大型） 太阳能（大型电厂等）	化石燃料（煤、油、天然气等）
		传统能源（非商品能源）	生物质能（薪柴与秸秆、粪便等） 风力（风车、风帆等）	
	非常规能源	新能源	生物质能（燃料作物制沼气、乙醇等） 太阳能（收集器、光伏电池） 海洋能 地热 风能（风力机等）	
二次能源			电力、沼气、汽油、柴油、煤油、重油等油制品，蒸汽等	

1.1　新能源与新能源材料

新能源是相对于常规能源而言的，通过使用新技术和新材料而获得的并在新技术基础上系统地开发利用的能源，如太阳能、风能、海洋能、地热能等。与常规能源相比，新能源生产规模较小，使用范围较窄。以核裂变能为例，20世纪50年代初开始把它用来生产电力和作为动力使用时，被认为是一种新能源；到80年代世界上不少国家已把其列为常规能源。太阳能和风能被利用的历史比核裂变能要早许多世纪，由于还需要通过系统研究和开发才能提高利用效率、扩大使用范围，所以也把它们列入新能源。联合国曾认为新能源和可再生能源共包括14种能源：太阳能、地热能、风能、潮汐能、海水温差能、波浪能、薪柴、木炭、泥炭、生物质能、畜力、油页岩、焦油砂及水能。目前各国对这类能源的称谓有所不同，但共同的认识是，除常规的化石能源和核能之外，其他能源都可称为新能源或可再生能源，主要为太阳能、地热能、风能、海洋能、生物质能、氢能和水能。由不可再生能源逐渐向新能源和可再生能源过渡，是当今能源利用的一个重要特点。在能源、气候、环境问题面临严重挑战的今天，大力发展新能源和可再生能源符合国际发展趋势，对维护我国能源安全以及环境保护意义重大。

能源材料是材料学科的一个重要研究方向，如有的学者将能源材料分为新能源技术材料、能量转换与储能材料和节能材料等。综合国内外的一些观点，我们认为新能源材料是指实现新能源的转化和利用以及发展新能源技术中所要用到的关键材料，它是发展新能源技术的核心和基础。从材料学的本质和能源发展的观点看，能储存和有效利用现有传统能源的新型材料也可以归属为新能源材料。新能源材料覆盖了镍氢电池材料、锂离子电池材料、燃料电池材料，太阳能电池材料、反应堆核能材料、发展生物质能所需的重点材料、新型相变储能和节能材料等。新能源材料的基础仍然是材料科学与工程学科并基于新能源的理念演化和发展。

材料科学与工程研究的范围涉及金属、陶瓷、高分子材料（如塑料）、半导体材料以及复合材料等，通过各种物理和化学的方法发现新材料、改变传统材料的特性或行为使它变得更有用，这就是材料科学的核心。材料的应用是人类发展的里程碑，人类所有的文明进程都是以人类使用的材料来分类的，如石器时代、铜器时代、铁器时代等。21世纪是新能源发挥巨大作用的时代，显然新能源材料及相关技术也将发挥巨大作用。新能源的发展一方面依靠利用新的原理（如聚变核反应、光伏效应等）来发展新的能源系统，同时还必须依靠新材料的开发与应用，才能使新的系统得以实现，并进一步地提高效率、降低成本。当今新能源的概念已经囊括很多方面，那么具体某类新能源材料而言就要体现出其所代表的该类新能源的特性。

1.2　新能源材料学科的任务及面临的课题

为了发挥材料的作用，新能源材料学科面临艰巨的任务。作为材料科学与工程学科的重要组成部分，新能源材料学科的主要研究内容同样也是材料的组成与结构、制备与加工工艺、材料的性质、材料的使用效能以及它们之间的关系。结合新能源材料的特点，新能源材料研究开发的重点有以下几方面。

① 研究新材料、新结构、新效应以提高能量的利用效率与转换效率。例如，研究不同的电解质与催化剂以提高燃料电池的转换效率，研究不同的半导体材料及各种结构（包括异质结、量子阱）以提高太阳能电池的效率、寿命与耐辐照性能等。

② 资源的合理利用。新能源的大量应用必然涉及新材料所需原料的资源问题。例如，太

阳能电池若能部分地取代常规发电,所需的半导体材料要在百万吨以上,对一些元素(如镓、铟等)而言是无法满足的。因此,一方面尽量利用丰度高的元素,如硅等;另一方面实现薄膜化以减少材料的用量。又例如,燃料电池要使用铂作为催化剂(或触媒),铂的取代或节约是大量应用中必须解决的课题。当新能源发展到一定规模时,还必须考虑废料中有价元素的回收工艺与循环使用。

③ 安全与环境保护。这是新能源材料能否大规模应用的关键。例如,锂离子电池具有优良的性能,但由于锂二次电池在应用中出现短路造成的烧伤事件,以及金属锂因性质活泼而易于着火燃烧,因而影响了其应用。为此,研究出用碳素体等作为负极载体的锂离子电池,使上述问题得以避免,现已成为发展速度最快的锂离子二次电池。另外,有些新能源材料在生产过程中也会对环境造成污染;还有服务期满后的废弃物,如核能废弃物,也会对环境造成污染。这些都是新能源材料科学与工程学科必须解决的问题。

④ 材料规模生产的制作与加工工艺。在新能源的研究开发阶段,材料组成与结构的优化是研究的重点,而材料的制作与加工常使用现成的工艺与设备。到了工程化阶段,材料的制作与加工工艺及设备就成为关键的因素。在许多情况下,需要开发针对新能源材料的专用工艺与设备以满足材料产业化的要求,这些情况包括大的处理量、高的成品率、高的劳动生产率、材料及部件的质量参数的一致性和可靠性、环保及劳动防护、低成本等。

例如,在金属氧化物镍电池生产中开发的多孔镍材料的制作技术、开发锂离子电池的电极膜片制作技术等。在太阳能电池方面,为了进一步降低成本,美国能源部拨专款建立称之为"光伏生产工艺"(Photovoltaic Manufacturing Technology)的项目,力求通过完善大规模生产工艺与设备,使太阳能电池发电成本能与常规发电成本相比拟。

⑤ 延长材料的使用寿命。现代发电技术、内燃机技术是众多科学家与工程师在几十年到上百年间的研究开发成果。采用新能源及其装置对这些技术进行取代所遇到的最大问题在于成本有无竞争性:从材料的角度考虑,要降低成本,一方面要靠从上述各研究开发关键方面进行努力;另一方面还要靠延长材料的使用寿命。上述方面的潜力是很大的,这要从解决材料性能退化的原理着手,采取相应措施,包括选择材料的合理组成或结构、材料的表面改性等;并要选择合理的使用条件,如降低燃料中的有害杂质含量以提高燃料电池催化剂的寿命就是一个明显的例子。

1.3 新能源材料的主要应用现状与进展 <<<

新能源发展过程中发挥重要作用的新能源材料有锂离子电池关键材料、镍氢动力电池关键材料、氢能燃料电池关键材料、多晶硅薄膜太阳能电池材料、生物质能利用关键材料、LED发光材料、核用锆合金等。新能源材料的应用现状可以概括为以下几个方面。

① 锂离子电池及其关键材料。经过10多年的发展,小型锂离子电池在信息终端产品(移动电话、便携式电脑、数码摄像机)中的应用已占据垄断性的地位,我国也已发展成为全球三大锂离子电池和材料的制造和出口大国之一。新能源汽车用锂离子动力电池和新能源大规模储能用锂离子电池也已日渐发展成熟,市场前景广阔。近10年来锂离子电池技术发展迅速,其比能量由$100W \cdot h/kg$增加到$180W \cdot h/kg$,比功率达到$2000W/kg$,循环寿命达到2000次以上。在此基础上,如何进一步提高锂离子电池的性价比及其安全性是目前的研究重点,其中开发具有优良综合性能的正负极材料、工作温度更高的新型隔膜和加阻燃剂的电解液是提高锂离子电池安全性和降低成本的重要途径。

② 镍氢电池及其关键材料。镍氢动力电池已进入成熟期,在商业化、规模化应用的混合

动力汽车中得到了实际验证，全球已经批量生产的混合动力汽车大多采用镍氢动力电池。目前技术较为领先的是日本 Panasonic EV Energy 公司，其开发的电池品种主要为 6.5A•h 电池，形状主要有圆柱形和方形两种，电池比能量为 45W•h/kg，比功率达到 1300W/kg。采用镍氢动力电池的 Prius 混合动力轿车在全球销售约 120 万辆，并已经经受了 10 年左右的商业运行考核。随着 Prius 混合动力轿车需求增大，原有的镍氢动力电池产量已不能满足市场需求。Panasonic EV Energy 公司正在福岛县新建了一条可满足 106 台/年电动汽车用镍氢动力电池的生产线，计划 3 年后投产。镍氢电池是近年来开发的一种新型电池，与同体积的镍镉电池相比，容量可以提高一倍，没有记忆效应，对环境没有污染。它的核心是储氢合金材料，目前主要使用的是 RE（LaNi$_5$）系、Mg 系和 Ti 系储氢材料。我国在小功率镍氢电池产业化方面取得了很大进展，镍氢电池的出口量逐年增长，年增长率达 30% 以上。世界各发达国家都将大型镍氢电池列入电动汽车电源的开发计划，镍氢动力电池正朝着方形密封、大容量、高能比的方向发展。

③ 燃料电池材料。燃料电池材料因燃料电池与氢能的密切关系而显得意义重大。燃料电池可以应用于工业及生活的各个方面，如使用燃料电池作为电动汽车电源一直是人类汽车发展的目标之一。在材料及部件方面，研究人员主要进行了电解质材料合成及薄膜化、电极材料合成与电极制备、密封材料及相关测试表征技术的研究，如掺杂的 LaGaO$_3$、纳米钇稳定氧化锆（YSZ）、锶掺杂的锰酸镧阴极及 Ni-YSZ 陶瓷阳极的制备与优化等。采用廉价的湿法工艺，可在 YSZ＋NiO 阳极基底上制备厚度仅为 50μm 的致密 YSZ 薄膜，800℃用氢气作为燃料时单电池的输出功率密度达到 0.3W/cm^2 以上。

催化剂是质子交换膜燃料电池的关键材料之一，对于燃料电池的效率、寿命和成本均有较大影响。在目前的技术水平下，燃料电池中 Pt 的使用量为 1～1.5g/kW，当燃料电池汽车达到 10^6 辆的规模（总功率为 4×10^{7}kW）时，Pt 的用量将超过 40t，而世界 Pt 族金属总储量为 56000t，且主要集中于南非（77%）、俄罗斯（13%）和北美（6%）等地，我国本土的 Pt 族金属矿产资源非常贫乏，总保有储量仅为 310t。铂金属的稀缺与高价已成为燃料电池大规模商业化应用的瓶颈之一。如何降低贵金属铂催化剂的用量，开发非铂催化剂，提高其催化性能，已成为当前质子交换膜燃料电池催化剂的研究重点。

传统的固体氧化物燃料电池（SOFC）通常在 800～1000℃的高温条件下工作，由此带来材料选择困难、制造成本高等问题。如果将 SOFC 的工作温度降至 600～800℃，便可采用廉价的不锈钢作为电池堆的连接材料，降低电池辅助装置（BOP）对材料的要求，同时可以简化电池堆设计，降低电池封装难度，减缓电池组件材料间的相互反应，抑制电极材料结构变化，从而提高 SOFC 系统的寿命，降低 SOFC 系统的成本。当工作温度进一步降至 400～600℃时，有望实现 SOFC 的快速启动和关闭，这为 SOFC 进军燃料电池汽车、军用潜艇及便携式移动电源等领域打开了大门。实现 SOFC 的中低温运行有两条主要路径：继续采用传统的 YSZ 电解质材料，将其制成薄膜，减小电解质厚度，以减小离子传导距离，使燃料电池在较低温度下获得较高的输出功率；开发新型的中低温固体电解质材料及与之相匹配的电极材料和连接板材料。

④ 轻质高容量储氢材料。目前得到实际应用的储氢材料主要有 AB$_5$ 型稀土系储氢合金、AB 型钛系合金和 AB$_2$ 型 Laves 相合金，但这些储氢材料的储氢质量分数都低于 2.2%。近期美国能源部将 2015 年储氢系统的储氢质量分数的目标调整为 5.5%。目前尚无一种储氢方式能够满足这一要求，因此必须大力发展新型高容量的储氢材料。目前的研究热点主要集中在高容量金属氢化物储氢材料、配位氢化物储氢材料、氨基化合物储氢材料和 MOF$_8$ 等方面。在金属氢化物储氢材料方面，北京有色金属研究总院近期研制出 Ti$_{32}$Cr$_{46}$Ce$_{0.4}$ 合金，其室温最大储氢质量分数可达 3.65%，在 70℃、101MPa 条件下有效放氢质量分数达到 2.5%。目前研

究报道的钛钒系固溶体储氢合金,大多以纯 V 为原料,成本偏高,大规模应用受到限制。因此,高性能低钒固溶体合金和以钒铁为原料的钛钒铁系固溶体储氢合金的研究日益受到重视。

⑤ 太阳能电池材料。基于太阳能在新能源领域的龙头地位,美国、德国、日本等发达国家都将太阳能光电技术的研究放在新能源开发的首位。这些国家的单晶硅电池的转换率相继达到 20% 以上,多晶硅电池在实验室中的转换效率也达到了 17%,这引起了各方面的关注。砷化镓太阳能电池的转换率目前已经达到 20%~28%,采用多层结构还可以进一步提高转换效率,美国研制的高效堆积式多结叠层砷化镓太阳能电池的转换效率达到了 31%。IBM 公司报道的多层复合砷化镓太阳能电池的转换效率达到 40%。在世界太阳能电池市场上,目前仍以晶体硅太阳能电池为主。预计在今后一定时间内,世界太阳能电池及其组件的产量将以每年 35% 左右的速度增长。晶体硅太阳能电池的优势地位在相当长的时期里仍将继续保持。

⑥ 生物质能利用的重点材料。开发利用生物质能等可再生的清洁能源对建立可持续的能源系统、促进国民经济发展和环境保护具有重大意义。目前人类对生物质能的利用,包括直接用于燃料的有农作物的秸秆、薪柴等;间接作为燃料的有农林废弃物、动物粪便、垃圾及藻类等,它们通过微生物作用生成沼气,或采用热解法制造液体和气体燃料,或用于制造生物炭。现代生物质能的利用是通过生物质的厌氧发酵制取甲烷,用热解法生成燃料气、生物油和生物炭,用生物质制造乙醇和甲醇燃料,以及利用生物工程技术培育能源植物,发展能源农场。其中生物质高效转化发电技术、定向热解气化技术和液化油提炼技术,是当前生物质能利用的主要发展方向。美国目前生物质能约占全国能量供给的 3%,成为该国最大的可再生能量来源;在发电能源消耗中,可再生能源约占 9.1%,其中生物质发电占 67%。芬兰的生物质发电技术也很成功,目前生物质发电量占该国发电量的 11%。奥地利成功推行了建立燃烧木材剩余物的区域供电站计划,生物质能在总能耗中的比例增加到 25%。

⑦ 发展核能的关键材料。美国的核电约占总发电量的 20%,法国、日本两国核能发电所占份额分别为 77% 和 29.7%。目前,中国核电工业由原先的适度发展进入加速发展的阶段,同时我国核能发电量创历史最高水平,到 2020 年核电装机容量将占全部总装机容量的 4%。核电工业的发展离不开核材料,任何核电技术的突破都有赖于核材料的首先突破。发展核能的关键材料包括:先进核动力材料、先进核燃料、高性能燃料元件、新型核反应堆材料、铀浓缩材料等。

在核反应堆中,目前普遍使用锆合金作为堆芯结构部件和燃料元件包壳材料,Zr-2、Zr-4 和 Zr-2.5Nb 是水堆用的三种最成熟的锆合金:Zr-2 用于沸水堆包壳材料,Zr-4 用于压水堆、重水堆和石墨水冷堆的包壳材料,Zr-2.5Nb 用于重水堆和石墨水冷堆的压力管材料。其中 Zr-4 合金应用最为普遍,该合金已有 30 多年的使用历史。为了提高性能,一些国家开展了为改善 Zr-4 合金的耐腐蚀性能以及开发新锆合金的研究工作。通过将 Sn 含量取下限,Fe、Cr 含量取上限,并采取适当的热处理工艺改善微观组织结构,得到了改进型 Zr-4 包壳合金,其堆内腐蚀性能得到了改善。但是,长期使用证明,改进型 Zr-4 合金仍然不能满足 50GW·d/tU 以上高燃耗的要求。针对这一情况,美国、法国和俄罗斯等国家开发了新型 Zr-Nb 系合金,与传统 Zr-Nb 合金相比,新型 Zr-Nb 系合金具有抗吸氢能力强,耐腐蚀、高温性能好及加工性能好等特性,能满足 60GW·d/tU 甚至更高燃耗的要求,并可延长换料周期。这些新型锆合金已在新一代压水堆电站中获得广泛应用,如法国采用 M5 合金制成燃料棒,经在反应堆内辐照后表明,其性能大大优于 Zr-4 合金。法国法马通公司的 AFA3G 燃料组件已采用 M5 合金作为包壳材料。

⑧ 其他新能源材料。我国风能资源较为丰富,但与世界先进国家相比,我国风能利用技术和发展差距较大,其中最主要的问题是尚不能制造大功率风电机组的复合材料和叶片材料。电容器材料和热电转换材料一直是传统能源材料的研究范围。现在随着新材料技术的发展和新

能源领域的拓展，一些新的热电转换材料也可以作为新能源材料来研究。目前热电材料的研究主要集中在 $(SbBi)_3(TeSe)_2$ 合金、填充式 Skutterudites $CoSb_3$ 型合金（如 $CeFe_4Sb_{12}$）、Ⅳ族 Clathrates 体系（如 $Sr_4Eu_4Ga_{16}Ge_{30}$）以及 Half-Heusler 合金（如 $TiNiSn_{0.95}Sb_{0.05}$）。节能储能材料的技术发展也使得相关关键材料研究迅速发展，一些新型的利用传统能源和新能源的储能材料也成为人们关注的对象。利用相变材料（Phase Change Materials，PCM）的相变潜热来实现能量的储存和利用，提高能效和开发可再生能源，是近年来能源科学和材料科学领域中一个十分活跃的前沿研究方向。发展具有产业化前景的超导电缆技术是国家新材料领域超导材料与技术专项的重点课题之一。我国已成为世界上第 3 个将超导电缆投入电网运行的国家，超导电缆技术已跻身于世界前列，将对我国的超导应用研究和能源工业的前景产生重要影响。

　　总之，提高效能、降低成本、节约资源和环境友好将成为新能源发展的永恒主题，新能源材料将在其中发挥越来越重要的作用。如何针对新能源发展的重大需求，解决新能源材料相关的材料科学基础研究和重要工程技术问题，将成为材料工作者的重要研究课题。

参 考 文 献

[1] 艾德生，高喆. 新能源材料——基础与应用. 北京：化学工业出版社，2010.

[2] 吴其胜，戴振华，张霞. 新能源材料. 上海：华东理工大学出版社，2012.

[3] 王革华，艾德生. 新能源概论. 北京：化学工业出版社，2012.

[4] 杨名舟，王成仁，张定. 中国新能源. 北京：中国水利水电出版社，2013.

[5] 黄可龙，王兆翔，刘素琴. 锂离子电池原理与关键技术. 北京：化学工业出版社，2007.

[6] 吴创之，马隆龙. 生物质能现代化利用技术. 北京：化学工业出版社，2003.

[7] Michael M，Thackeray，Christopher Wolverton，Eric D. Isaacs. Energy Environ Mental Science. ，2012，5：7854-7863.

[8] Sun YQ，Wu Q，Shi GQ. Energy Environmental Science，2011，4：4.

[9] Ferreira，Paulo. Abstracts of Papers of the American Chemical，2013，245.

[10] Malik，Jennifer A，Nekuda. MRS Bulletin，2013，4.

[11] Klapötke Thomas. Chemistry of High-Energy Materials. Germany：the Deutsche Nationalbiblionthek，2011.

[12] Hassoun I，Reale JP，Journal of Materials Chemistry，2007，17（35）：3668-3677.

第2章

锂离子电池材料

2.1 锂离子电池概述 ◀◀◀

锂是自然界最轻的金属元素，具有较低的电极电位$-3.045V$（vs. SHE）和高的理论比容量$3860mA\cdot h/g$。因此，以锂为负极组成的电池具有电压高和能量密度大等特点。锂一次电池的研究始于20世纪50年代，于70年代进入实用化。由于其优异的性能，已广泛应用于军事和民用小型电器中，如导弹点火系统、潜艇、鱼雷、飞机、心脏起搏器、电子手表、计算器、数码相机等，部分代替了传统电池。已实用化的锂一次电池有$Li-MnO_2$、$Li-I_2$、$Li-CuO$、$Li-SOCl_2$、$Li-(CF_x)_n$、$Li-SO_2$、$Li-Ag_2CrO_4$等。

锂二次电池的研究工作也同时展开，但因其使用金属锂作为负极带来了许多问题。特别是在反复的充放电过程中，金属锂表面生长出锂枝晶，能刺透在正负极之间起电子绝缘作用的隔膜，最终触到正极，造成电池内部短路，引起安全问题。解决方法主要是对电解液、隔膜进行改进，解决枝晶问题。这方面的工作一直在持续，但目前尚未取得关键性突破。另一方面，人们提出采用新的电极材料代替金属锂。

1980年，M. Armand提出了"摇椅式"二次锂电池的设想，即正负极材料采用可以储存和交换锂离子的层状化合物，充放电过程中锂离子在正负极之间穿梭，从一边"摇"到另一边，往复循环，相当于锂的浓差电池。而Murphy和Scrosat等通过对小型原理电池的研究证实了锂离子电池实现的可能性。他们采用的正极材料是$Li_6Fe_2O_3$和$LiWO_2$，负极材料是TiS_2、WO_2、NbS_2或V_2O_5，电解液是$LiClO_4$和PC（碳酸丙烯酯）。虽然这些电池比容量很低，充放电速率较慢，但初步表明了"摇椅式"二次锂电池概念的可行性。在研究之初，一直以负极作为锂源。但是在20世纪80年代初期，Goodenough合成了$LiMO_2$（M＝Co、Ni、Mn）化合物，这些材料均为层状化合物，能够可逆地嵌入和脱出锂，后来逐渐发展成为二次电池的正极材料。这类材料的发现改变了二次锂电池锂源为负极的传统思想。1989年，Aubum和Barberio直接将$LiCoO_2$用于电池的组装，研究了$MoO_2(WO_2)\mid LiPF_6-PC\mid LiCoO_2$体系，避免了电池两步组装的困难，但锂离子在$MoO_2(WO_2)$中的扩散很慢，限制了此类电池体系的放电速率。

锂离子二次电池的发展历程见表 2-1。

表 2-1　锂离子二次电池的发展历程

年份	电池组成的发展			体系
	负极	正极	电解质	
20 世纪 70 年代	金属锂 锂合金	过渡金属硫化物 （TiS_2、MoS_2） 过渡金属氧化物 （V_2O_5、V_6O_{13}） 液体正极（SO_2）	液体有机电解质 固体无机电解质 （Li_3N）	$Li/LE/TiS_2$ Li/SO_2
20 世纪 80 年代	Li 的嵌入物 （$LiWO_2$） Li 的碳化物 （$LiCl_2$）（焦炭）	聚合物正极 FeS_2 正极 $LiCoO_2$、$LiNiO_2$、 $Li_xMn_2O_4$	聚合物电解质	Li/聚合物二次电池 $Li/LE/LiCoO_2$ $Li/PE/V_2O_5$，V_6O_{13} $Li/LE/MnO_2$
1990	Li 的碳化物 （LiC_6、石墨）	尖晶石氧化锰锂 （$LiMn_2O_4$）		$C/LE/LiCoO_2$ $C/LE/LiMn_2O_4$
1994	无定形碳		水溶液电解质	水锂电
1995		氧化镍锂	PVDF 凝胶电解质	凝胶锂离子电池
1997	Sn 的氧化物	橄榄石形 $LiFePO_4$		
1998	新型合金		纳米复合电解质	
1999				凝胶锂离子电池的商业化
2000	纳米氧化物负极			C/电解质　$LiFePO_4$
2002				
2008	掺杂导电聚合物			掺杂/嵌入复合机理的水锂电
2009 至今			PE 或 LE/水溶液电解质	充电式锂-空气电池

注：LE 为液体电解质，PE 为聚合物电解质。

日本 SONY 公司通过对碳材料仔细的研究，1990 年宣布成功开发了以碳作为负极的二次锂电池，于 1991 年 6 月投放市场。后来，这种不含金属锂的二次锂电池被称为锂离子电池。SONY 公司的电池负极材料为焦炭，正极材料为 $LiCoO_2$，电解液为碳酸丙烯酯（PC）和碳酸乙烯酯（EC）组成的混合溶剂。1990 年，Dahn 等注意到，锂离子在 PC 电解液体系中可以嵌入石墨，但由于溶剂共嵌入而导致石墨结构被破坏。而结晶度差的非石墨化碳（石油焦）对溶剂的影响非常敏感。这些研究解释了 SONY 公司电池体系成功的原因。相对于当时广泛使用的其他二次电池体系，SONY 公司报道的二次锂电池具有高电压、高容量、循环性能好、自放电率低、对环境无污染等优点。因此，立即引发了全球范围内研究和开发二次锂电池的热潮。目前，人们还在不断研发新的电池材料，改善设计和制造工艺，以提高其性能。现以 18650 型锂离子电池为例，1991 年 SONY 公司产品的容量为 900mA·h，目前已达到 2550mA·h。

2.1.1　锂离子电池工作原理

锂离子电池是指分别用两个能可逆地嵌入与脱嵌锂离子的化合物作为正负极构成的二次电池。人们将这种靠锂离子在正负极之间转移来完成电池充放电工作的独特机理的锂离子电池形象地称为摇椅式电池，俗称锂电。锂离子电池工作原理如图 2-1 所示，以 $LiCoO_2$ 为例。

正极反应：
$$LiCoO_2 \rightleftharpoons Li_{1-x}CoO_2 + xLi^+ + xe^- \qquad (2-1)$$

负极反应：$$C + xLi^+ + xe^- \rightleftharpoons Li_xC \qquad (2\text{-}2)$$

电池总反应：$$LiCoO_2 + C \rightleftharpoons Li_{1-x}CoO_2 + Li_xC \qquad (2\text{-}3)$$

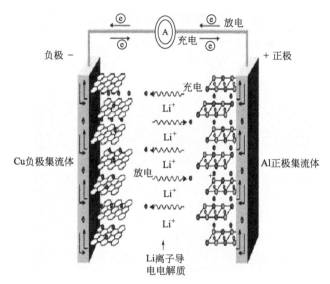

图 2-1　锂离子电池工作原理图

　　锂离子电池的工作原理就是指其充放电原理。当对电池进行充电时，电池的正极上有锂离子生成，生成的锂离子经过电解液运动到负极。而作为负极的碳呈层状结构，它有很多微孔，到达负极的锂离子就嵌入到碳层的微孔中，嵌入碳层的锂离子越多，充电容量越高。同样道理，当对电池进行放电时（即我们使用电池的过程），嵌在负极碳层中的锂离子脱出，又运动回到正极，回到正极的锂离子越多，放电容量越高。

2.1.2　锂离子电池的组成

　　锂离子电池的结构一般包括以下部件：正极、负极、电解质、隔膜、正极引线、负极引线、中心端子、绝缘材料、安全阀、PTC（正温度控制端子）、电池壳。以圆柱形锂离子电池为例，其结构如图 2-2（a）所示，扣式电池的结构与圆柱形电池的结构相似。方形锂离子电池的结构如图 2-2（b）所示。聚合物锂离子电池的结构如图 2-2（c）所示。

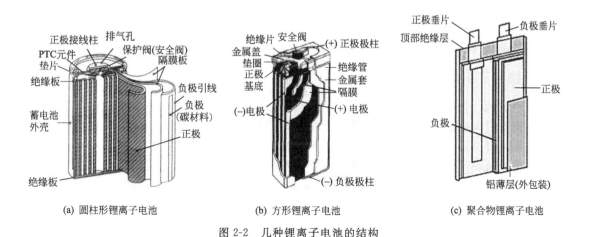

(a) 圆柱形锂离子电池　　　　(b) 方形锂离子电池　　　　(c) 聚合物锂离子电池

图 2-2　几种锂离子电池的结构

2.1.3 锂离子电池的优缺点

锂离子电池与其他电池相比具有许多优点,有关数据见表 2-2。

表 2-2 三种锂离子电池的性能比较

技术参数	镍镉电池(Ni-Cd)	镍氢电池(Ni-MH)	锂离子电池(LiB)
工作电压/V	1.2	1.2	3.6
质量比能量/(W·h/kg)	40~50	80	100~160
体积比能量/(W·h/L)	150	200	270~300
能量效率/%	75	70	>95
充放电寿命/次	500	500	1000
自放电率/(%/月)	25~30	15~20	6~8
充电速率/C	1	1	1
记忆效应	有	少许	无
价格(Ni-Cd=1)	1	1.2	2
尺寸	圆形/方形	圆形/方形	圆形/方形
毒性	Cd	无	无

锂离子电池具有许多显著特点,它的优点表现如下。

① 工作电压高。锂离子电池的工作电压在 3.6V,是镍镉电池和镍氢电池工作电压的 3 倍。在许多小型电子产品上,一节锂离子电池即可满足使用要求。

② 比能量高。锂离子电池比能量目前已达 150W·h/kg,是镍镉电池的 3 倍,是镍氢电池的 1.5 倍。

③ 充放电寿命长。目前锂离子电池充放电寿命已达 1000 次以上,在低放电深度下可达几万次,超过了其他几种二次电池。

④ 自放电小。锂离子电池的月自放电率仅为 6%~8%,远低于镍镉电池(25%~30%)及镍氢电池(15%~20%)。

⑤ 无记忆效应。

⑥ 对环境无污染。(锂离子电池中不存在有害物质,是名副其实的"绿色电池")。

锂离子电池也有一些不足之处,主要表现如下。

① 成本高,主要是正极材料 $LiCoO_2$ 的价格高。

② 必须有特殊的保护电路,以防止过充。

③ 与普通电池的相容性差,一般在需要 3 节普通电池的情况下才能用锂离子电池替代。

2.1.4 锂离子电池的设计及组装

电池的结构、壳体及零部件、电极的外形尺寸及制造工艺、正负极材料物质的配比、电池组装的松紧度对电池的性能都有不同程度的影响。因此,合理的电池设计、优化的生产工艺过程,是关系到研究结果的准确性、重现性、可靠性的关键。

锂离子电池设计主要需要解决的问题如下。

① 在允许的尺寸、重量范围内进行结构和工艺的设计,使其满足整机系统的用电要求。

② 寻找简单可行的工艺路线。

③ 最大限度地降低成本。

④ 在条件许可的情况下,提高产品的技术性能。

⑤ 最大可能实现作为"绿色"电源的目的，克服和解决环境污染问题。

随着锂离子电池的商业化，越来越多的领域都并始使用锂离子电池。由于技术问题，目前使用的锂离子电池还是以钴酸锂为主作为其正极材料，而钴是一种战略资源，其价格相当昂贵；同时，由于其高毒性存在着环境污染问题，值得庆幸的是，磷酸铁锂、锰酸锂及其掺杂化合物正作为最有可能替代钴酸锂的正极材料越来越引起人们的关注。

锂离子电池的设计主要从电池的设计原理、设计原则及一般的计算方法进行介绍，以下简要地阐述电池壳体材料的选择原则、制作工艺和环境保护等。

2.1.4.1 锂离子电池设计的一般程序

锂离子电池的设计包括性能设计和结构设计，所谓性能设计是指电压、容量和寿命的设计。而结构设计是指电池壳、隔膜、电解液和其他结构的设计。设计的一般程序分为下面三步。

① 第一步，对各种给定的技术指标（工作电压、电压精度、工作电流、工作时间、比容量、寿命和环境温度等）进行综合分析，找出关键问题。

② 第二步，进行性能设计，根据需要解决的关键问题，在以往积累的实验数据和生产经验的基础上，确定合适的工作电流密度，选择合适的工艺类型，以期望做出合理的电压及其他性能设计。根据实际所需要的容量，确定合适的设计容量，以确定活性物质的比例容量。选择合适的隔膜材料、壳体材质等，以确定设计寿命。选材问题应根据电池要求在保证成本的前提下尽可能地选择新材料。当然这些设计之间要综合考虑，不可偏废任何一方面。

③ 第三步，进行结构设计，包括外形尺寸的确定，单体电池外壳的设计，电解液的设计，隔膜的设计以及导电网、极柱、气孔的设计等。对于电池组还要进行电池组合、电池外壳、内衬材料以及加热系统的设计。

设计中应着眼于主要问题，对次要问题进行折中和平衡，最后确定合理的设计方案。

2.1.4.2 锂离子电池设计的要求

电池设计是为满足对象（用户或仪器设备）的要求进行的。因此，在进行电池设计前，必须详尽地了解对象对电池性能指标及使用条件的要求，一般包括以下几个方面：电池工作电压及要求的电压精度；电池的工作电流；电池的工作时间；电池的工作环境；电池的最大允许体积和重量。

选择电池材料组装 AA 型锂离子电池的设计要求：在放电态下的欧姆内阻不大于 40Ω；电池 1C 放电时，视不同的正极材料而定，如 $LiCoO_2$ 的比容量不小于 $135mA \cdot h/g$；电池 2C 放电容量不小于 1C 放电容量的 96%；在前 30 次 1C 充放电循环过程中，3.6V 以上的容量不小于电池总容量的 80%；在前 100 次 1C 充放电循环过程中，电池的平均每次容量衰减不大于 0.06%；电池充放电时置于 135℃ 的电炉中不发生爆炸。

按照 AA 型锂离子电池的结构设计和组装的电池，经实验测试，若结果达到上述要求，则说明进行的结构设计合理、组装工艺过程完善，在进行不同正极材料的电极性能研究时，就可按此结构设计与工艺过程组装电池。若结果达不到上述要求，则说明结构设计不够合理或工艺过程不够完善，需要进行反复优化，直至实验结果符合上述要求。

锂离子电池由于其优异的性能，被越来越多地应用到各个领域，特别是一些特殊场合和作为特种器件应用。因此，对于电池的设计还有一些特殊要求，比如振动、碰撞、重物冲击、热冲击、过充电、短路等。

同时电池的设计还需要考虑，电极材料的来源、电池性能、影响电池特性的因素、电池工艺、经济指标及环境问题等因素。

2.1.4.3 锂离子电池的性能设计

在明确了设计任务和做好有关准备后，即可进行电池设计。根据电池用户要求，电池设计的思路有两种：一种是为用电设备和仪器提供额定容量的电源；另一种则只是给定电源的外形尺寸，研制开发性能优良的新规格电池或异形电池。

锂离子电池设计主要包括参数计算和工艺制定，具体步骤如下。

（1）确定组合电池中单体电池的数目、单体电池工作电压和工作电流密度

根据要求确定电池组的工作总电压、工作电流等指标，选定电池系列，参照该系列的伏安曲线（经验数据或通过实验所得），确定单体电池的工作电压与工作电流密度。

$$单体电池数目 = \frac{电池工作总电压}{单体电池工作电压}$$

（2）计算电极总面积和电极数目

根据要求的工作电流和选定的工作电流密度，计算电极总面积（以控制电极为准）。

$$电极总面积 = \frac{工作电流（mA）}{工作电流密度（mA/cm^2）}$$

根据要求的电池外形最大尺寸，选择合适的电极尺寸，计算电极数目。

$$电极数目 = \frac{电极总面积}{极板面积}$$

（3）计算电池容量

根据要求的工作电流和工作时间计算额定容量。

$$额定容量 = 工作电流 \times 工作时间$$

（4）确定设计容量

$$设计容量 = 额定容量 \times 设计系数$$

其中设计系数是为保证电池的可靠性和使用寿命而设定的，一般取 1.1～1.2。

（5）计算电池正、负极活性物质的用量

① 计算控制电极的活性物质用量，根据控制电极的活性物质的电化学当量、设计容量及活性物质利用率，计算单体电池中控制电极的物质用量。

$$电极活性物质用量 = \frac{设计容量 \times 活性物电化学当量}{活性物质利用率}$$

② 计算非控制电极的活性物质用量

单体电池中非控制电极的活性物质用量，应根据电极活性物质用量来决定。为了保证电池有较好的性能，一般应过量，通常取系数为 1～2。锂离子电池通常采用负极碳材料过剩，系数取 1.1。

（6）计算正、负极板的平均厚度

根据容量要求来确定单体电池的活性物质用量。当电极物质是单一物质时，则

$$电极片物质用量 = \frac{单体电池物质用量}{单体电池极板数目}$$

$$电极活性物质平均厚度 = \frac{每片电极片物质用量}{物质密度 \times 极板面积 \times （1-孔率）} + 集流体厚度$$

$$其中集流体厚度 = \frac{网格重量}{物质密度 \times 网格面积}（或选定厚度）$$

如果电极活性物质不是单一物质而是混合物时，物质的用量与密度应换成混合物质的用量与密度。

（7）隔膜材料的选择与厚度、层数的确定

隔膜的主要作用是使电池的正、负极分隔开来，以防止两极接触而短路。此外，还应具有使电解质离子通过的功能。隔膜材质本身是不导电的，但其物理化学性质对电池的性能有很大影响。锂离子电池经常使用的隔膜有聚丙烯和聚乙烯微孔膜（Celgard 公司生产的系列隔膜已在锂离子电池中广泛应用）。对于隔膜的层数及厚度要根据隔膜本身性能及具体设计电池的性能与要求来确定。

（8）确定电解液的浓度和用量

根据所选择的电池体系特征，结合具体设计电池的使用条件（如工作电流、工作温度等）或根据经验数据来确定电解液的浓度和用量。常用锂离子电池的电解液体系有 1mol/L LiPF$_6$/PC-DEC(1:1)，PC-DMC(1:1)和 PC-MEC(1:1)或 1mol/L LiPF$_6$/PC-DEC(1:1)，EC-DMC(1:1)和 EC-EMC(1:1)。其中，PC 为碳酸丙烯酯，EC 为碳酸乙烯酯，DEC 为碳酸二乙酯，DMC 为碳酸二甲酯，EMC 为碳酸甲乙酯。

（9）确定电池的装配比及单体电池容器尺寸。电池的装配比需根据所选定的电池特性及设计电池的电极厚度等情况确定，一般控制为 $80\%\sim90\%$。

根据用电器对电池的要求选定电池后，再根据电池壳体材料的物理性能和力学性能，以确定电池容器的宽度、长度及壁厚等。特别是随着电子产品的薄型化和轻量化，电池的占用空间也愈来愈小，这就要求选定更为先进的电极材料，制备比容量更高的电池。

2.1.4.4 锂离子电池的结构设计

从设计要求来说，由于电池壳体选定为 AA 型（ϕ14mm×50mm），则电池结构设计主要是指电池盖、电池组装的松紧度、电极片的尺寸、电池上部空气室的大小、两极物质的配比等。对它们的设计是否合理直接影响到电池的内阻、内压、容量和安全性等性能。

（1）电池盖的设计

根据锂离子电池的性能可知，在电池充电末期，阳极电压高达 4.2V 以上。如此高的电压很容易使不锈钢或镀镍不锈钢发生阳极氧化反应被腐蚀，因此传统的 AA 型 Ni-Cd、Ni-MH 电池所使用的不锈钢或镀镍不锈钢盖不能用于 AA 型锂离子电池。考虑到锂离子电池的正极集流体可以使用铝箔而不发生氧化腐蚀，所以在保留 AA 型 Ni-Cd 电池盖的双层结构及外观的情况下，用金属铝代替电池盖的镀镍不锈钢底层，然后把该铝片和镀镍不锈钢上层卷边包合，使其成为一个整体，同时在它们之间放置耐压为 1.0~1.5MPa 的乙丙橡胶放气阀。通过实验证实，重新设计的电池盖不但密封性、安全性好，而且耐腐蚀，容易和铝制正极极耳焊接。

（2）装配松紧度的确定

装配松紧度的大小主要根据电池系列的不同，电极和隔膜的尺寸及其膨胀程度来确定。对 AA 型锂离子电池来说，电极的膨胀主要由正负极物质中的乙炔黑和聚偏氟乙烯（PVDF）引起，由于其添加量较小，吸液后引起的电极膨胀亦不会太大；充放电过程中，由于 Li$^+$ 在正极材料（如 LiCoO$_2$）和电解液中的嵌/脱而引起的电极膨胀也十分小；电池的隔膜厚度仅为 25μm，其组成为 Celgard 2300PP/PE/PP 三层膜，吸液后其膨胀程度也较小。综合考虑以上因素，锂离子电池应采取紧装配的结构设计。通过电芯卷绕、装壳及电池注液实验，并结合电池解剖后极粉是否脱落或粘接在隔膜上等结果，可确定 AA 型锂离子电池装配松紧度为 $\eta=86\%\sim92\%$。

2.1.4.5 电池保护电路设计

为防止锂离子电池过充，锂离子电池必须设计有保护电路。保护电路需要满足以下基本要求。

① 充电时要充满，终止充电电压精度要求在 $\pm1\%$ 左右。

② 在充、放电过程中不过流，需设计有短路保护装置。

③ 达到终止放电电压时要禁止继续放电，终止放电电压精度控制在±3%左右。

④ 对深度放电的电池（不低于终止放电电压）在充电前以小电流方式预充电。

⑤ 为保证电池工作稳定可靠，防止瞬态电压变化的干扰，其内部应设计有过充电、过放电、过流保护的延时电路，以防止瞬态干扰造成的不稳定现象。

⑥ 自身耗电省（在充、放电时保护器均应是通电工作状态）。单节电池保护器耗电一般小于$10\mu A$，多节的电池组一般在$20\mu A$左右。

⑦ 保护器电路简单，外围元器件少，占用空间小，一般可制作在电池或电池组中。

⑧ 保护器的价格低。

2.1.4.6　锂离子电池的组装

按照电池的结构设计和设计参数，如何制备出所选择的电池材料并将其有效地组合到一起，组装成符合设计要求的电池，是电池生产工艺所要解决的问题。由此可见，电池的生产工艺是否合理，关系到所组装电池是否符合设计要求，是影响电池性能最重要的步骤。表2-3列出了石墨/$LiCoO_2$系圆柱形锂离子电池制造工艺的有关参数。

表2-3　石墨/$LiCoO_2$系圆柱形锂离子电池制造工艺的有关参数

电池组分	材料	厚度/μm
负极活性物质	非石墨化的碳	单面90
负极集流体	Cu	25
正极活性物质	$LiCoO_2$	单面80
正极集流体	Al	25
电解液/隔膜	PC/DEC/$LiPF_6$/Celgard	25

其中正负极浆料的配制及正、负极的涂布、干燥、辊压等制备工艺、电芯的卷绕对电池性能影响最大，是锂离子电池制造技术中的最关键步骤。为防止金属锂在负极集流体上的铜部位析出而引起安全问题，需要对极片进行工艺改进，铜箔的两面需用碳浆涂布。

下面对这些工艺过程进行简要介绍。图2-3为卷绕式锂离子电池的生产工艺流程。

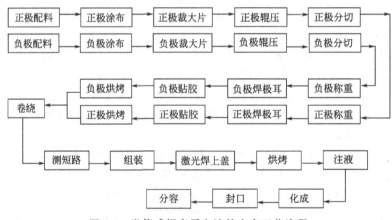

图2-3　卷绕式锂离子电池的生产工艺流程

由图2-3可知，锂离子电池生产工艺的主要工序如下。

① 制浆。用专用的溶剂和胶黏剂分别与粉末状的正负极活性物质混合，经高速搅拌均匀后，制成浆状的正负极材料。

② 涂布。将制成的浆料均匀地涂抹在金属箔的表面，烘干，分别制成正、负极极片。

③ 装配。按正极片-隔膜-负极片-隔膜的顺序自上而下放好，经卷绕制成电池芯，再经注入电解液、封口等工艺过程，即可完成电池的装配过程，制成成品电池。

④ 化成。用专业的电池充放电设备对成品电池进行充放电测试，对每一只电池都进行检测，筛选出合格的成品电池。

2.1.5 锂离子电池对正、负极材料的要求

2.1.5.1 锂离子电池对正极材料的要求

锂离子电池正极材料不仅作为电极材料参与电化学反应，而且可作为锂离子源。能作为锂离子电池的正极活性材料，相对于 Li/Li^+ 的电位如图 2-4 所示。

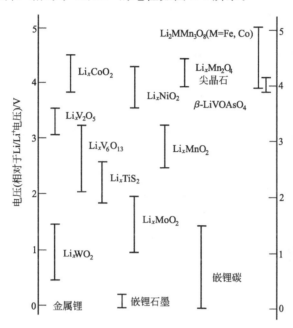

图 2-4 锂离子电池正极活性材料及放电电位（相对于 Li/Li^+）

由图 2-4 可知，大多数可作为锂离子电池的活性正极材料是含锂的过渡金属化合物，而且以氧化物为主。锂离子电池正极材料一般为嵌入化合物（Intercalation Compound，也有人称之为插入化合物，在本书中为了便于与锂插入石墨层间的插入和脱插行为区分开来称之为嵌入或脱嵌），作为理想的正极材料，锂嵌入化合物应具有以下性能。

① 金属离子 M^{n+} 在嵌入化合物 $Li_xM_yX_z$ 中应有较高的氧化还原电位，从而使电池的输出电压较高。

② 在嵌入化合物 $Li_xM_yX_z$ 中大量的锂能够发生可逆嵌入和脱嵌，以得到高容量，即 x 值尽可能大。

③ 在整个嵌入/脱嵌过程中，锂的嵌入和脱嵌应可逆，且主体结构没有或很少发生变化，这样可确保良好的循环性能。

④ 氧化还原电位随 x 的变化应该尽可能小，这样电池的电压不会发生显著变化，可保持较平稳的充电和放电。

⑤ 嵌入化合物应有较好的电子电导率（σ_e）和离子电导率（σ_{Li^+}），这样可减少极化，并能进行大电流充、放电。

⑥ 嵌入化合物在整个电压范围内应化学稳定性好，不与电解质等发生反应。

⑦ 锂离子在电极材料中有较大的扩散系数，便于快速充放电。

⑧ 从实用角度而言，插入化合物应该具有便宜，对环境无污染等特点。

2.1.5.2 锂离子电池对负极极材料的要求

自从锂离子电池诞生以来，研究的有关负极材料主要有以下几种：石墨化碳材料、无定型

碳材料、氮化物、硅基材料、锡基材料、新型合金、纳米氧化物和其他材料。作为锂离子电池负极材料，要求具有以下性能。

① 锂离子在负极基体中的插入氧化还原电位尽可能低，接近金属锂的电位，从而使电池的输出电压高。

② 在基体中大量的锂能够发生可逆插入和脱插，以得到高容量密度，即 x 值尽可能大。

③ 在整个插入/脱插过程中，锂的插入和脱插应可逆，且主体结构没有或很少发生变化，这样可确保良好的循环性能。

④ 氧化还原电位随 x 的变化应该尽可能小，这样电池的电压不会发生显著变化，可保持较平缓的充电和放电。

⑤ 插入化合物应有较好的电子电导率（σ_e）和离子电导率（σ_{Li^+}），这样可减少极化，并能进行大电流充放电。

⑥ 主体材料具有良好的表面结构，能够与液体电解质形成良好的固体电解质界面膜（Solid Electrolyte Interface，简称 SEI 膜）。

⑦ 插入化合物在整个电压范围内具有良好的化学稳定性，在形成 SEI 膜后不与电解质等发生反应。

⑧ 锂离子在主体材料中有较大的扩散系数，便于快速充放电。

⑨ 从实用角度而言，主体材料应该便宜，对环境无污染等。

2.2　正极材料

2.2.1　正极材料概述

在过去的二十年里，锂离子电池得到了迅猛发展，应用范围扩展到民用与军事领域。由于环境、能源等矛盾凸显，社会对非燃油交通工具的呼声增加，合适的电池是电动汽车（EV）与混合电动汽车（HEV）发展的关键，因为 EV 远距离行驶要依赖足够高能量密度的电池，而 HEV 则要依赖功率密度足够大的电池。正极材料是锂离子电池的重要组成部分之一，影响其性能和成本（约为 $40\%\sim46\%$），如图 2-5。因此，正极材料的选择和研究对锂离子电池具有非常重要的作用，有助于扩大其范围。

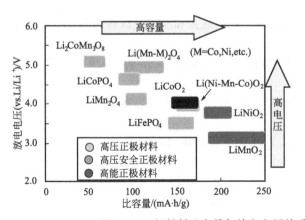
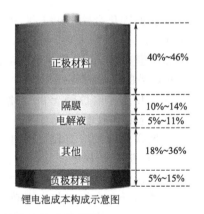

图 2-5　正极材料比容量与放电电压关系图及锂电池成本构成示意图

在锂离子充、放电过程中，正极材料不仅要提供正、负极嵌锂化合物往复嵌入/脱嵌所需要的锂，而且还要负担负极材料表面形成 SEI 膜所需的锂。表 2-4 为正极材料的基本类型。

表 2-4 正极材料的基本类型

参数＼材料	$LiCoO_2$	$LiNi_{1-x}Co_xO_2$	$LiNi_{1/3}Co_{1/3}Mn_{1/3}O_2$	$LiMnO_2$	$LiFePO_4$
振实密度/(g/cm³)	5.05	4.85	4.8	4.2	3.6
比容量/(mA·h/g)	140	170	150	110	115
循环性能/次	>500	>500	>800	>300	>2000
材料成本	高	较高	较低	低	低
安全性	一般	较差	好	好	很好
适用领域	小型电池	小型电池	小型/动力电池	动力电池	动力电池

此外，正极材料在锂离子电池中占有较大比例（正、负极材料的质量份为 3∶1～4∶1），故正极材料的性能在很大程度上影响电池的性能，并直接决定电池的成本。大多数可作为锂离子电池的活性正极材料是含锂的过渡金属化合物，而且以氧化物为主。目前已用于锂离子电池规模生产的正极材料为 $LiCoO_2$。

可作为锂离子正极材料的氧化物，常见的有锂钴氧化物（lithium cobalt oxide）、锂镍氧化物（lithium nickel oxide）、锂锰氧化物（lithium manganese oxide）和钒的氧化物，其他正极材料如铁的氧化物、其他金属的氧化物、5V 正极材料（指放电平台在 5V 附近的正极材料，目前有两种：尖晶石、结构 $LiMn_{2-x}M_xO_4$ 和反尖晶石 V[LiM]O_4，M＝Ni，Co）以及多阴离子正极材料（目前研究的主要为 $LiFePO_4$ 磷酸亚铁锂）等也进行了研究。在这几种正极材料的原材料中，钴最贵，其次是镍，最便宜的为锰和钒，因此正极材料的价格基本上也与该市场行情一致。这些正极材料的结构主要是层状结构和尖晶石结构。

2.2.2 层状结构正极材料 $LiCoO_2$

1958 年 W. D. Johnston 等提出了钴酸锂（$LiCoO_2$）的晶体结构，1979 年 Goodenough 发明了锂离子嵌入式正极活性材料 $LiCoO_2$。由于 $LiCoO_2$ 材料的制备工艺简单、倍率性能好、性能稳定等优点，目前已被广泛商业化应用。$LiCoO_2$ 具有 α-$NaFeO_2$ 结构，属六方晶系，空间群为 $R\bar{3}m$，如图 2-6 所示。其中 6c 位上的 O 为立方密堆积，3a 位的 Li 和 3b 位的 Co 分别交替占据其八面体孔隙，在 [111] 晶面方向上呈层状排列，$a = 0.2816$nm，$c = 1.4056$nm，c/a 比一般为 4.991。但是实际上由于 Li^+ 和 Co^{3+} 与氧原子层的作用力不一样，氧原子的分布并不是理想的密堆结构，而是有所偏离，呈现三方对称性。在充电和放电过程中，锂离子可以从所在的平面发生可逆脱嵌/嵌入反应。由于锂离子在键合强的 CoO_2 层间进行二维运动，锂离子电导率高，扩散系数为 $10^{-9} \sim 10^{-7}$ cm²/s。另外，共棱的 CoO_6 八面体分布使 Co 与 Co 之间以 Co—O—Co 形式发生相互作用，电子电导率 σ_e 也比较高。

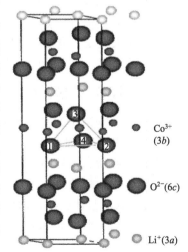

图 2-6 层状 $LiCoO_2$ 结构

$LiCoO_2$ 为半导体，室温下的电导率为 10^{-3} S/cm，电子导电占主导作用。锂在 $LiCoO_2$ 中的室温扩散系数为 $10^{-12} \sim 10^{-11}$ cm²/s，锂完全脱出对应的理论比容量为 274mA·h/g，但是实际容量只有理论容量的一半，约为 140mA·h/g，因为 Li^+ 从 Li_xCoO_2 中最多嵌入和脱出 0.5 个单元。当 x 等于或大于 0.5 时，Li_xCoO_2 的结构将发生变化，钴离子从原来平面迁移出去，导致电池的不可逆容量减少很多。故在实际应用的锂离子电池中，$0 \leqslant x \leqslant 0.5$，$LiCoO_2$ 具有平稳的电压平台（3.9V），此时设置的电池电压上限为4.2V时，电池容量损失小，结构稳定性好。当充电电压大于 $4.3V(vs. Li/Li^+)$ 时会出现结构坍塌，造成实际容量为理论容量的一半。

$LiCoO_2$ 正极材料常用固相法制备。固相反应一般是在高温下进行的。但是在高温条件下离子和原子通过反应物、中间体发生迁移需要活化能，对反应不利，必须延长反应时间，才能制备出电化学性能比较理想的电极材料。此外，采用的制备方法还有溶液法、溶胶-凝胶法、沉降法、喷雾干燥法等。$LiCoO_2$ 晶体结构内阳离子无序严重，电化学性能差，高温热处理有助于提高材料性能。为了克服固相反应的缺点，可以采用溶胶-凝胶法、喷雾分解法、冷冻干燥旋转蒸发法、超临界干燥法和喷雾干燥法等方法进行改性。这些方法的优点是 Li^+、Co^{3+} 间接触充分，基本上实现了原子级水平的反应。低温下制备的 $LiCoO_2$ 介于层状结构与尖晶石 $Li_2Co_2O_4$ 结构之间，由于阳离子的无序度大，电化学性能差，因此层状 $LiCoO_2$ 的制备还需在较高的温度下进行热处理。至于加热方式，可以采用微波、红外等，这样有利于反应产物的均匀和产品质量的稳定。

虽然 $LiCoO_2$ 是目前主要的商业化正极材料，但是钴元素是国家战略资源，储存量有限，而且钴的价格昂贵、有毒性，对电池成本控制、广泛应用和环境保护不利。另外，纯相 $LiCoO_2$ 材料性能还不尽如人意，其充电截止电压大于4.3V，循环性能很差。为了进一步改善 $LiCoO_2$ 的性能或降低材料成本，可以对 $LiCoO_2$ 材料进行体相掺杂和表面包覆处理。主要的掺杂元素有：Li、Mn、Mg、Al、Ni 和稀土元素等。Uchida 等研究表明，在 $LiCoO_2$ 中掺入20%的 Mn，可以有效地提高材料的可逆性和循环寿命。Chung 等研究了 Al 掺杂对 $LiCoO_2$ 微结构的影响，认为 Al 掺杂可以有效地抑制 Co 在4.5V 时的溶解，以及减小了 Li^+ 嵌入时 c 轴和 a 轴的变化，提高了材料的稳定性。Mg 掺杂可以提高 $LiCoO_2$ 材料的电子电导率，但并未提高材料的高倍率充放电性能，反而有所降低。主要的表面处理材料有：MgO、Al_2O_3、SnO_2 等氧化物，例如 $LiCoO_2$ 材料被 MgO 包覆后，其结构稳定性得到提升，充电电压达到4.3V、4.5V，其可逆容量分别为 $145mA \cdot h/g$ 和 $175mA \cdot h/g$；包覆 Al_2O_3 后，可以有效防止 $LiCoO_2$ 中的 Co 溶解，提高材料结构稳定性。

总之，$LiCoO_2$ 材料是目前商品化应用最主要的锂离子电池正极材料，具有许多优点：加工容易、循环性能好、热稳定性好等。但是，$LiCoO_2$ 的安全性能差，价格昂贵，并且有毒性，所以在大型动力电池中应用少，主要应用于小容量电池。为了进一步适应新时代对电极材料和电池的要求，对 $LiCoO_2$ 材料的相关研究工作还在进行中。

2.2.3　$LiNiO_2$ 正极材料

钴酸锂（$LiCoO_2$）是常用的正极材料，但是由于其自身不足，如价格贵、有毒性等问题限制其广泛应用。因此，许多人在努力追寻和开发其它可替代的正极材料。层状镍酸锂（$LiNiO_2$）实际容量可以达到 $210mA \cdot h/g$，对环境友好，价格较低，被视为最有希望替代 $LiCoO_2$ 的正极材料之一。

和 $LiCoO_2$ 晶体一样，理想 $LiNiO_2$ 晶体为 α-$NaFeO_2$ 型六方层状结构，属 $R\bar{3}m$ 空间群，Li 和 Ni 分别占据 $3a$ 位和 $3b$ 位，$LiNiO_2$ 材料理论容量为 $274mA \cdot h/g$，实际容量达到 $180 \sim 210mA \cdot h/g$，如图2-7所示。镍资源丰富、成本低、对环境影响小，$LiNiO_2$ 作为正极材料很有优势，但是 $LiNiO_2$ 材料对合成要求比较严格，其组成和结构随合成条件的改变而变化。由于 Ni^{2+} 较难氧化为 Ni^{3+}，在通常条件下所合成的 $LiNiO_2$ 材料中会有部分 Ni^{3+} 被 Ni^{2+} 占据，为保持电荷平衡，一部分 Ni^{2+} 要占据 Li^+ 所在的位置。所以在氧气气氛下制备，产物容易生成缺陷 $Li_xNi_{2-x}O_2$ 材料，其晶体结构内阳离子无序和混排现象严重。另外，镍离子被氧化过

程发生 $Ni^{2+} \rightarrow Ni^{3+} \rightarrow Ni^{4+}$ 转变，镍离子半径逐渐减小，使层间距减小，影响锂离子往返迁移，造成不可逆容量损失。$LiNiO_2$ 正极材料在充电状态下的热稳定性是影响电池安全性能的重要因素。$LiNiO_2$ 的热稳定性差，在同等条件下（例如电解液组成、终止电压相同）与 $LiCoO_2$ 和 $LiMn_2O_4$ 正极材料相比，$LiNiO_2$ 的热分解温度最低（200℃附近）且放热量最多，主要原因是由于充电后期处于高氧化态的镍（+4 价）不稳定，氧化性强，不仅易氧化分解电解质，腐蚀集流体，放出热量和气体，而且自身不稳定，在一定温度下容易放热分解析出 O_2。当热量和气体聚集到一定程度，就可能发生爆炸，使整个电池体系遭到破坏。$LiNiO_2$ 的热稳定性与充电状态有关，随着充电电压的升高，$LiNiO_2$ 的热分解温度降低，并且放热量增加。与此同时，当 $LiNiO_2$ 正极材料处于过充状态时不仅可以导致电解液氧化，产生气体，增大电池内压及电池内阻，而且材料的自身会发生一定程度分解，引起电极间容量的不匹配。这些因素限制了其大规模的应用。

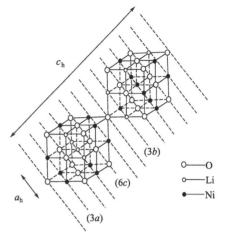

图 2-7　$LiNiO_2$ 结构示意图

$LiNiO_2$ 的固相反应制备一般是将锂的化合物如 Li_2O、$LiOH$、$LiNO_3$ 等和镍化合物如 NiO、$Ni(NO_3)_2$、$Ni(OH)_2$ 等混合均匀后，在约 800℃下煅烧，冷却研磨得到层状 $LiNiO_2$。合成 $LiNiO_2$ 比 $LiCoO_2$ 要困难得多，合成条件的微小变化会导致非化学计量的 Li_xNiO_2 生成，其结构中锂离子和镍离子呈无序分布。这种氧离子交换位置的现象使电化学性能恶化，比容量明显下降。用改进的 Rietveld 精修 X 射线衍射（XRD）分析可以评估 Li 离子和 Ni 离子位置的错乱程度。结构分析结果表明，化学计量的 $LiNiO_2$ 阳离子交换位置较少。

$LiNiO_2$ 的首次不可逆容量较大，与生成 NiO_2 非活性区有关。这种非活性区的形成及性质与 $LiNiO_2$ 颗粒的表面形貌、颗粒尺寸以及 $LiNiO_2$ 与导电剂之间的界面接触有关。研究表明，如果非活性区随机分布，整个正极将成为非活性区。为了改善正极的利用率，应减少非活性区。非活性区主要在高压区产生，因此应限制 $LiNiO_2$ 的充电上限。

如上所述，$LiNiO_2$ 通常采用固相反应法，但是镍较难氧化为 +4 价，必须在较高温度下进行。而在较高温度下易生成缺锂的镍酸锂，很难批量制备理想的 $LiNiO_2$ 层状结构。另外，热稳定性差，易产生安全问题，在充放电过程中存在相变。因此，人们希望将其进行改性。$LiNiO_2$ 的改性主要有以下几个方面。

① 提高脱嵌相结构的稳定性，从而提高安全性。

② 抑制或减缓相变，降低容量衰减速率。

③ 降低不可逆容量，与负极材料达到较好的平衡。

④ 提高可逆容量。

改性的方法主要有溶胶-凝胶法、单一元素掺杂、多种元素掺杂和对材料进行包覆。为了提高 $LiNiO_2$ 结构的稳定性，研究者们多采用掺杂方式，主要引入的元素有 Li、Co、Al、Mg、Cu、Sn 和 Mn 等。对 $LiNiO_2$ 包覆的作用如下：防止电解液和 $LiNiO_2$ 直接接触，减少副反应；提高材料表面性能，减少材料循环过程中产生热量；有效抑制材料在充放电过程中的相变，改善晶体结构的稳定性。

2.2.4　$LiMn_2O_4$ 正极材料

在商品的实用化生产中必须考虑资源问题。在目前商品化的锂离子电池中，正极材料主要还是钴酸锂。钴的世界储量有限，而锂离子电池的耗钴量不小，仅以日本厂家为例，单 AAA 型锂离子电池每只就要使用 $10g\ Co_2O_3$。另一方面，钴的价格高，镍的价格次之，而锰的价格最低，并且我国的锰储量丰富，占世界第四位。采用锰酸锂正极材料，可大大降低电池成本；而且锰无毒，污染小，对环境友好。目前在一次锂离子电池中已经积累了丰富的回收利用经验，因此，氧化锰锂成为正极材料研究的热点。锰的氧化物比较多，主要有三种结构：隧道结构、层状结构和尖晶石结构。

尖晶石结构化合物包括 $LiMn_2O_4$、$Li_2Mn_4O_9$、$Li_4Mn_5O_9$ 和 $Li_4Mn_5O_{12}$ 等，在 Li-Mn-O 三元相图[见图 2-8（a）]中主要位于 Li_2MnO_3- $LiMnO_2$- λ-MnO_2 的连接三角形中[见图 2-8（b）]。由于 $Li_2Mn_4O_9$、$Li_4Mn_5O_9$ 和 $Li_4Mn_5O_{12}$ 等化合物，结构不稳定，难合成，研究得比较少，同时能量密度不高，吸引力不大。对于尖晶石结构 $LiMn_2O_4$ 而言，不仅可以发生锂脱嵌和嵌入，同时可以掺杂阴离子、阳离子及改变掺杂离子的种类和数量而改变电压、容量和循环性能，因此其备受青睐。

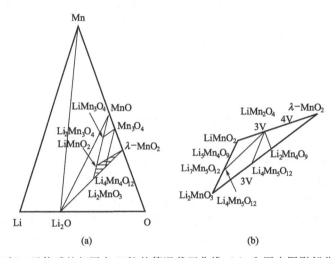

(a)　　　　　　　　　　(b)

图 2-8　锂-锰-氧三元体系的相图在 25℃的等温截面曲线（a）和图中阴影部分的放大图（b）

2.2.4.1　LiMn₂O₄ 的结构

$LiMn_2O_4$ 具有尖晶石结构，属于 $Fd\bar{3}m$ 空间群，氧原子呈立方密堆积排列，位于晶胞的

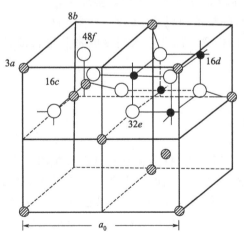

图 2-9　尖晶石 $LiMn_2O_4$ 的结构示意图（影线、实心和圆圈分别表示 $LiMn_2O_4$ 中的 Li^+、$Mn^{3+/4+}$ 和 O^{2-}，数字指尖晶石结构中的晶体位置）

$32e$ 位置，锰占据一半八面体空隙 $16d$ 位置，而锂占据 1/8 四面体 $8a$ 位置。空的四面体和八面体通过共面与共边相互连接，形成锂离子扩散的三维通道。锂离子在尖晶石中的化学扩散系数在 10^{-14} ～ $10^{-12}\ m^2/s$ 之间，Li^+ 占据四面体位置，Mn^{3+}/Mn^{4+} 占据八面体位置，如图 2-9 所示。空位形成的三维网络，成为锂离子的输运通道，利于锂离子脱嵌。$LiMn_2O_4$ 在 Li 完全脱去时能够保持结构稳定，具有 4V 的电压平台，理论比容量为 148 mA·h/g，实际可达到 120mA·h/g 左右，略低于 $LiCoO_2$。

充电过程中主要有两个电压平台：4V 和 3V。前者对应于锂从四面体 $8a$ 位置发生脱嵌，后者对应于锂嵌入到空的八面体 $16c$ 位置。锂在 4V 附近的嵌入和脱嵌保持尖晶石结构的立方对称性。而在 3V 区的嵌入和脱嵌则存在立方体 $LiMn_2O_4$ 和四面

体 $Li_2Mn_2O_4$ 之间的相转变，锰从＋3.5价还原为＋3.0价。该改变由于 Mn 氧化态的变化导致杨-泰勒效应，在 $Li_2Mn_2O_4$ 中的 MnO_6 八面体中，沿 c 轴方向 Mn—O 键变长，而沿 a 轴和 b 轴则变短。由于杨-泰勒效应比较严重，c/a 比例变化达到 16%。晶胞单元体积增加 6.5%，足以导致表面的尖晶石粒子发生破裂。由于粒子与粒子之间的接触发生松弛，因此，在 $1 \leqslant x \leqslant 2$ 范围内不能作为理想的 3V 锂离子电池正极材料。

锂离子从尖晶石 $LiMn_2O_4$ 中的脱出分两步进行，锂离子脱出一半发生相变，锂离子在四面体 $8a$ 位置有序排列形成 $Li_{0.5}Mn_2O_4$ 相，对应于低电压平台。进一步脱出，在 $0 < x < 0.1$ 时，逐渐形成 γ-MnO_2 和 $Li_{0.5}Mn_2O_4$ 两相共存，对应于充放电曲线的高电压平台。对于 $LiMn_2O_4$ 而言，锂离子完全脱出时，晶胞体积变化仅有 6%，因此，该材料具有较好的结构稳定性。

2.2.4.2　$LiMn_2O_4$ 制备方法

$LiMn_2O_4$ 制备主要采用高温固相反应法，其他制备方法与钴酸锂、镍酸锂相似，包括溶胶-凝胶法、机械化学法、共沉淀法、配体交换法、微波法加热、燃烧法以及一些非经典方法如脉冲激光沉积法（Pulsedlaser Deposition）、等离子体增强化学气相沉积法（Plasma Enhanced Chemical Vapor Deposition，PECVD）、射频磁控溅射法（Radio Frequency Magnetron Sputtering）等。

固相反应合成方法是以锂盐和锰盐或锰的氧化物为原料，充分混合后在空气中高温煅烧数小时，制备出正尖晶石 $LiMn_2O_4$ 化合物，再经过适当球磨、筛分以便控制粒度大小及其分布，工艺流程可简单表述为：原料——混料——焙烧——研磨——筛分——产物。一般选择高温下能够分解的原料。常用的锂盐有：$LiOH$、Li_2CO_3 等，使用 MnO_2 作为锰源。在反应过程中，释放 CO_2 和氮的氧化物气体，消除碳元素和氮元素的影响。原料中锂锰元素的摩尔比一般选取 1:2。通常是将两者按一定比例进行干粉研磨，然后加入少量环己烷、乙醇或水作为分散剂，以达到混料均匀的目的。焙烧过程是固相反应的关键步骤，一般选择的合成温度范围是 600℃～800℃。

此方法制备的产物存在以下缺点：物相不均匀，晶粒无规则形状，晶界尺寸较大，粒度分布范围宽且煅烧时间较长。通常而言，固相反应制备的尖晶石 $LiMn_2O_4$ 的电化学性能很差，这是由于锂盐和锰盐未充分接触，导致了产物局部结构不均匀。如果在烧结的预备过程中，让原料充分研磨，并且在烧结结束后的降温过程中严格控制淬火速度，则其初始比容量可以达到 110～120mA·h/g，循环 200 次后的充放电比容量仍能保持在 100mA·h/g 以上。尽管此方法的生产周期长，但工艺十分简单，制备条件容易控制。

2.2.4.3　$LiMn_2O_4$ 的改性

由于尖晶石 $LiMn_2O_4$ 的容量易发生衰减，因此必须进行改性。另外，尖晶石的电导率较低，也有待提高。改进的方法主要是减少尖晶石的比表面积、在电解液中加入添加剂、掺杂阳离子和阴离子、表面处理、采用溶胶-凝胶法及其他方法。

尖晶石 $LiMn_2O_4$ 比表面积的大小对电解液、催化分解和 Mn 的溶解速率影响很大。而比表面积与制备工艺和反应的原料有关，选择合适的原料和制备工艺可以达到降低比表面积的目的。一般来说，采用高温固相法制备的尖晶石的比表面积要比用溶胶-凝胶法制得的小得多。用 $LiNO_3$ 为原料比用 Li_2CO_3 为原料制得的尖晶石的比表面积要大。研磨会增加尖晶石的比表面积，研磨时间越长，比表面积越大。因此，应在保证原料混合均匀的同时，尽可能减少研磨时间。采用两次退火也可以减少尖晶石的比表面积，减小室温和高温下的容量损失。通过增加尖晶石的平均粒径可以降低尖晶石的比表面积，但是这种方法不是无限度的，因为太大的粒径而使锂离子的扩散变得困难，限制了尖晶石的电化学性能。在电解液中加入以下添加剂，如沸石，可以减少 H^+ 的含量。通过离子交换反应，采用 LiCl 对沸石进行预处理，再直接用电解液溶液（含有沸石粉末的电解液）来活化电池，可得到较好的效果。掺杂阳离子的种类比较多，如锂、硼、镁、铝、钛、铬、铁、钴、镍、铜、锌、镓、钇等；掺杂的阴离子有氧、氟、碘、硫和硒等。要抑制锰的溶解和电解液在电极中的分解，提高 $LiMn_2O_4$ 在较高温度下的电化学性能，表面处理是有效的方法之一。表面处理包括两种方法，用有机物进行表面处理和用无机氧化物进行表面包覆。

2.2.5　LiFePO₄ 动力电池正极材料

磷酸亚铁锂（$LiFePO_4$）为近年来新开发的锂离子电池电极材料，主要用于动力锂离子电池，作为正极活性物质使用，人们习惯称其为磷酸铁锂。自 1996 年日本的 NTT 首次披露橄榄石结构 A_yMPO_4（A 为碱金属，M 为 Co、Fe 两者之组合）作为锂离子电池正极材料之后，1997 年美国德克萨斯州立大学 John. B. Goodenough 等报道了 $LiFePO_4$ 可逆嵌入、脱出锂的特性。但是，前期并未引起人们太多的关注，因为该材料的电子、离子电导率差，不适宜大电流充、放电。自 2002 年发现该材料经过掺杂后，导电性有了显著提高，大电流充、放电性能有了大幅度改善；同时，由于其原材料来源广泛、价格低廉且无环境污染，该材料受到了极大的重视，并引起研究人员广泛关注。

目前，磷酸铁锂正极材料具有以下优点。

① 优良的安全性，无论是高温性能，还是稳定性，均是目前最安全的锂离子正极材料。

② 对环境友好，不含任何对人体有害的重金属元素，为真正的"绿色"材料。

③ 耐过充性能优良。

④ 高的可逆容量，其理论值为 $170mA\cdot h/g$，实际值（0.2C、25℃）已超过 $150mA\cdot h/g$。

⑤ 工作电压适中，相对于金属锂而言为 3.45V。

⑥ 电压平台特性好，非常平稳。

⑦ 与大多数电解液系统兼容性好，储存性能好。

⑧ 无记性效应。

⑨ 结构稳定，循环寿命长，在 100% 放电深度条件下，可以充放电 3000 次以上。

⑩ 可以大电流充电，最快可在 30min 内将电池充满。

⑪ 充电时体积略有减小，与碳基负极材料配合时的体积效应好。

因此，$LiFePO_4$ 正极材料有望成为目前中大容量、中高功率锂离子电池首选的正极材料，将使锂离子电池在中大容量 UPS（不间断电源）、中大型储能电池、电动工具、电动汽车中的应用成为现实。当然，该材料也存在如下一些缺点。

① 堆积密度和压实密度低，钴酸锂的理论密度为 $5.1g/cm^3$，商品钴酸锂的振实密度一般为 $2.2\sim2.4g/cm^3$，压实密度可达 $4.8g/cm^3$；而磷酸铁锂的理论密度仅为 $3.6g/cm^3$，本身就比钴酸锂要低得多，商品磷酸铁锂的振实密度一般为 $1.0\sim1.3g/cm^3$，压实密度可达 $2.0g/cm^3$。

② 低温性能较 $LiCoO_2$、$LiMn_2O_4$ 等组成的锂离子电池差。

③ 由于一次粒子均为纳米级，因此产品的一致性难以控制。

④ 在电池应用时加工要求高。因为一般的磷酸铁锂均为纳米材料，这对锂离子电池的生产工艺条件要求高。

⑤ 磷酸亚铁锂的体积比容量低，制成的电池体积大。

⑥ 每瓦·时成本目前相对较高，影响了实际推广。

2.2.5.1　LiFePO₄ 的结构

$LiFePO_4$ 晶体是有序的橄榄石型结构，属于正交晶系，空间群为 *Pbnm*，晶胞参数为：$a=6.008\times10^{-10}m$，$b=10.324\times10^{-10}m$，$c=4.694\times10^{-10}m$。在 $LiFePO_4$ 晶体中，氧原子

呈微变形的六方密堆积，磷原子占据的是四面体空隙，锂原子和铁原子占据的是八面体空隙。锂离子从 $LiFePO_4$ 中完全脱出时，体积缩小 6.81%。与其他锂离子电池正极材料相比，它的本征电导率低（$10^{-12} \sim 10^{-9}$ S·cm^{-1}），Li^+ 在 $LiFePO_4$ 中的化学扩散系数也较低。恒流间歇滴定技术（GITT）和交流阻抗技术（EIS）测定的值在 $1.8 \times 10^{-16} \sim 2.2 \times 10^{-14}$ cm^2/s，较低的电子电导率和离子扩散系数是限制该类材料实际应用的主要因素。$LiFePO_4$ 具有 3.5V 的电压平台，理论容量为 170mA·h/g，图 2-10 是 $LiFePO_4$ 的结构示意图。

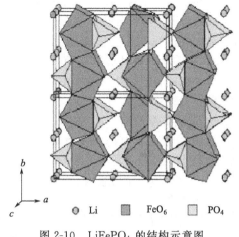

图 2-10　$LiFePO_4$ 的结构示意图

$LiFePO_4$ 中强的 P—O 共价键形成离域的三维立体化学键，使得 $LiFePO_4$ 具有很强的热力学和动力学稳定性，密度也较大（$3.6g/cm^3$）。这是由于 O 原子与 P 原子形成较强的共价键，削弱了与 Fe 的共价键，稳定了 Fe^{3+}/Fe^{2+} 的氧化还原能级，使 Fe^{3+}/Fe^{2+} 电位变为 3.4V（vs. Li^+/Li）。此电压较为理想，因为它不会高到分解电解质，又不会低到牺牲能量密度。

$LiFePO_4$ 具有较高的理论比容量和工作电压。充、放电过程中，$LiFePO_4$ 的体积变化比较小，而且这种变化刚好与碳负极充、放电过程中发生的体积变化相抵消。

因此，正极为 $LiFePO_4$ 的锂离子电池具有很好的循环可逆性，特别是高温循环可逆性，而且提高其使用温度还可以改善其高倍率放电性能。

2.2.5.2　$LiFePO_4$ 的制备

（1）固相合成法

固相合成法是制备电极材料最为常用的一种方法。Li 源采用 Li_2CO_3、$LiOH \cdot H_2O$ 或磷酸锂；Fe 源采用 $Fe(OOCCH_2)_2$、$FeC_2O_4 \cdot 2H_2O$、$Fe_3(PO_4)_2 \cdot 8H_2O$；P 源采用 $NH_4H_2PO_4$ 或 $(NH_4)_2HPO_4$，经球磨混合均匀后按化学比例进行配料，在惰性气氛（如 Ar、N_2）的保护下经预烧研磨后高温焙烧反应制备 $LiFePO_4$。

该方法的关键之一是将原料混合均匀。因此，必须在热处理之前对原材料进行机械研磨，使之尽可能达到分子级的均匀混合，以合成纯度较高、结晶良好、粒径小的产物。另外，焙烧稳定也是影响产物性能的主要因素之一。在 675℃时可以制得粒度较小、表面粗糙的颗粒。如果原料混合足够充分，在 300℃下焙烧，就可得到橄榄石结构的单相 $LiFePO_4$，但在 550℃ 焙烧的样品电化学性能最好，在低电流密度下（$0.1mA/cm^2$）的可逆容量接近理论比容量，高达 162mA·h/g 并且其循环容量衰减很少。20 周循环后比容量几乎无变化，仍维持在 160 mA·h/g 左右。

固相合成法设备和工艺简单，制备条件容易控制，适合于工业生产，但是也存在缺点：物相不均匀、产物颗粒较大、粒度分布范围宽等。

（2）碳热还原法

在固相合成法中，使用的 Fe 源只有二价的 $FeC_2O_4 \cdot 2H_2O$ 或者 $Fe(OOCCH_3)_2$，价格较为昂贵，因此，研究者使用廉价的三价铁作为 Fe 源，通过高温还原的方法成功制备了覆碳的 $LiFePO_4$ 复合材料。用 Fe_2O_3 或其他三价铁取代 $FeC_2O_4 \cdot 2H_2O$ 作为 Fe 源，反应物中混合过量的碳，利用碳在高温下将 Fe^{3+} 还原为 Fe^{2+}，合理地解决了在原料混合加工过程中可能引起的氧化反应，使制备过程更为合理，同时改善了材料的导电性。在高于 650℃的温度下成功合成了纯相的 $LiFePO_4$，其放电比容量可以达到 156mA·h/g。该方法的主要缺点是合成条件苛刻，合成时间较长，目前碳热还原技术基本上被美国 Valence 公司和日本索尼公司的专利覆盖。

（3）水热法

水热法也是制备 $LiFePO_4$ 较为常见的方法。水热法是在高压釜里，采用水溶液作为反应介质，通过对反应容器加热，创造一个高温高压的反应环境，使得通常难溶或不溶的物质溶解并且重结晶，经过滤、真空干燥得到 $LiFePO_4$。最早以 $FeSO_4$、$LiOH$ 和 H_3PO_4 为原料，得到了 $LiFePO_4$。利用水热法可以得到晶型好的 $LiFePO_4$。但是为了加入导电性碳，在水溶液中加入聚乙二醇，在接着的热处理过程中可以转变为碳，在 $35mA/g$ 下充放电可以达到 $143mA \cdot h/g$。加入蔗糖作为碳前驱体，在 $0.1C$ 下容量为 $164mA \cdot h/g$，$1C$ 下容量为 $137mA \cdot h/g$。

（4）溶胶-凝胶法

溶胶-凝胶法具有前驱体溶液化学均匀性好（可达分子级水平），凝胶热处理温度低，粉体颗粒粒径小而且分布均匀，粉体焙烧性能好，反应过程易于控制，设备简单等优点。但干燥收缩大，工业化生产难度较大，合成周期较长，同时合成时用到大量有机试剂，造成了成本的提高及原料浪费。

溶胶-凝胶法制备 $LiFePO_4$ 的典型流程为：先在 $LiOH$ 和 $Fe(NO_3)_3$ 中加入还原剂（例如抗坏血酸），然后加入磷酸。通过氨水调节 pH 值，将 $60℃$ 下获得的凝胶进行热处理，即得到纯净的 $LiFePO_4$。主要是利用了还原剂的还原能力，将 Fe^{3+} 还原成 Fe^{2+}，既避免了使用昂贵的 Fe^{2+} 盐作为原料，降低了成本，又解决了前驱体对气氛的要求。

2.2.5.3　$LiFePO_4$ 的改性

为了提高 $LiFePO_4$ 的离子电导率和离子扩散系数，采用了多种改性方法，如采用碳或金属粉末表面包覆的方法来提高材料的电接触性质，采用掺杂的方法提高本征电子电导，如 Chung 等通过异价元素（Mg、Zr、Ti、Nb、W 等）代替 $LiFePO_4$ 的 Li^+ 进行体相掺杂，掺杂后的材料电子电导率提高了 8 个数量级，从未掺杂前的 $10^{-10} \sim 10^{-9} S/cm$ 提高到 $10^{-2} S/cm$。Valence 公司利用碳热还原法合成的掺杂 Mg 的 $LiFe_{0.9}Mg_{0.1}PO_4$ 材料理论比容量为 $156mA \cdot h/g$，具有很好的结构稳定性。中国科学院物理研究所研究时发现，掺杂 1% 的 Cr 可使 $LiFePO_4$ 的电子电导率提高一个数量级，但掺杂并未使得正极材料 $LiFePO_4$ 的高倍率充放电性能得到改善。分子动力学研究表明，$LiFePO_4$ 是一维离子导体，Cr 在锂位掺杂阻塞了 Li^+ 通道，虽然电子电导率提高，但离子电导率却降低，因而影响了倍率性能。最近，王德宇研究发现，Na 在锂位或铁位的掺杂，结果表明包覆的材料倍率性能较好。主要原因是既提高了颗粒的点接触和本征电子电导，又没有降低离子的输运性能。如图 2-11 为采用 Co 和 Mg 对 $LiFePO_4$ 进行掺杂，在室温、$2.5 \sim 4.0V$、$0.1C$ 倍率下的首次充放电曲线(a)和循环性能曲线(b)。

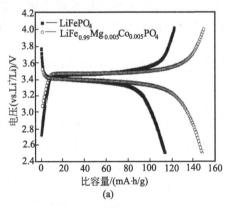
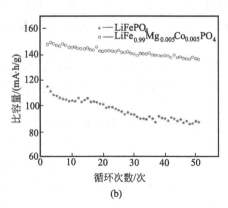

图 2-11　$LiFePO_4$ 和 $LiFe_{0.99}Mg_{0.005}Co_{0.005}PO_4$ 在室温、$2.5 \sim 4.0V$、$0.1C$ 倍率下的首次充放电曲线(a)和循环性能(b)

2.2.6 钒系正极材料

目前，锂钒化合物系列已引起了人们的关注。钒为典型的多价（V^{2+}、V^{3+}、V^{4+}、V^{5+}）过渡金属元素，有着非常活泼的化学性质，钒氧化物（VO_2、V_2O_5、V_3O_7、V_4O_9、V_6O_{13}）既能形成层状嵌锂化合物 $LiVO_2$ 及 LiV_3O_8，又能形成尖晶石型 LiV_2O_4 及反尖晶石型的 $LiNiVO_4$ 等嵌锂化合物。与已经商品化的钴酸锂材料相比，上述钒锂系材料具有更高的比容量（理论比容量达到 $442mA \cdot h/g$），且具有无毒，价廉等优点，因此成为了新一代绿色、高能锂离子蓄电池的备选正极材料。

Li—V—O 化合物与 Li—Co—O 化合物一样，存在两种结构：层状结构和尖晶石结构。层状 Li—V—O 化合物包括 $LiVO_2$、$\alpha\text{-}V_2O_5$ 及其锂化衍生物以及 $Li_{1.2}V_3O_8$、$Li_{0.6}V_{2-\delta}O_{4-\delta} \cdot H_2O$ 和 $Li_{0.6}V_{2-\delta}O_{4-\delta}$ 等。

$LiVO_2$ 的结构与层状 $LiCoO_2$ 相同，c/a 比为 5.20，空间群为 $R\bar{3}m$。但是与 $LiCoO_2$ 和 $LiNiO_2$ 不一样，脱锂时 $LiVO_2$ 不稳定。当 $Li_{1-x}VO_2$ 中 $x=0.3$ 时，钒离子就可以移动，从钒层的八面体位置（3b）扩散到脱出的锂留下来的空八面体 3a 位置。该扩散通过与交替层中八面体共面的八面体进行。一般而言，是通过占据四面体位置的 V^{4+} 发生歧化反应而进行。该歧化反应破坏层状结构和锂离子扩散的二维通道。当 $x>0.3$ 时，脱锂的 $Li_{1-x}VO_2$ 为缺陷岩盐结构，基本没有完好的锂离子扩散通道。所以，当 $Li_{1-x}VO_2$ 从层状结构转化为缺陷岩盐结构后，锂离子的扩散系数发生明显降低。该种转化也可以从转化前后层状结构和缺陷岩盐结构的 XRD 图各峰相对强度的变化看出，将部分脱锂化合物 $Li_{0.5}VO_2$ 在 300℃热处理转变为尖晶石 LiV_2O_4。

$\alpha\text{-}V_2O_5$ 及其锂化衍生物方面，由于钒有 3 种稳定的氧化态（V^{3+}、V^{4+} 和 V^{5+}），形成氧密堆分布，因此，钒的氧化物成为锂离子二次电池嵌入电极材料中很有潜力的候选者。$\alpha\text{-}V_2O_5$ 在钒的氧化物体系中，理论比容量最高，为 $442mA \cdot h/g$，可以嵌入 3mol 锂离子，达到组分为 $Li_3V_2O_5$ 的岩盐计量化合物。在该反应中，钒的氧化态从 V_2O_5 中的 +5 价变化到 $Li_3V_2O_5$ 中的 +3.5 价。在层状 $\alpha\text{-}V_2O_5$ 结构中，氧为扭变密堆分布，钒离子与 5 个氧原子的键合较强，形成四方棱络合。锂嵌入到 V_2O_5 中形成几种 $Li_xV_2O_5$ 相（α、β、δ、γ 和 ω 相），并产生相应的电压变化。

利用水热制备方法，将 V_2O_5 溶于四甲基氢氧化铵和 LiOH。然后用 HNO_3 酸化，加热到 200℃，得到 $Li_{0.6}V_{2-\delta}O_{4-\delta} \cdot H_2O$。该水合物为层状结构。锂离子的分布存在 3 种位置：①水分子之间；②VO_5 方棱锥的基部；③一些钒原子所在的位置。在首次充放电时锂可以从 $Li_{0.6}V_{2-\delta}O_{4-\delta}$ 全部发生脱嵌。在随后的放电和充电过程中，1.4 单元锂可以发生可逆嵌入和脱嵌。

通过脉冲激光沉积法制备无定形 V_2O_5 薄膜，进一步热处理得到多晶结构，循环性能好。利用模板（聚碳酸酯多孔过滤膜的微孔中）方法制备纳米级棱形 V_2O_5，像刷子上的棕丝一样，在低电流（20℃室温）下，其行为与薄膜 V_2O_5 一样，但在大电流如 200C、500C 时，其容量较薄膜要高几倍。

对于钒氧化物的掺杂改性方面，在电化学沉积 V_2O_5 时，在溶液中加入 Na^+，这样 Na^+ 的掺入有利于与基体的粘接，不需要惰性添加剂可制备薄膜电极，容量在终止电压 2.0V 时可达 $320mA \cdot h/g$。以钴掺杂的 V_2O_5 有 α、β 两种，其中 $\alpha\text{-}Co(VO_3)_2$ 的性能较佳，能可逆嵌入 9.5 单元锂。第 5 次循环后可逆容量达 $600mA \cdot h/g$。而掺杂银的 V_2O_5 气凝胶的电导率提高到 $2 \sim 3$ 个数量级，因此每单元 AgV_2O_5 可维持到 4 单元锂。在银掺杂的基础上引入 Sr（Ⅱ）得到 $d\text{-}Sr_yAg_{(0.75-2y)}V_2O_5$，可逆嵌入/脱嵌的循环性能得到改善。掺杂 Cu、Ag（如 $Cu_{0.5}Ag_{0.5}V_2O_{5.75}$）在 $1.5 \sim 3.8V$ 时可逆容量为 $332mA \cdot h/g$。

2.2.7 层状镍钴锰酸锂正极材料

目前单一正极材料有各自缺陷，可以通过多种正极材料协同作用达到最优性能。多元材料是近几年发展的新型正极材料，具有容量高、成本低、安全性好等优点，在小型锂电中逐步占据了一定市场份额，在动力电池领域同时具备良好发展前景。与钴的昂贵价格和具有毒性相比，镍和锰的价格相对较低，并且对环境友好，自然资源丰富。$LiCoO_2$、$LiNiO_2$ 和 $LiMnO_2$ 都属于层状结构嵌锂化合物，且 Ni、Co、Mn 属于同一周期相邻元素，核外电子排布相似，原子半径相近。众多研究者期盼采用 Ni、Co、Mn 相互掺杂，以获得性能更好的正极材料。

1998 年 LIU 等首先提出层状三元正极材料 Li-Ni-Co-Mn-O 能够充当锂离子电池的正极材料，与 $LiCoO_2$ 一样具有 α-$NaFeO_2$ 型六方层状结构，属 $R\bar{3}m$ 空间群，其很快成为研究者们争相研究的对象，被视为最有前景的正极材料。$LiNi_xCo_{1-2x}Mn_xO_2$ 是一种高容量正极材料，集合了 $LiNiO_2$、$LiCoO_2$、$LiMnO_2$ 的优点，其平均电压平台为 3.75V。

2.2.7.1 镍钴锰酸锂正极材料的结构

具有层状结构的 $LiNi_xCo_{1-02x}Mn_xO_2$ 得到了广泛研究，其中 $x=0.1$、0.2、0.33、0.4 研究得较多。目前认为，该化合物中 Ni 为 +2 价，Co 为 +3 价，Mn 为 +4 价。Mn^{4+} 的存在起到稳定结构的作用，Co 的存在有利于提高电子电导，充、放电过程中 Ni 从 +2 价变到 +4 价。该材料的可逆容量可以达到 $150\sim190mA\cdot h/g$，具有较好的循环性和安全性，目前已在新一代高能量密度的小型锂离子电池中得到应用。2001 年，Ohzuku 等研究出 $LiCo_{1/3}Ni_{1/3}Mn_{1/3}O_2$ 材料具有非常好的电化学性能，而在 $LiNi_xCo_{1-2x}Mn_xO_2$ 体系中，目前研究最成熟、应用范围最广泛的正是 $LiCo_{1/3}Ni_{1/3}Mn_{1/3}O_2$ 正极材料，又简称"333"正极材料。与 $LiCoO_2$ 相比，它具有更高的可逆比容量、更好的循环性能及成本低、对环境危害小等优势，被认为是最有前景的锂离子电池正极材料之一。

$LiCo_{1/3}Ni_{1/3}Mn_{1/3}O_2$ 具有单一 α-$NaFeO_2$ 型层状岩盐结构，属于 $R\bar{3}m$ 空间群，理论容量是 $278mA\cdot h/g$；其晶格参数 $a=0.2862nm$，$c=1.4227nm$；锂离子位于岩盐结构 $3a$ 位，过渡金属离子位于 $3b$ 位，氧离子位于 $6c$ 位，其中 Ni、Co、Mn 的价态分别是 +2 价、+3 价、+4 价，而且伴随少量 Ni^{3+}、Mn^{3+}，如图 2-12 所示。Co 的电子结构与 $LiCoO_2$ 中的 Co 一致，而 Ni 和 Mn 的电子结构却不同于 $LiNiO_2$ 和 $LiMnO_2$ 中 Ni 和 Mn 的电子结构，这说明 $LiCo_{1/3}Ni_{1/3}Mn_{1/3}O_2$ 的结构稳定，是 $LiCoO_2$ 的异结构。在 $Li_{1-x}Co_{1/3}Ni_{1/3}Mn_{1/3}O_2$ 中，在 $0\leqslant x\leqslant 1/3$ 范围内主要是 Ni^{2+}/Ni^{3+} 的氧化还原反应，在 $1/3\leqslant x\leqslant 2/3$ 范围内是 Ni^{3+}/Ni^{4+} 的氧化还原反应，在 $2/3\leqslant x\leqslant 1$ 范围内是 Co^{3+}/Co^{4+} 的氧化还原反应。锰在整个过程中不参与氧化还原反应，电荷的平衡通过氧上的电子得失来实现。因此，在充放电过程中，没有姜-泰勒效应（Jahn-Teller Effect），Mn^{4+} 提供稳定的母体，能解决循环和储存稳定性问题，不会出现层状结构向尖晶石结构的转变。它具有层状结构较高容量的特点，又保持层状结构的稳定性。在 $3.75\sim4.54V$ 电压间充放电，$LiCo_{1/3}Ni_{1/3}Mn_{1/3}O_2$ 材料有两个电压平台，比容量能够达到 $250mA\cdot h/g$，为理论容量的 91%。3.9V 左右为 Ni^{2+}/N^{3+}，在 $3.9\sim4.1V$ 之间为 Ni^{3+}/Ni^{4+}。当高于 4.1V 时，Ni^{4+} 不再参与反应。Co^{3+}/Co^{4+} 与上述两个平台都有关。充到 4.7V 时 Mn^{4+} 只是作为一种结构物质而不参与反应。$LiNiO_2$ 在 $4.3\sim3.0V$ 有三对可逆的氧化还原峰，而 $LiCo_{1/3}Ni_{1/3}Mn_{1/3}O_2$ 在充电过程中活性呈现出 α-$NaFeO_2$ 衍射峰，随着锂离子的脱出，[003] 峰和 [006] 峰向低角度方向移动，[101] 峰和 [110] 峰向高角度方向偏移，锂离子的脱出导致晶体沿着 ab 方向收缩，同时沿着 c 方向晶体拉长。当充至 $211mA\cdot h/g$ 时，[107] 峰和 [108] 峰值有所升高，而 [110] 峰值有所降低。在 $LiCo_{1/3}Ni_{1/3}Mn_{1/3}O_2$ 充电过

程中，当 $x \leqslant 0.6$ 时，a 值呈单调递减趋势。当 $0.6 \leqslant x \leqslant 0.78$ 时，a 值保持恒定，为 2.82Å[❶]。同时 c 值随着 x 的增加而增加，直到 x 大约为 0.6 时为止。这种晶胞参数的变化在层状氧化物中很普遍，可以用镍钴锰被氧化后离子半径减少来解释，也可用相邻两层氧原子间静电斥力的增加来解释。更多锂的脱出导致 c 值减少，但一个晶胞单位的体积 V 从 $x=0$ 时的 101Å^3 减小到 $x=0.78$ 时的 99Å^3，体积大概减少 2%，这主要是由于 a 的变短造成的。由于这个变化很小，表明材料具有良好的电化学性能。在 50℃ 的比容量和循环性能比室温下更好。$LiNi_xCo_{1-2x}Mn_xO_2$ 材料充、放电过程中锰离子没有变化，只是结构物质而不参加反应，能够稳定母体，也可以解决循环和储存稳定性问题。Ohzuku 等首次用固相法制备出层状 $LiCo_{1/3}Ni_{1/3}Mn_{1/3}O_2$ 正极材料，3.5~4.2V 电压间电池的比容量达到 150mA·h/g，3.5~5.0V 范围达到 200mA·h/g，其具有层状结构高容量优点，又能保持层状结构的稳定性，材料性能优越。

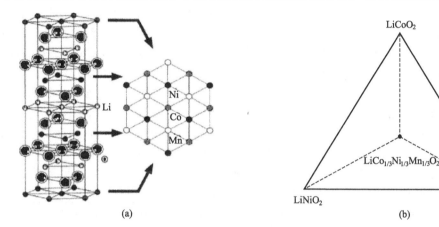

图 2-12 层状 $LiCo_{1/3}Ni_{1/3}Mn_{1/3}O_2$ 结构（a）和复合相图（b）

2.2.7.2 镍钴锰酸锂正极材料的合成方法

镍钴锰酸锂正极材料的制备方法主要有固相法、共沉淀法、溶胶-凝胶法、简单燃烧法和喷雾热解法。

固相法是将计量比例的锂盐、镍和钴及锰的氧化物或盐混合，在高温下处理。由于固相法中 Ni、Co、Mn 的均匀混合需要相当长时间，因此一般要在 1000℃ 以上处理才能得到性能良好的 $LiNi_{1/3}Co_{1/3}Mn_{1/3}O_2$ 正极材料。

以 NaOH 和适量 $NH_3 \cdot H_2O$ 作为沉淀剂，镍、钴和锰的硫酸盐作为原料合成球形 $(Ni_{1/3}Co_{1/3}Mn_{1/3})(OH)_2$，随着 pH 值、搅拌速率的增加，粒度下降；$NH_3 \cdot H_2O$ 浓度增加，粒度增大。制备的 $LiNi_{1/3}Co_{1/3}Mn_{1/3}O_2$ 也为球形，平均粒径为 $10\mu m$，分布窄。由于是球形，振实密度高，约为 $2.39g/cm^3$，可与商品化 $LiCoO_2$ 相比。在 2.8~4.3V、2.8~4.4V 和 2.8~4.5V 范围内，放电容量分别为 159mA·h/g、168mA·h/g 和 177mA·h/g。即使在较高温度（55℃）下，也具有良好的循环性能。

在共沉淀法中，将氢氧化物改为在二氧化碳气氛下形成碳酸盐，然后分解为氧化物，再与锂盐发生熔融反应，得到 $LiNi_{1/3}Co_{1/3}Mn_{1/3}O_2$。由于长期循环后，晶胞参数基本上不发生变化，结构非常稳定，因此大电流下的充、放电性能非常理想。

喷雾干燥法是将锂盐、镍和钴以及锰的盐溶解在一起，然后采用喷雾干燥的方法得到混合均匀的固体，然后将该固体在高温下处理，得到理想的 $LiNi_{1/3}Co_{1/3}Mn_{1/3}O_2$。其电化学性能比简单的固相法制备的材料要好。例如，在 3~4.5V 电压区间，以 $0.2mA/cm^3$ 放电，容量达

---

❶ $1\text{Å}=0.1\text{nm}$。

到 $195mA\cdot h/g$，并且具有良好的大电流充、放电性能。

2.2.7.3 镍钴锰酸锂正极材料的改性

$LiCo_{1/3}Ni_{1/3}Mn_{1/3}O_2$ 材料综合了 $LiNiO_2$、$LiCoO_2$、$LiMnO_2$ 三类材料优点，拥有可逆比容量高、电化学性能好、成本低、对环境危害小等优点。但是，$LiCo_{1/3}Ni_{1/3}Mn_{1/3}O_2$ 材料主要受制于导电率低、高电位性能和高倍率性能等问题。$LiCo_{1/3}Ni_{1/3}Mn_{1/3}O_2$ 材料的电化学性能同样可以通过改性研究进一步提高，主要包括改进合成工艺，如采用新方法、对其掺杂和表面修饰，进一步提高其电化学性能。研究的掺杂元素包括 Li、F、Al、Si 和 Fe 等。

Todorov 等研究高能球磨法辅助高温固相法制备 $LiNi_{1/3}Co_{1/3}Mn_{1/3}O_2$ 材料，高温烧结前对原料球磨活化，使原料充分混合，可以破碎物料使颗粒分布均匀，合成的样品可逆比容量高、结构稳定性好。朱继平等分析了 $Li:M(M=Ni_{1/3}Co_{1/3}Mn_{1/3})$ 摩尔比对 $LiNi_{1/3}Co_{1/3}Mn_{1/3}O_2$ 材料性能影响，发现 Li:M 摩尔比为 $1.08:1$，其性能最好。原料中加入适当过量锂盐，有助于减少阳离子混排程度，也有助于弥补高温损失的锂含量，提高材料性能。朱继平等同时也研究了掺杂金属离子 Mg^{2+}、Al^{3+} 等和包覆金属氧化物 CuO 等对 $LiNi_{1/3}Co_{1/3}Mn_{1/3}O_2$ 材料的影响，结果表明 $LiNi_{1/3}Co_{1/3}Mn_{1/3}O_2$ 材料的首次放电比容量和循环性能得到了较好改善。这主要是由于掺杂减小了晶体结构中阳离子混排程度，提高了电子导电性，而包覆减小和限制了其在电解质中的接触面积和溶解。用硅原子取代得到 $Li[Ni_{1/3}Co_{1/3}Mn_{1/3}]_{0.96}Si_{0.04}O_2$。硅掺杂后，$a$ 和 c 增加，阻抗减少，可逆容量增加。当终止电压为 $4.5V$ 时达 $175mA\cdot h/g$，而且循环性能也要高于未掺杂的。通过共沉淀法再经高温固相合成的 F 掺杂 $Li[Ni_{1/3}Co_{1/3}Mn_{1/3}]O_{2-z}F_z$（$x=0\sim0.15$），晶胞参数 a、c 和晶胞单元的体积均随掺杂量的增加而增加。尽管初始容量有所下降，但是循环性能和安全性能明显提高，充电电压提高到 $4.6V$ 也不产生危险。进一步掺杂 Mg，得到层状 $Li[Ni_{1/3}Co_{1/3}Mn_{(1/3-x)}Mg_x]O_{2-y}F_y$ 化合物。Mg 和 F 的共同作用使其结晶性、形貌和振实密度都有很大改善，而且该材料的电化学性质如比容量、循环性能均有明显提高，热稳定性能也得到明显改善。

2.2.8 其他类型的正极材料

其他正极材料种类比较多样，如铁的化合物、铬的氧化物、钼的氧化物等。铁的化合物如磁铁矿（尖晶石结构）、赤铁矿（α-Fe_2O_3，刚玉型结构）和 $LiFeO_2$（岩盐型结构），研究得比较多的为 Fe_3O_4 和 $LiFeO_2$。铬的氧化物 Cr_2O_3、CrO_2、Cr_5O_{12}、Cr_2O_5、Cr_6O_{15} 和 Cr_3O_8 等均能发生锂的嵌入和脱嵌。其他材料包括钼的氧化物如 Mo_4O_{11}、Mo_8O_{23}、Mo_9O_{26}、MoO_3 和 MoO_2，还有如钙钛矿型 $La_{0.33}NbO_3$、尖晶石结构的 $Li_xCu_2MSn_3S_8$（M = Fe，Co）、$Cu_2FeSn_3S_8$、$Cu_2FeTi_3S_8$、$Cu_{3.31}GeFe_4Sn_{12}S_{32}$，以及含镁的钠水锰矿和黑锌锰矿复合的正极材料、反萤石型 Li_6CoO_4、Li_5FeO_4 和 Li_6MnO_4 等。

除 4d 过渡金属的化合物外，5d 过渡金属的氧化物也能发生锂的可逆嵌入和脱嵌。层状岩盐型氧化物 Li_2PtO_3 的体积容量比 $LiCoO_2$ 更大，同时体积变化也比 $LiCoO_2$ 少，因此更耐过充电。100 次循环后都没有明显变化。Li_2IrO_3 菱形结构也可以发生锂的可逆嵌入和脱嵌。

2.3 负极材料

锂离子电池的负极材料主要是作为储锂的主体，在充放电过程中实现锂离子的嵌入和脱嵌。从锂离子的发展来看，负极材料的研究对锂离子电池的出现起到决定性作用，正是由于碳材料的出现解决了金属锂电极的安全问题，从而直接导致了锂离子电池的应用。已经产业化的锂离子电池的负极材料主要是各种碳材料，包括石墨化碳材料和无定形碳材料和其他的一些非碳材料。纳米尺度的材料由于其特殊的性能，也在负极材料的研究中被广泛关注。各种锂离子电池负极材料如表 2-5 所示。

作为锂离子电池的负极材料，首先是金属锂，然后才是合金。但是，它们无法解决锂离子电池的安全性问题，这才诞生了以碳材料及其他材料为负极的锂离子电池。

表 2-5　各种锂离子电池负极材料

材　料	种　类	特点
金属锂及其合金负极材料	Li_xSi、Li_xCd、SnSb、AgSi、Ge_2Fe 等	Li 具有最负的电极电位和最高的质量比容量，Li 作为负极会形成枝晶，Li 具有大的反应活性；合金化是使寿命增长的关键
氧化物负极材料(不包括和金属锂形成的合金金属)	氧化锡、氧化亚锡等	循环寿命较好，可逆容量较好。比容量较低，掺杂改性后性能有较大的提高
碳负极材料	石墨、焦炭、碳纤维、中间相炭微球（MCMB）等	广泛使用，充放电过程中不会形成 Li 枝晶，避免了电池内部短路；但易形成 SEI 膜(固体电介质层)，产生较大的不可逆容量损失
其他负极材料	钛酸盐，硼酸盐，氟化物，硫化物，氮化物等	此类负极材料能提高锂电池的寿命和充放电比容量，但制备成本高，离实际应用尚有距离

2.3.1　碳及 MCMB 系负极材料

性能优良的碳材料具有充、放电可逆性好，容量大和放电平台低等优点。近年来研究的碳材料包括石墨、碳纤维、石油焦、无序碳和有机裂解碳。目前，对使用哪种碳材料作为锂离子电池负极的看法并不完全一致。如日本索尼公司使用的硬炭，三洋公司使用的天然石墨，松下公司使用的中间相炭微球（MCMB）等。

2.3.1.1　石墨材料

石墨作为锂离子电池负极时，锂发生嵌入反应，形成不同阶的化合物 Li_xC_6。石墨材料导电性好，结晶度较高，有良好的层状结构，适合锂的嵌入和脱嵌，形成锂和石墨层间化合物 Li-GIC，充、放电比容量可达 300mA·h/g 以上，充、放电效率在 90% 以上，不可逆容量低于 50mA·h/g。锂在石墨中脱嵌反应发生在 0～0.25V 左右（vs. Li^+/Li），具有良好的充、放电电位平台，可与提供锂源的正极材料 $LiCoO_2$、$LiNiO_2$、$LiMn_2O_4$ 等匹配，组成的电池平均输出电压高，是目前锂离子电池应用最多的负极材料。石墨包括人工石墨和天然石墨两大类。人工石墨是将石墨化炭（如沥青、焦炭)在氮气气氛中于 1900℃～2800℃ 经高温石墨化处理制得，石墨结构如图 2-13 所示。

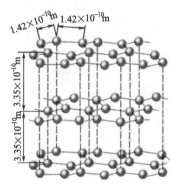

图 2-13　石墨结构示意图

常见人工石墨有中间相炭微球(MCMB)和石墨纤维。

天然石墨有无定形石墨和鳞片石墨两种。无定形石墨纯度低，石墨晶面距(d_{002})为 0.336nm。主要为 2H 晶面排序结构，即按 ABAB……顺序排列，可逆比容量仅 260mA·h/g，不可逆比容量在 100mA·h/g 以上。鳞片石墨晶面间距(d_{002})为 0.335nm，主要为 2H＋3R 晶面排序结构，即石墨层按 ABAB…… 及 ABCABC…… 两种顺序排列。含碳 99% 以上的鳞片石墨，可逆容量可达 300～350mA·h/g。

2.3.1.2　MCMB 系负极材料

20 世纪 70 年代初，日本的 Yamada 首次将沥青聚合过程的中间相转化期间所形成的中间相小球体分离出来并命名为中间相炭微球（MCMB）或（Mesophase Fine Carbon，MFC），随即引起材料工作者极大的兴趣并进行了较深入的研究。

MCMB 由于具有层片分子平行堆砌的结构，又兼有球形的特点，球径小而分布均匀，已经成为很多新型炭材料的首选基础材料，如锂离子二次电池的电极材料、高比表面活性炭微球、高密度各向同性炭石墨材料、高效液相色谱柱的填充材料等。

2.3.1.3 SEI 膜的形成机理

SEI 膜是指在电池首次充放电时，电解液在电极表面发生氧化还原反应而形成的一层钝化膜。SEI 膜的形成一方面消耗有限的 Li^+，减小了电池的可逆容量；另一方面，增加了电极、电解液的界面电阻，影响电池的大电流放电性能。对于 SEI 膜的形成有下面两种物理模型。

① Besenhard 认为，溶剂能共嵌入石墨中，形成三元石墨层间化合物（Graphite Intercalated Compound，GIC），它的分解产物决定上述反应对石墨电极性能的影响。EC 的还原产物能够形成稳定的 SEI 膜，即使在石墨结构中。PC 的分解产物在石墨电极结构中施加一个层间应力，导致石墨结构的破坏，简称层离。

② Peled 模型是 Aurbach 等在 Peled 研究金属锂电极表面钝化膜之后，基于对电解液组分分解产物光谱分析的基础上建立起来的。他提出以下的观点，初始的 SEI 膜的形成，控制了进一步反应。宏观水平上的石墨电极的层离是初始形成的 SEI 膜钝化性能较差及气体分解产物造成的。

2.3.2 钛酸锂负极材料

在非碳基负极材料领域，主要是 $Li_4Ti_5O_{12}$，工业界称之为钛酸锂。由于在安全性方面具有优势，例如钛酸锂材料耐高温、不燃烧、不爆炸、防过充，能快速解决充放电问题，3min 即可完成充电，使用时更符合消费者习惯，使用寿命更长。钛酸锂材料循环寿命高达 10000 次，电池寿命超过 10 年。因此，钛酸锂将成为最有可能替代碳材料的最佳负极材料产品。

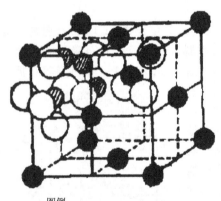

图例：

● 四面体间隙中的阳离子

◪ 八面体中的阳离子

○ O^{2-}

图 2-14 $Li_4Ti_5O_{12}$ 结构

$Li_4Ti_5O_{12}$ 结构如图 2-14 所示，可写成 $Li[Li_{1/3}Ti_{5/3}]O_4$。空间点阵群为 $Fd\bar{3}m$，晶胞参数 a 为 0.836nm，为不导电的白色晶体，在空气中可以稳定存在。其中 O^{2-} 构成 FCC 的点阵，位于 $32e$ 的位置，部分 Li 则位于 $8a$ 的四面体间隙中，同时部分 Li^+ 和 Ti^{4+} 位于 $16d$ 的八面体间隙中。当锂插入时还原为深蓝色的 $Li_2[Li_{1/3}Ti_{5/3}]O_4$，电化学过程如下所示：

$$Li[Li_{1/3}Ti_{5/3}]O_4 + Li^+ + e^- \rightleftharpoons Li_2[Li_{1/3}Ti_{5/3}]O_4 \quad (2-4)$$
$$8a \quad\quad 16d \quad\quad 32e \quad\quad\quad\quad 16c \quad\quad 16d \quad 32e$$

当外来的 Li^+ 嵌入到 $Li_4Ti_5O_{12}$ 的晶格时，Li^+ 先占据 $16c$ 位置。与此同时，在 $Li_4Ti_5O_{12}$ 晶格中原来位于 $8a$ 的 Li^+ 也开始迁移到 $16c$ 位置，最后所有的 $16c$ 位置都被 Li^+ 所占据。因此，可逆容量的大小主要取决于可以容纳 Li^+ 的八面体空隙数量的多少。由于 Ti^{3+} 的出现，反应产物 $Li_2[Li_{1/3}Ti_{5/3}]O_4$ 的电子导电性较好，电导率约为 $10^{-2}S/cm$。

反应式（2-4）过程的进行是通过两相的共存实现的，这从锂插入产物的紫外可见光谱和 X 射线衍射得到了证明。生成的 $Li_2[Li_{1/3}Ti_{5/3}]O_4$ 的晶胞参数 a 变化很小，仅从 0.836nm 增加到 0.837nm，因此称为零应变（Zero Strain）电极材料。

$Li_4Ti_5O_{12}$ 作为锂离子电池的负极材料，导电性能很差，且相对于金属锂的电位较高而容量较低，因此希望对其进行改性。目前而言，改性的方法主要有掺杂、包覆和采用新的制备方法。

2.3.2.1 $Li_4Ti_5O_{12}$ 的掺杂改性

通常提高 $Li_4Ti_5O_{12}$ 电导率的方法是进行掺杂改性,对材料进行金属离子的体相掺杂,形成固溶体或者是引入导电剂以提高导电性。

为了改善 $Li_4Ti_5O_{12}$ 的电导性,朱继平等用 Mg 来取代 Li 进行改性。由于 Mg 是 +2 价金属,而 Li 为 +1 价,这样部分 Ti 由 +4 价转变为 +3 价,大大提高了材料的电子导电性能力。当每 1mol $Li_4Ti_5O_{12}$ 单元中掺杂有 1/3mol 单元 Mg 时,电导率从 10^{-13} S/cm 以下提高到 10^{-2} S/cm,但是可逆容量有所下降。对于 x 接近 1 的 $Li_{4-x}Mg_xTi_5O_{12}$ 的容量为 130mA/g,这可能是因为 Mg 占据了尖晶石结构中四面体的部分 $8a$ 位置所致。

中国科学院硅酸盐研究所在 $Li_4Ti_5O_{12}$ 的掺杂方面做了一些研究工作,通过合成 $Li_{3.95}M_{0.15}Ti_{4.9}O_{12}$ (M=Al、Ga、Co) 和 $Li_{3.9}M_{0.1}Ti_{4.85}O_{12}$ 材料,测定了不同元素掺杂的电化学性能。结果发现,Al^{3+} 的引入能明显提高可逆容量与循环性能,Ga^{2+} 引入能稍微提高容量,但没有改善循环稳定性,而 Co^{3+} 和 Mg^{2+} 的引入反而在一定程度上降低其电化学性能。

可以将 $Li_4Ti_5O_{12}$ 中的 Ti^{4+} 用其他三价过渡金属离子代替,例如 Fe、Ni、Cr 等。Fe 来源丰富,没有毒性,用 Fe^{3+} 取代替换部分 Ti^{4+} 后,晶体结构仍然为尖晶石结构,在第一次循环时 0.5V 左右出现一个新的锂插入平台,但是在脱插的过程中没有发现对应的平台;而且掺杂后,可逆容量增加,达到 200mA·h/g 以上,循环性能也明显改善。例如当 Fe 的掺杂量为每 1mol $Li_4Ti_5O_{12}$ 单元 0.033mol 时,可逆容量超过 150mA·h/g,25 次循环后基本上没有衰减。当 $Li_4Ti_5O_{12}$ 中 $2/3Ti^{4+}$ 和 $1/3 Li^+$ 被 Fe^{3+} 取代后,得到的 $LiFeTiO_4$ 的容量高达 650mA·h/g,然而其循环性能也不理想。Ni 和 Cr 的原子半径与 Ti 相近,掺杂后 $Li_{1.3}M_{0.1}Ti_{1.7}O_4$ (M=Ni、Cr)相对于锂电极的电压为 1.55V;而尖晶石结构 $Li[CrTi]O_4$ 相对于金属锂的开路电压略低一点 (为 1.5V),循环时的可逆容量为 150mA·h/g。

2.3.2.2 $Li_4Ti_5O_{12}$ 的包覆改性

传统的对 $Li_4Ti_5O_{12}$ 的包覆改性一般是通过有机物或聚合物碳化后包覆。

将 $Li_4Ti_5O_{12}$ 放入溶有 $SnCl_2·nH_2O$ 的乙醇溶液得到的溶胶中,加入氨水搅拌,85℃干燥 5h,500℃恒温 3h,制得了 SnO_2 包覆的 $Li_4Ti_5O_{12}$。结果表明,SnO_2 在 $Li_4Ti_5O_{12}$ 的表面提高了 $Li_4Ti_5O_{12}$ 的可逆比容量和循环稳定性。在 $0.5×10^{-3}A/cm^2$ 电流密度下循环 16 次后,放电比容量还有 236mA·h/g。

朱继平等将合成的 $Li_4Ti_5O_{12}$ 材料与乙酸铜混合球磨 12h 后,干燥,在空气气氛升温至 500℃,保温 5h,随炉冷却得到 $Li_4Ti_5O_{12}/CuO$。结果表明,包覆氧化铜的钛酸锂具有良好的电化学性能,提高了 $Li_4Ti_5O_{12}$ 在高倍率下的循环稳定性和放电比容量,大倍率放电比容量性能优越。

Ag 具有优良的电子导电性以及可以减小材料极化的特性,研究发现在 $Li_4Ti_5O_{12}$ 表面通过 $AgNO_3$ 的分解包覆一层 Ag,显著提高了容量以及循环性能,2C 倍率下 50 次充放电后容量保持在 184mA/g。

较新的一种方法是对 $Li_4Ti_5O_{12}$ 进行氟化作用,通过将 F2 在 $Li_4Ti_5O_{12}$ 表面不同温度下氟化,发现 70℃下和 100℃下的性能最佳,在 600mA/g 大电流密度下比单纯 $Li_4Ti_5O_{12}$ 表现出更好的性能。也可以在 $Li_4Ti_5O_{12}$ 表面包覆一层氮化钛以提高性能。

2.3.2.3 $Li_4Ti_5O_{12}$ 的制备方法和改性

$Li_4Ti_5O_{12}$ 通常采用固相法制备,如将 TiO_2 和 Li_2CO_3 在高温(750~1000℃)下反应。为了补偿在高温下 Li_2CO_3 的挥发,通常使 Li_2CO_3 过量约 8%。但是如果与机械法结合,先用高能球磨法来得到 TiO_2 和 Li_2CO_3 的非晶相混合物,然后加热烧结得到尖晶石相 $Li_4Ti_5O_{12}$,可以缩短反应时间,降低烧结温度,在 450℃时就出现相转变。同时,烧结后的产物粒度较小,分布比较均匀并减小在高温下由于挥发而导致 Li 的损失。

在高温热处理时，使用助烧添加剂也可以降低热处理温度，提高离子电导率。例如，热处理时加入质量分数为 15% 的 $0.44LiBO_2 \cdot 0.56LiF$ 助烧添加剂。该添加剂是一种玻璃形成相，可以将多孔的粉状结构转换为网格结构。由于它仅与 $Li_4Ti_5O_{12}$ 发生轻微反应或不反应，因此 $Li_4Ti_5O_{12}$ 的晶体结构没有发生明显改变。

由于 Ti 为 +4 价，很容易形成溶液，因此采用溶胶-凝胶法可以缩短热处理时间，降低热处理温度。该过程为：先将四异丙醇钛 $Ti[OCH(CH_3)_2]_4$ 添加到醋酸锂的乙醇溶液中，然后缓慢滴加氨水，得到白色凝胶。在 60℃ 下干燥后，通过高温处理得到结晶性很好的 $Li_4Ti_5O_{12}$。但是，其锂离子扩散系数为 $3 \times 10^{-12} \, cm^2/s$，比在 $LiMn_2O_4$ 中的扩散系数 $(10^{-11} \sim 10^{-10} \, cm^2/s)$ 要低。也比固相法得到 $Li_4Ti_5O_{12}$ 要低 $(2 \times 10^{-8} \, cm^2/s)$，这可能与测量方法有关。然而，同样是采用溶胶-凝胶法制备的纳米 $Li_4Ti_5O_{12}$ 晶体具有良好的快速充放电能力，在 250C 下也能进行充放电。当制备的粒子大小在亚微米级（例如 700nm）时，1C 下循环 100 次以后，容量还保持 99%。当粒子为 9nm 时，充放电速率可以高达 250 C，而且在较高的充放电速率下容量基本上能够达到理论容量。

综上所述，$Li_4Ti_5O_{12}$ 作为锂离子电池负极材料，具有以下优点：在锂离子插入/脱插过程中晶体结构的稳定性好，为零应变过程，具有良好的循环性能和放电电压平台，具有相对金属锂较高的电位（1.56V），因此可选的有机液体电解质比较多，避免了电解液的分解现象和界面保护钝化膜的生成。$Li_4Ti_5O_{12}$ 的原料（TiO_2 和 Li_2CO_3、LiOH 或其他锂盐）来源也比较丰富，同时也具有优良的热稳定性。因此，$Li_4Ti_5O_{12}$ 可作为一种理想的替代碳负极材料。

2.3.3　氧化物负极材料

在"摇椅式"电池理论刚提出时，可充放锂离子电池负极材料首先考虑的是一些可作为 Li 源的含锂氧化物，如 $LiWO_2$、$Li_6Fe_2O_3$、$LiNb_2O_5$ 等。其他氧化物负极材料还包括具有金红石结构的 MO_2、MnO_2、TiO_2、MoO_2、IrO_2、RuO_2 等材料。

纳米过渡金属的氧化物 MO（M=Co、Ni、Cu 或 Fe）的电化学性能明显不同于微米级以上的粒子，可逆容量在 $600 \sim 800 mA \cdot h/g$ 之间，而且容量保持率高，在 50 次循环后可为 100%，且具有快速充放电能力。锂插入时电压平台约为 0.8V，锂脱出时，为 1.5V 左右。其机理与传统的锂插入/脱锂或形成锂合金机理均不一样。在锂插入过程中，Li 与 MO 发生还原反应，生成 Li_2O。在脱锂过程中，Li_2O 与 MO 能够再生成 Li 和 MO，即常说的转化机理。

$$MO + 2Li \Longleftrightarrow Li_2O + M \text{（M=Co、Ni、Cu 或 Fe）} \tag{2-5}$$

微米级 Cu_2O、CuO 等也可以可逆储锂，而且容量也比较高。其机理与上述的纳米级 CoO 等氧化物也相似。对于锡的氧化物 SnO_x（$1 \leqslant x \leqslant 2$）而言，则与上面说到的机理不完全一样。尽管其粒子大小也在纳米范围内，但也表现为同样的可逆过程。

对于 Cr_2O_3 而言，其作为锂离子电池负极材料，与锂的反应式如下：

$$Cr_2O_3 + 6Li^+ + 6e^- \longrightarrow 2Cr + 3Li_2O \tag{2-6}$$

当然，上述微米级以下或纳米氧化物也可以进行掺杂。对于 MgO 的掺杂，其储锂机理与没有掺杂的氧化物相比，似乎没有什么异样。虽然掺杂后初始容量有所下降，但是容量保持率或循环性能有所改进。对于氧化锡的掺杂而言，则情况发生明显变化，氧化锡可以发生可逆变化；而 CoO 被还原为 Co 后，不能发生氧化物的可逆变化。

该种无机氧化物负极材料的循环性能、可逆容量除了受到粒子大小的影响外，结晶性和粒子形态对其影响也非常大。通过优化，可以提高氧化物负极材料的综合电化学性能。目前最大的问题可能在于充电电压和放电电压之间的滞后太大。

2.3.4 新型合金负极材料

为了克服锂负极高活泼性引起的安全性差和循环性差的缺点，科研工作者研究了各种锂合金作为新的负极材料。相对于金属锂，锂合金负极避免了枝晶的生长，提高了安全性。然而，在反复循环的过程中，锂合金将经历较大的体积变化，电极材料逐渐粉化失效，合金结构遭到破坏。目前的锂合金主要有以下几种：Li-Al-Fe、Li-Pb、Li-Al、Li-Sn、Li-In、Li-Zn、Li-Si等。为了解决维度不稳定问题，采用了多种复合体系：① 采用混合导体全固态复合体系，即将活性物质均匀分散在非活性的锂合金中，其中活性物质与锂反应，非活性物质提供反应通道；② 将锂合金与相应金属的金属间化合物混合，如将 Li_xSi 与 Al_3Ni 混合；③ 将锂合金分散在导电聚合物中，如将 Li_xAl、Li_xPb 分散在聚乙炔或聚丙苯中，其中，导电聚合物提供了一个弹性、多孔、有较高电子和离子电导率的支撑体；④ 将小颗粒的锂合金嵌入到一个比较稳定的网络体系中。以上这些措施在一定程度上提高了锂合金的维度稳定性，但是仍达不到实用化的程度。近年来出现的锂离子电池，锂源是正极材料 $LiMO_2$（M=Co、Ni、Mn），负极材料可以不含金属锂。因此，合金类材料在制备上有了更多选择。

2.3.5 其他类型的负极材料

过渡金属氮化物是另一类引起广泛关注的负极材料。Takeshi A 等在 1984 年就报道了 $Li_{3-x}Cu_xN$ 的制备和离子电导性质，通过 Li_3N 中的部分阳离子替代得到 $Li_{3-x}Cu_xN$。由于铜和氮之间存在部分共价键，导致活化能降低为 0.13eV。另外，由于替代导致锂空位减小，从而锂离子电导降低。由于含锂负极在目前的锂离子电池体系中并不适用，又有其他因素，如制备成本以及对空气敏感等，目前离实际应用还有一段距离，但它也提供了电极材料的另一种选择。其与别的电极材料复合补偿首次不可逆容量损失，也不失为一种很好的尝试。

其他负极材料包括铁的氧化物、铬的氧化物、钼的氧化物和磷化物等。铁的资源丰富，价格便宜，没有毒性，依据 $Li_6Fe_2O_3$ 最高理论容量可达 1000mA·h/g，对金属锂的电位在 1.1V 以下，因此深受关注。但是目前对其反应机理并没有研究清楚，可能像锡的氧化物一样，也是合金机理。由于其第一次不可逆容量大，因此有待进一步研究。MoO_2 是人们在锂离子电池研究早期就开始探索的一种电极材料，常温下其储锂机理可表达为：

$$MoO_2 + xLi^+ + xe^- \rightleftharpoons Li_xMoO_2 \tag{2-7}$$

嵌锂过程中 Li_xMoO_2 随 x 变化在单斜相和正交相之间的转变。随后，人们对无定形 $MoO_{2+\delta}$（$\delta<0.3$）、MoO_2 亚微米粒子、MoO_2/C 纳米复合物等电极材料进行了研究。发现 MoO_2 是一种良好的锂离子电池负极材料，特别是在纳米尺寸下，可以表现出优秀的性能（400~750mA·h/g），一般可通过高温气相沉积、电化学沉积、水热法等途径制备 MoO_2 纳米棒、纳米线、不规则 MoO_2 纳米颗粒。

2.4 隔膜材料 ◀◀◀

作为锂电池四大材料之一的隔膜，尽管并不参与电池中的电化学反应，但却是锂电池中关键的内层组件。电池的容量、循环性能和充放电电流密度等关键性能都与隔膜有直接关系，隔膜性能的改善对提高锂电池的综合性能起到重要作用。

在锂电池中，隔膜吸收电解液后，可隔离正、负极，以防止短路，但同时还要允许锂离子的传导。而在过度充电或者温度升高时，隔膜还要有高温自闭性能，以阻隔电流传导，防止爆炸。不仅如此，锂电池隔膜还具有强度高、防火、耐化学试剂、耐酸碱腐蚀性、生物相容性好、无毒等特点。

液态电解质锂离子电池所用隔膜可以分为微孔高分子膜，非织造布及复合隔膜。由于具有其加工成本较低，机械性能较好，微孔高分子膜使用最为广泛。非织造布的优点是成本低和热稳定性好。而复合隔膜由于提供了极好的热稳定性和对非水电解质的浸润性，近来也引起了很大关注。

2.4.1 减少内部短路的技术路线

隔膜是避免锂电池内部热失控的关键部件，尽管具有热关闭性能的隔膜于20世纪90年代就已经商品化了，但它对于加工缺陷造成的硬性内部短路却是无效的。为了减轻内部短路，在过去几年中，人们提出了两种技术路线：一是制备具有高熔点、低的高温收缩性和优异的机械性能（特别是抗穿刺强度）的隔膜；二是制备陶瓷改善的隔膜。后者要么在表面具有陶瓷层，要么将陶瓷粉末分散于高分子材料中，其中陶瓷所起主要作用是防止电极间的空间塌陷，从而避免热失控情况下的内部短路。

2.4.2 隔膜热关闭性能

目前使用的锂电池隔膜一般都能提供一个附加功能，就是热关闭。这一特性也为锂电池的安全性能提供了额外的保障。这是因为隔膜所用聚烯烃材料具有热塑性，当温度接近材料熔点时，微孔闭合形成热关闭，从而阻断离子的继续传输而形成短路，起到保护电池的作用。

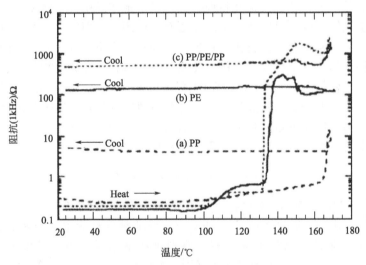

图 2-15　不同高分子薄膜的热关闭性能

Venugopal 等人测试了多种不同高分子薄膜的热关闭性能（如图 2-15 所示）。聚丙烯膜（PP）的热关闭温度在 165℃左右，电阻增加了大约 2 个数量级。聚乙烯膜（PE）热关闭温度在 135℃左右，电阻增加了大约 3 个数量级。据报道，电阻通常需要有至少 3 个数量级的增加，才能有效地关闭反应。隔膜还必须防止电极在高温下互相接触，因此在高温下的收缩需要最小化。

2.4.3 隔膜的制备

目前最广泛使用于隔膜制备的两种工艺是干法工艺和湿法工艺。两种工艺都需要采用挤出机，并且在一个或两个的方向进行拉伸。拉伸目的是要引入孔隙和增加孔隙率并改善拉伸强度。两者全都采用低成本的聚烯烃作为原料，因此隔膜成本大部分由加工方法决定。

① 干法工艺。在干法工艺中，熔融挤出的聚烯烃薄膜直接在熔点以下进行高温退火处理，以促进晶体生长和增加晶体的尺寸和数量。规则排列的晶体具有平行排列的片晶结构，方向垂直于挤出方向。薄膜通常先在较低温度下进行单轴拉伸，随后在较高温度下进行拉伸。通过使用轧辊，可获得沿挤出方向150%～250%的拉伸，多孔结构在这一过程中形成。随后进行热处理来固定这些微孔并释放薄膜中的残余应力。采用干法制备的多孔隔膜通常显示出特征的裂缝状的微孔结构［如图2-16（a）所示］。

从图2-16（a）中可以很明显看出，纳米尺寸的纤维连接了相邻的晶区。通常来说，单轴拉伸的薄膜显示出较好的力学性能（大于150MPa的拉伸强度），但是沿挤出方向有较高的热缩性；而在横向上，则显示较低的拉伸强度（小于15MPa），而热缩性则可以忽略。采用干法工艺不需要使用溶剂，但是这种方法只适用于可以形成半结晶结构的高分子。Kim等对比了退火温度对制备中空纤维膜的影响，发现提高退火温度可进一步提高结晶度。

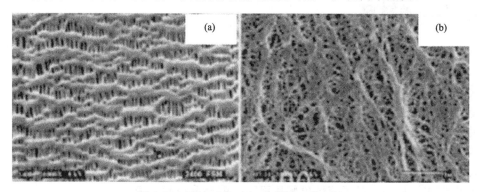

图2-16　干法工艺（a）和湿法工艺（b）

② 湿法工艺。在湿法工艺中，高分子在高温下被挤出或吹制成薄膜前，需要将增塑剂（或低分子量的物质，例如石蜡油或矿物油）加入到高分子中。在薄膜固化后，通过使用易挥发溶剂（例如二氯甲烷和三氯乙烯），将增塑剂从薄膜中萃取出来，从而留下了亚微米尺寸的微孔。随后，多孔薄膜通过一个溶剂萃取器来移除其中的溶剂。采用湿法工艺制备的隔膜通常进行双轴拉伸来扩大微孔的尺寸以及增加孔隙率。湿法工艺得到的隔膜中的孔更加类似，如图2-16（b）所示。沿挤出方向和横向拉伸强度相差不多，两者都可以超过100MPa。由于没有要求在拉伸前需要形成半结晶结构，因此与干法工艺相比，湿法工艺可用于更多的分子。另外，增塑剂的使用降低了黏度，因此改善了高分子的加工性能。但是，湿法过程中的增塑剂萃取增加了生产成本。

2.4.4　制备隔膜的材料

大部分商业化的锂电池隔膜都是利用PE、PP和其他聚烯烃及它们的混合物或者共聚物，通过干法或湿法工艺制备得到的。聚烯烃通常具有良好的力学性能和化学稳定性，通过关闭微孔和使薄膜变成无孔薄膜，大部分聚烯烃隔膜在不同温度下都具有热关闭功能。PP膜的热关闭温度在160℃左右，PE膜在120～150℃之间（取决于形貌）。

尽管聚烯烃材料可以在合适的温度区间内提供热关闭功能，但是微孔关闭后电极的温度仍然可能继续升高，隔膜可能收缩，熔融并最终导致电极短路。因此，热关闭温度和熔融温度之间的差值越大越好。为达到这一目的，可以将PP和PE挤出或制成薄板来制备多层薄膜。人们为此制备了PP/PE双层隔膜以及PP/PE/PP三层隔膜。在温度低于热失控温度时，PE层转化成无孔膜，从而增加了电阻并提供热关闭。与此同时，PP层仍旧能保持隔膜的力学性能并可以隔离电极。

Evonik-Degussa 商品化了一种陶瓷隔膜，通过涂覆一层超薄的聚对苯二甲酸乙二醇酯（PET）非织造支撑层和氧化物包括氧化铝、氧化锆和硅石制备得到。氧化物颗粒先悬浮在无机胶黏剂中，然后将悬浮液涂覆在非织造 PET 上。通过将涂覆后的 PET 在 200℃下干燥就得到了复合隔膜。这种方法获得的隔膜有着很小、大约 $0.08\mu m$ 的平均孔隙尺寸和大约 $24\mu m$ 的厚度。在这种隔膜中，大约 $20\mu m$ 厚度的 PET 非织造物提供了拉伸强度和灵活性，而陶瓷颗粒涂层则有助于避免针孔，同时有助于阻止枝晶穿透和提供热稳定性。

人们正努力不断开发新的隔膜材料以平衡甚至在平衡的同时提高隔膜的性能；并且由于隔膜占电池成本 20%左右，因此发展隔膜制造技术以制备低成本隔膜，对于降低电池系统的整体成本也意义重大。

2.5 电解质材料

电解质在电池正负极间起到离子导电、电子绝缘的作用。在二次锂电池中，电解质的性质对电池的循环寿命、工作温度范围、充放电效率、电池的安全性及功率密度等性能有重要影响。二次锂电池电解质材料具备以下性能。

① 锂离子电导率高，一般应达 $10^{-3}\sim 10^{-2}S/cm$。

② 电化学稳定性高，在较宽的电位范围内保持稳定。

③ 与电极的兼容性好，负极上能有效地形成稳定的 SEI 膜，正极上在高电位条件下有足够的抗氧化分解能力。

④ 与电极接触良好，对于液体电解质而言，能充分浸润电极。

⑤ 低温性能良好，在较低温度范围（-20℃～20℃）能保持较高的电导率和较低的黏度，以便在充放电过程中保持良好的电极表面浸润性。

⑥ 宽的液态范围。

⑦ 热稳定性好，在较宽的温度范围内不发生热分解。

⑧ 蒸气压低，在使用温度范围内不发生挥发现象。

⑨ 化学稳定性好，在电池长期循环和储备过程中，自身不发生化学反应，也不与正极、负极、集流体、黏结剂、导电剂、隔膜、包装材料、密封剂等材料发生化学反应。

⑩ 无毒，无污染，使用安全，最好能生物降解。

由于锂离子电极负极的电位与锂接近，比较活泼，在水溶液体系中不稳定，必须使用非水性有机溶剂作为锂离子的载体。该类有机溶剂和锂盐组成非水液体电解质，也称为有机液体电解质，是液体锂离子电池中不可缺少的成分，也是凝胶聚合物电解质的重要组分。当前锂离子电池电解质材料主要为液体电解质和胶体聚合物电解质，研究开发的还包括聚合物电解质、室温熔盐电解质、无机固体电解质等。

2.5.1 有机电解质材料

有机电解液主要由两部分组成，即电解质锂盐和非水有机溶剂。此外，为了改善电解质的某方面性能，有时会加入各种功能添加剂。

2.5.1.1 电解质锂盐

理想的电解质锂盐应能在非水溶剂中完全溶解，不缔合，溶剂化的阳离子应具有较高的迁移率。阴离子应不会在正极充电时发生氧化还原分解反应，阴阳离子不应和电极、隔膜、包装材料反应，盐应是无毒的，且热稳定性较高。高氯酸锂（$LiClO_4$）、六氟砷酸锂（$LiAsF_6$）、四氟硼酸锂（LiBF$_4$）、三氟甲基磺酸锂（LiCF$_3$SO$_3$）、六氟磷酸锂（LiPF$_6$）、二（三氟甲基磺酰）亚胺锂 LiN（CF$_3$SO$_2$）$_2$（LiTFSi）、双草酸硼酸锂（LiBOB）等锂盐得到广泛研究。但最终得到实际应用的是 LiPF$_6$。虽然它的单一指标不是最好的，但在所有指标的平衡方面是最好的。含 LiPF$_6$ 的电解液已基本满足锂离子电池对电解液的要求，但是存在制备过程复杂，热稳定性差，遇水易分解，价格昂贵的缺点。

目前，有希望替代 LiPF$_6$ 的锂盐为 LiBOB。其分解温度为 320℃，电化学稳定性高，分解电压大于 4.5V，能在大多数常用有机溶剂中有较大的溶解度。与传统锂盐相比，以 LiBOB 作为锂盐的电解液，锂离子电池可以在高温下工作而容量不衰减，而且即使在单独的碳酸丙烯酯（PC）溶剂中，电池仍然能够充放电，具有较好的循环性能。初步研究结果证明，BOB-能够参与石墨类负极材料表面 SEI 膜的形成，并且能形成有效的 SEI 膜，阻止溶剂和溶剂化锂离子共同嵌入石墨层间。

2.5.1.2 非水有机溶剂

溶剂的许多性能参数与电解液的性能优劣密切相关，如溶剂的黏度、介电常数、熔点、沸点、闪点对电池的使用温度范围、电解质锂盐的溶解度、电极电化学性能和电池安全性能等都有重要的影响。此外，在锂离子电池中，负极表面的 SEI 膜成分主要来自于溶剂的还原分解。性能稳定的 SEI 膜对电池的充放电效率、循环性、内阻以及自放电等都有显著影响。溶剂在正极表面氧化分解，对电池的安全性也有较大影响。

目前主要用于锂离子电池的非水有机溶剂有碳酸酯类、醚类和羧酸酯类等。碳酸酯类主要包括环状碳酸酯和链状碳酸酯两类。碳酸酯类溶剂具有较好的化学、电化学稳定性，较宽的电化学窗口，因此在锂离子电池中得到广泛的应用。碳酸丙烯酯（PC）是研究历史最长的溶剂，它与 1,2-二甲氧基乙烷（DME）等组成的混合溶剂仍然在一次锂电池中使用。由于其熔点（−49.2℃）低，沸点（241.7℃）和闪点（132℃）高，因此含有 PC 的电解液显示出了较好的低温性能。但如前所述，锂离子电池中石墨类碳材料对 PC 的兼容性较差，不能在石墨类电极表面形成有效的 SEI 膜，放电过程中 PC 和溶剂化锂离子共同嵌入石墨层间，导致石墨片层的剥离，破坏了石墨电极结构，使电池无法循环。因此，在当前锂离子电池体系中，一般不采用 PC 作为电解质组分。目前，大多数采用碳酸乙烯酯（EC）作为有机电解液的主要成分，它和石墨类负极材料有着良好的兼容性，主要分解产物 ROCO$_2$Li 能在石墨表面形成有效、致密和稳定的 SEI 膜，大幅度提高了电池的循环寿命。但由于 EC 的熔点（36℃）高而不能单独使用，一般将其与低黏度的链状碳酸酯如碳酸二甲酯（DMC）、碳酸二乙酯（DEC）、碳酸甲乙酯（EMC）、碳酸甲丙酯（MPC）等混合使用。

醚类有机溶剂包括环状醚和链状醚两类。环状醚有四氢呋喃（THF）、2-甲基四氢呋喃（2-MeTHF）、1,3-二氧杂环戊烷（DOL）和 4-甲基-1,3-二氧杂环戊烷（4-MeDOL）等。THF 与 DOL 可与 PC 等组成混合溶剂用在一次锂电池中。2-MeTHF 沸点（79℃）、闪点（−11℃）低，易于被氧化生成过氧化物，且具有吸湿性，但它能在锂电极上形成稳定的 SEI 膜，如在 LiPF$_6$-EC-DMC 中加入 2-MeTHF 能够有效抑制枝晶生成，提高锂电极的循环效率。

羧酸酯同样包括环状羧酸酯和链状羧酸酯两类。环状羧酸酯中主要的有机溶剂是 γ-丁内酯（γ-BL）。γ-BL 的介电常数小于 PC，其溶液电导率也小于 PC，曾用于一次锂电池中。但遇水分解是其一大缺点，且毒性较大。链状羧酸酯主要有甲酸甲酯（MF），曾用于一次锂电池中。遇水分解是其一大缺点，且毒性较大。

2.5.1.3 功能添加剂

在锂离子电池中使用的有机电解液中添加少量物质，能显著改变电池的某些性能，这些物质称之为功能添加剂，针对不同目的的功能添加剂得到了广泛研究。

例如，为改善电极 SEI 膜性能的添加剂应用和研究如下。锂离子电池在首次充、放电过程中不可避免地都要在电极与电解液界面上发生反应，在电极表面形成一层钝化膜与保护膜。这层膜主要由烷基酯锂（ROCO$_2$Li），烷氧锂（ROLi）和碳酸锂（LiCO$_3$）等成分构成，具有多组分、多层结构的特点。这层膜在电极和电解液间具有固体电解质的性质，只允许锂离子自由穿过，实现嵌入和脱出，同时对电子绝缘。因此，称之为固体电解质中间相。稳定的 SEI 膜能够阻止溶剂分子的共嵌入，避免电极与电解液的直接接触，从而抑制了溶剂的进一步分解，提高了锂离子电池的充、放电效率和循环寿命。因而在电极/电解液界面形成稳定的 SEI 膜是实现电极/电解液相容性的关键因素。

Besenhard 等曾报道在 PC 电解液中添加一些 SO$_2$、CO$_2$、NO$_x$ 等小分子，可促使 Li$_2$S、Li$_2$SO$_3$、Li$_2$SO$_4$ 和 Li$_2$CO$_3$ 为主要成分的 SEI 膜的形成，它们的化学性质稳定，不溶于有机溶剂，具有良好的传导锂离子性能，以及抑制溶剂分子的共嵌入和还原分解对电极破坏的功能。在 PC 基电解液中添加亚硫酸乙烯酯（ES）和亚硫酸丙烯酯（PS），能显著改善石墨电极的 SEI 膜性能，并和整体材料有着很好的兼容性。日本索尼公司报道，在锂离子电池有机电解液中加入微量的苯甲醚或其卤代衍生物，能够改善电池的循环性能，减少电池的不可逆容量损失。还有一类含有亚乙烯基（vinylene）基团的化合物如碳酸亚乙烯酯（VC）、乙酸乙烯酯（VA）、丙烯腈（AN）等，由于具有优良的成膜性能，也被研究者广泛研究，并且在实际电池中得到应用。

① 过充电保护添加剂。过充电时正极处于高氧化态，溶剂容易氧化分解，产生大量气体，电极材料可能发生不可逆结构相变；负极有可能析出锂，与溶剂发生化学反应，因此电池存在安全隐患。目前锂离子电池的过充电保护，一方面采用外加过充电保护电路防止电池过充；另一方面，对正极材料进行表面修饰，提高其耐过充性或者选择电化学性质稳定的正极材料。除此之外，许多研究人员提出，在电解液中通过添加剂来实现电池的过充电保护。这种方法的原理是通过在电解液中添加合适的氧化还原对，在正常充电电位范围内，该氧化还原对不参加任何化学或电化学反应，当充电电压超过正常充放电截止电压时，添加剂开始在正极发生氧化反应，氧化产物扩散到负极，发生还原反应，如下式所示：

$$正极 \qquad R \longrightarrow O + ne^- \tag{2-8}$$

$$负极 \qquad O + ne^- \longrightarrow R \tag{2-9}$$

反应所生成的氧化还原产物均为可溶物质，并不与电极材料、电解质中的其他成分发生化学反应，因此在过充条件下可以不断循环反应。

② 改善电池安全性能的添加剂。改善电解液稳定性是改善锂离子电池安全性的一个重要方法。在电池中添加一些高沸点、高闪点和不易燃的溶剂，可改善电池的安全性。氟代有机溶剂具有较高的闪点及不易燃烧的特点，将这种有机溶剂添加到有机电解液中将有助于改善电池在受热、过充电等状态下的安全性能。一些氟代链状醚如 C$_4$F$_9$OCH$_3$ 曾被推荐用于锂离子电池中，但是溶解性很差，并且很难与其他介电常数高的有机溶剂 EC、PC 等混溶。研究发现氟代环状碳酸酯类化合物如一氟代甲基碳酸乙烯酯（CH$_2$F-EC）、二氟代甲基碳酸乙烯酯（CHF$_2$-EC）、三氟代甲基碳酸乙烯酯（CF$_3$-EC）具有较好的化学稳定性、较高的闪点和介电常数，其能够很好地溶解电解质锂盐并和其他有机溶剂混溶，电池中采用这类添加剂可表现出较好的充放电性能和循环性能。在有机电解液中添加一定量的阻燃剂，如有机膦系列、硅硼系列及硼酸酯系列，3-苯基磷酸酯（TPP），3-丁基磷酸酯（TBP），氟代磷酸酯、磷酸烷基酯等，可有效地提高电池的安全性。

③ 控制电解液中酸和水含量的添加剂。电解液中恒量的 HF 酸和水对 SEI 膜的形成具有重要的影响作用。但水和酸的含量过高，会导致 LiPF$_6$ 的分解，破坏 SEI 膜，还可能导致正极材料的溶解。Stur 等对锂或钙的碳酸盐、Al$_2$O$_3$、MgO、BaO 等作为添加剂加入电解液中，

它们将与电解液中微量的 HF 发生反应，阻止其对电极的破坏和对 LiPF$_6$ 的分解和催化作用，提高电解液的稳定性。碳化二乙胺类化合物可以通过分子中的氢原子与水形成较弱的氢键，从而能阻止水与 LiPF$_6$ 反应产生 HF。

2.5.2 聚合物电解质材料

液体电解质存在漏液、易燃、易挥发、不稳定等缺点，因此人们一直希望电池中能采用固体电解质。1973 年，Fenton 等发现聚环氧乙烷（PEO）能"溶解"部分碱金属盐形成聚合物-盐的配合物（Polymer Salt Complex）。1975 年，Wright 等报道了 PEO 的碱金属盐配合体系具有较好的离子电导性。1979 年，Armand 等报道 PEO 的碱金属配合体系在 40～60℃时离子电导率达到 10^{-3} S/cm，且具有良好的成膜性能，可作为锂电池的电解质。从此，聚合物固体电解质得到了广泛关注。

聚合物电解质具有高分子材料的柔顺性和良好的成膜性、黏弹性、稳定性，质轻，成本低的特点，而且还具有良好的力学性能和电化学稳定性。在电池中，聚合物电解质兼具电解质和电极间的隔膜两项功能。按照聚合物电解质的形态，大致可分为全固态聚合物电解质、胶体聚合物电解质两类。

2.5.2.1 全固态聚合物电解质

到目前为止，研究最多的体系是 PEO 基的聚合物电解质。在该体系中，常温下存在纯PEO 相、非晶相和富盐相三个相区，其中离子传导主要发生在非晶相高弹区。一般认为，碱金属离子先同高分子链上的极性醚氧官能团配合，在电场的作用下，随着高弹区中分子链段的热运动，碱金属离子与极性基团发生解离，再与链段上其他基团发生配合。通过这种不断地配合-解配合过程，而实现离子的定向迁移，其电导率符合 VTF 方程，与链段蠕动导致的自由体积变化密切相关。通过对 PEO 的研究，人们认识到，要形成高导电的聚合物电解质，对于主体聚合物的基本要求是必须具有给电子能力很强的原子或基团，其极性基团应含有 O、S、N、P 等，这些原子或基团能提供孤对电子与阳离子形成配位键以抵消盐的晶格能。其次，配位中心间的距离要适当，能够与每个阳离子形成多重键，达到良好的溶解度。此外，聚合物分子链段要足够柔顺、聚合物上功能键的旋转阻力要尽可能低，以利于阳离子移动。常见的聚合物基体有 PEO、聚环氧丙烷（PPO）、聚甲基丙烯酸甲酯（PMMA）、聚丙烯腈（PAN）、聚偏氟乙烯（PVDF）等。

由于离子传输主要发生在无定型相，晶相对导电性贡献小，因此含有部分结晶相的 PEO/盐配合物室温下的电导率很低，只有 10^{-8} S/cm。只有当温度升高到结晶相融化时，电导率才会大幅度提高，因而远远无法满足实际的需要。因此，导电聚合物的发展便集中在开发具有低玻璃化转变温度（T_g）的、室温为无定型态的基质的聚合物电解质上。常用的改性方法有化学手段（如共聚和交联），也有物理手段（如共混和增塑）等。Kills 等采用 EO 和 PO 的交联嵌段共聚物电解质使室温电导率提高到 5×10^{-5} S/cm。Hall 等将 PEO 链接到聚硅氧烷主链上，形成了梳状聚合物，并将这种聚合物电解质的室温电导率提高到 2×10^{-4} S/cm。Przyluski 等用 PEO 和聚丙烯酰胺（PAAM）共混，再与 LiClO$_4$ 形成配合物，室温电导率高于 10^{-4} S/cm。Ichino 等用丁苯橡胶和丁腈橡胶共混，合成了一种双相电解质。非极性的丁苯橡胶为支持相，保证电解质具有良好的力学性能。极性的丁腈橡胶为导电相，锂离子在导电相中进行传导，室温电导率高达 10^{-3} S/cm。

2.5.2.2 胶体聚合物电解质

胶体聚合物电解质，是在前述全固态聚合物电解质的基础上，添加了有机溶剂等增塑剂，在微观上，液相分布在聚合物基体的网络中，聚合物主要表现出其力学性能，对整个电解质膜起支撑作用，而离子输运主要发生在其中包含的液体电解质部分。因此，其电化学性质与液体电解质相当，广泛研究的聚合物包括 PAN、PEO、PMMA、PVDF。目前商业化应用的主要技术包括 Bellcore/Telcordia 发展的、基于 PVDF-HFP 的相翻转两步抽提技术和索尼公司开发的胶体电解质技术。胶体电解质兼有固体电解质和液体电解质的优点。因此，可以采用软包装来封装电池，提高了电池的能量密度，并且使电池的设计更具柔性。

2.5.3 无机固体电解质材料

近年来，电解质体系的优化与改性为锂离子电池向安全、高容量和长寿命发展作出了突出贡献。由于有机液体电解质容易出现漏液，存在突出的安全隐患，且原料价格高，包装费用昂贵，无机固体电解质用于锂及锂离子电池近年来得到了迅速发展。锂无机固体电解质又称为锂快离子导体（Super Ionic Conductor），包括晶态电解质（又称陶瓷电解质）和非晶态电解质（又称为玻璃电解质）。这类材料具有较高的 Li^+ 电导率（大于 $10^{-3}S/cm$）和 Li^+ 迁移数（约等于1），电导的活化能低（$E<0.5eV$），耐高温性能和可加工性能好，装配方便，在高比能量的大型动力锂离子电池中有较好的应用前景。然而，机械强度差、与电极活性物质接触时的界面阻抗大和电化学窗口不够宽是制约锂无机固体电解质应用于锂离子电池的主要障碍。因此，如何进一步优化无机固体电解质材料正在成为锂离子电池电解质的一个重要研究方向。

2.5.3.1 锂陶瓷电解质

锂陶瓷固体电解质的种类很多。从结构上看，主要包括 NASICON 结构的锂陶瓷电解质、钙钛矿型锂陶瓷电解质、LISICON 型锂陶瓷电解质、Li_3N 型锂陶瓷电解质、锂化 BPO_4 导锂陶瓷电解质和以 Li_4Si_4 为母体的锂陶瓷电解质等。从导电性能上可分为一维离子导体、二维离子导体（β-Al_2O_3、Li_3N 等）和三维离子导体（$Li_9N_2Cl_3$、LISICON、NASICON 等）。从载流子种类上又可分为单一 Li^+ 导体、电子-Li^+ 混合导体、质子（H^+）-Li^+ 混合导体等。在全固态锂离子电池中多选用 Li^+ 迁移数接近于 1 的单一 Li^+ 导体，以避免电子导电和质子导电对电池性能的破坏。按照使用温度范围不同，分为高温离子导体（如 Li_2SO_4、Li_4SiO_4 和 LISICON）和低温离子导体（Li_3N、$Li_{0.5}La_{0.5}TiO_3$、$Li_{1.3}Ti_{1.7}Al_{0.3}P_3O_{12}$、$Li_{3.6}Ge_{0.6}V_{0.4}O_4$ 等）。

2.5.3.2 玻璃态锂无机固体电解质

玻璃态氧化物锂无机固体电解质是由网络形成氧化物（SiO_2、B_2O_3、P_2O_5 等）和网络改性氧化物（如 Li_2O 等）组成的，在低温下为动力学稳定体系。网络形成物形成强烈的相互连接的巨分子链，并且为长程无序，网络改性物与网络形成物发生化学反应，打破巨分子链中的氧桥，降低巨分子链的平均长度。在其结构中只有 Li^+ 能够移动，决定玻璃态锂无机固体电解质的导电性。这类材料容易制成微电池中的薄膜电解质，其对金属锂和空气稳定，但是离子电导率低，室温下仅有 $10^{-8}\sim10^{-2}S/cm$。

参 考 文 献

[1] 吴宇平，袁翔云，董超，段翼渊. 锂离子电池-应用与实践. 北京：化学工业出版社，2011.
[2] 吴其胜，戴振华，张霞. 新能源材料. 上海：华东理工大学出版社，2012.
[3] 艾德生，高喆. 新能源材料-基础与应用. 北京：化学工业出版社，2010.
[4] 黄可龙，王兆翔，刘素琴. 锂离子电池原理与关键技术. 北京：化学工业出版社，2007.
[5] 胡信国. 动力电池技术与应用. 北京：化学工业出版社，2013.
[6] 郑如定. 锂离子电池和聚合物电池概述. 通信电源技术，2002.
[7] Ohzuku T, makimura Y. Chem Lett, 2001, 30(17)：642-643.
[8] Zhu JP, Xu QB, Zhao JJ, Yang G J. Nanosci Nanotechnol, 2011, 11(12)：10357-10368.
[9] Zhu JP, Xu QB, Zhao JJ, Yang G. Nanosci Nanotechnol, 2012, 12 (3)：2534-2538.
[10] Zhu JP, Zhao JJ, Yang HW, Yang G. Advanced Science Letters, 2011, 4, 484-487.
[11] Zhu JP, Si S, Zuo RZ, Duan WS, Jiang Y. Journal of Nanoscience and Nanotechnology, 2010, 10 (5), 3109-3111.

[12] Zhu JP，Zhao JJ，Wang QS，Yang HW，Yang G. Advanced Science Letters，2011，4，474-476.

[13] Zhu JP，Duan WS，Sheng YP. Journal of Crystal Growth，2009，3(11)：355-357.

[14] Zhu JP，Zu W，Yang G. Song QF. Materials Letters，2014，115：237-240.

[15] Zhu JP，Yang G，Zhao JJ，Wang QS，Yang HW. Advanced Materials Research，2011，279：77-82.

[16] Huang SH，Wen ZY，Zhu XY，Lin ZX. Journal of Power Sources，2007，165，1，408-412.

[17] Huang SH，Wen ZY，Zhang JC，et al. Solid State Ionics，2006，177，851-855.

[18] Huang SH，Wen ZY，Zhang JC，Yang XL. Electrochimica Acta，2007，52，3704-3708.

[19] Huang SH，Wen ZY，Lin B，Han JD，Xu XG. Journal of Alloys And Compounds，2007，457(1-2)：400-403.

[20] Kisuk K，Yiag S M. Science，2006，311：977.

[21] 廖文明，戴永年，姚耀春等. 材料导报，2008，22(10)：45-49.

[22] Ohzuku T，Makimura Y. Chem Lett，1997，7：1511-1514.

[23] Yabuuchi N，Ohzuku T. J Power Sources，2003，119~121(1)：171-174.

[24] Shaju K M，Subba G V R，Chowdari B V R. Electrochim Acta，2002，(2)：145-151.

[25] 卢华权，吴锋，苏岳峰等. 物理化学学报，2010，26(01)：51-56.

[26] Masaya K，Li DC，Koichi K，et al. J Power Sources，2006，157：494-500.

[27] Liu DT，Wang ZX，Chen L Q. Electrochim Acta，2006，51：4199-4203.

[28] Kim HS，Kim Y，Kim S I，et al. Journal of Power Sources，2006，161：623-627.

[29] Zhao HL，Li Y，Zhu ZM，Lin J，Tian ZH，Wang RL. Electrochimica Acta，2008，53(24)，7079-7083.

[30] 郑洪河等. 锂离子电池电解质. 北京：化学工业出版社，2007.

[31] 张星辰等. 离子液体——从理论基础到研究进展. 北京：化学工业出版社，2008.

[32] 王明慧，吴坚平，杨立荣. 有机化学，2005，25：364.

[33] Borgel V，Markevich E，Aurbach D，Semrau G，Schmidt M. J. Power Sources，2009，189：331.

[34] Wang WG，Wang XP，Gao YX，Fang QF. Solid State Ionics，2009，180：1252.

第3章

太阳能电池材料

太阳能作为一种清洁环保的自然可再生能源，有着巨大的开发应用潜力。照射在地球上的太阳能非常巨大，其利用价值很高。据估算，每年 $1m^2$ 地表面积受到的辐射就可产生 $1700kW\cdot h$ 电能，而地球表面所接受的太阳能辐射相当于全球能源需求总和的一万倍以上。来自国际能源署的数据显示，若在全球 4％ 的沙漠上安装太阳能光伏系统，就足以满足当前的能源需求。可以说，太阳能是取之不尽、用之不竭的可再生能源。随着矿物能源的逐渐减少和环境污染的日益严重，利用光电转换的太阳能发电技术正是同时解决上述能源和环境问题的最佳选择，而且太阳能发电绝对干净，不产生公害。为了能够更加经济、更为高效地利用太阳能，人们从科学技术上着手研究太阳能的收集、转换、储存以及运输，目前已经取得了显著进展，这无疑对人类社会的进步和发展具有重要意义。

太阳能的利用形式可分为光热转换、光化学转换以及光电转换三种方式。其中，利用半导体材料光伏效应的光电转换技术是其主要利用途径之一。太阳能电池就是通过光电转换把太阳光能量转化为电能输出。而太阳能电池发电技术同以往其他能源发电原理完全不同，具有以下特点：无枯竭危险；绝对干净；不受资源分布地域的限制；可在用电处就近发电；能源质量高；获取能源花费的时间短。因而太阳能光伏系统具有非常大的潜在应用市场，比如并网发电、农村电气化、便携式组件及空间应用等。正是由于太阳能电池具有广阔的应用前景，现已遍及农业、牧业、交通运输、通讯事业、广播电视、气象、地震预测、医疗卫生、军事国防等各个领域。图 3-1 为太阳能电池在光伏电池和光伏建筑一体化（BIPV）的应用实例。

近年来，太阳能电池因其清洁环保、可再生的特点获得了良好的发展机遇。世界各国制定了一系列优惠政策和光伏工程计划，为太阳能电池产业创造了巨大的市场空间，使其进入了高速发展时期，多年来保持 20％～30％ 以上的增长速度，2012 年全球太阳能电池产量已高达 37.4GW，并开始出现产能过剩问题。长远来看，太阳能发电技术必将成为未来人类能源利用的主要形式之一。目前太阳能行业仍属于朝阳产业，在经历产业布局及结构调整之后，必将继续保持高速增长势头。虽然太阳能电池在近十年发展非常迅猛，但仍受到效率和成本两方面的制约。要使太阳能发电与当前传统能源竞争：一是要提高太阳能电池的光电转换效率；二是要降低成本。只有进一步降低电池成本，才能使太阳能进入寻常百姓家，从而真正使太阳能的利用得以全面实现。

(a)   (b)

图 3-1 太阳能电池的应用

3.1 太阳能电池概述

3.1.1 太阳能电池发展概况

太阳能电池是利用光伏效应将太阳能直接转化为电能的半导体光电功能器件。法国物理学家贝克勒尔（Becquerel）在 1939 年首次报道在电解质中发现了光生伏特效应（Photovoltaic Effect）。1876 年，在硒的全固态材料中也观察到光伏效应，并于 1882 年制成了硒的光生伏特电池。1928 年，又制成了铜-氧化铜光生伏特电池。到 1941 年又出现了硅光电池的报道。在 19 世纪 90 年代，研究者们陆续发现了能够产生光伏效应的固体光伏器件。由于主要是利用半导体 PN 结原理做成的光电器件，并在太阳光照射下能够将其表面的太阳光能量转换成电能输出，且转换效率较高，因而被称之为太阳能电池。然而这些早期光伏器件不具备较高的光电转化效率，在很长时期里一直停留在实验室研究阶段。直到 20 世纪 50 年代，美国空间开发项目计划将光伏电池应用于空间卫星后，才得到较快发展。1954 年，效率为 6％的具有实用价值的单晶硅电池在贝尔实验室研制成功，对于太阳能电池的发展具有划时代的重要意义。在随后十余年里，晶体硅太阳能电池在空间领域的应用不断扩大。特别是近年来，伴随制造工艺技术的提高，单晶及多晶硅太阳能电池的生产规模不断扩大，使其成本开始大幅度下降，已发展成为当今太阳能电池的主流产品，所占市场份额超过 85％以上。但晶体硅太阳能电池高能耗的制备过程决定了其制造成本较高，因而制约了晶体硅太阳电池的进一步应用。

由于晶体硅太阳能电池价格居高不下，因而人们开始将注意的目光由块体太阳能电池转向薄膜太阳能电池。薄膜太阳能电池使用材料少，制作成本大大降低，符合太阳能电池高效率、低成本、大规模工业化的要求。最初研究者们把目光投向 Cu_2S/CdS 薄膜电池上，随后发现了无法克服 Cu_2S/CdS 稳定性问题，所以中断了对其进一步的研究。而在 1956 年制成了第一块具有实际意义的Ⅲ-Ⅴ族 GaAs 薄膜太阳能电池，效率达到了 6.5％，随后应用于高效叠层太阳能电池的制备，但其价格非常昂贵。在 20 世纪 70 年代又相继开发出Ⅰ-Ⅲ-Ⅵ2 族 $CuInSe_2$（CIS）化合物电池和非晶硅薄膜太阳能电池。非晶硅电池价格低廉，但单结转换效率比较低。另外还存在光致衰退（S-W）效应，限制了其广泛应用。而 20 世纪末至今，逐渐发展起来的 $CuIn_xGa_{1-x}Se_2$ 薄膜太阳能电池（CIGS）和碲化镉（CdTe）多晶薄膜太阳能电池具有更高的转换效率和更好的稳定性，因而得以迅速发展，并开始商业化生产。实验室小面积 CIGS 单结电池的效率已从 6％ 提高到 20.8％，而小面积单结 CdTe 电池的效率也从 8％ 提高到了17.3％。目前工业界已能生产 15％ 左右的大面积薄膜电池组件。另外，近年来柔性衬底的CIGS 太阳能电池也被开发出来，成为高效、低成本薄膜太阳电池系统中的重要分支。薄膜太阳电池从 20 世纪末至今发展非常迅速，2011 年市场所占份额达到 14.1％。但化合物薄膜太阳电池也存在一些问题，比如镉的毒性，铟等稀有金属的储量限制等。

除已经大规模商业化生产的晶硅及化合物薄膜太阳电池之外，还有多种太阳电池正处于研究与开发阶段。早在 20 世纪 70 年代能源危机时，便出现了与无机太阳能电池截然不同的有机太阳能电池，虽然当时这种电池的转换效率仅有 1％，但近期效率有所提升；同时其制备工艺简单，可采用真空蒸镀及非真空涂覆的方式成膜，并且可以制备可卷曲折叠的柔性太阳能电池，因此成为一种具有发展前景的太阳能电池。但光敏的有机分子易发生老化，并且载流子迁移率低、结构无序及体电阻高，因而还未进入实用化阶段。在 80 年代中期，又出现了染料敏化纳米薄膜太阳电池（DSSC）。该电池具有化合物结构可设计性、材料重量轻、制造成本低、加工性能好和便于大面积生产等优点。特别是在瑞士科学家 Grätzel 将其效率提高到 12％ 之后，在近几十年发展颇为迅速，成为最有可能大规模商业化应用的太阳能电池之一。但因其使用液态电解质而不易封装及漏液等潜在问题，影响了电池的长期使用寿命，因而开始向固态电解质方向发展。最近，钙钛矿太阳能电池研究引起了光伏界的广泛关注。钙钛矿材料来源丰富，价格低廉，钙钛矿电池的光电转换效率提高非常迅速，2009 年初始转换效率仅为 3.8％，2011 年提高到 6.2％，2012 年便迅速提高到 10.9％，2013 年提高到 15.4％，2014 年已有15.9％ 的高效率报道。预计在未来几年有望达到 20％。目前，新型钙钛矿太阳能电池正在成为光伏界新的研究热点。

总体来讲，太阳能光伏发电产业是 20 世纪 80 年代以后世界上增长最快的高新技术产业之一。从 1958 年美国发射利用太阳能电池供电的人造卫星"先锋一号"开始，到 70 年代初的石油危机，加快了太阳能电池的发展速度。特别是 21 世纪以来，环境污染和能源危机为太阳能电池行业带来新的发展机遇。21 世纪初期，世界光伏产业平均年增长率达 22％，在 2010 年前后，年增长率更是接近惊人的 50％。近几年，虽然开始出现产能过剩问题，但仍然保持个位数的增长趋势。太阳能电池生产规模的扩大将会促使电池成本的进一步降低，而成本对太阳能电池的潜在应用市场影响很大。随着各国科学工作者的不懈努力，将在太阳能电池研究领域不断取得进步，使得电池的光电转换效率不断提高，制造成本也将大幅度降低，太阳能电池行业也正逐步快速成为稳定发展的新兴朝阳产业。

3.1.2　太阳能电池的分类

在太阳能电池的整个发展历程中，人们先后开发出各种不同结构和不同材料体系的电池。随着材料的不断开发和相关技术的发展，太阳能电池的种类也越来越多，可以按照不同标准对其进行以下分类。

（1）按太阳能发展阶段来分

目前光伏界一般是按技术成熟度把太阳能电池大体分为以下几个阶段。

① 第一代太阳能电池，即单晶、多晶等晶体硅系列太阳能电池。

② 第二代太阳能电池，即高效率、低成本、可大规模工业化生产的各种薄膜电池。包括非晶硅薄膜电池、碲化镉太阳能电池（CdTe）、铜铟镓硒太阳能电池（CIGS）、砷化镓太阳能电池（GaAs）。

③ 第三代太阳能电池，即各种超叠层太阳能电池、染料敏化太阳能电池、有机太阳能电池、钙钛矿太阳能电池及量子点太阳能电池等。

（2）按太阳能电池结的构成来分：

① 同质结太阳能电池。同质结太阳能电池由同一种半导体材料构成一个或多个 PN 结的太阳能电池，如硅太阳能电池、砷化镓太阳能电池等。

② 异质结太阳能电池。异质结太阳能电池是用两种不同禁带宽度的半导体材料在相接的界面上构成一个异质 PN 结，从而进行光电转换的光伏器件，如非晶硅/晶硅异质结太阳能电池、硫化亚铜/硫化镉太阳能电池、铜铟镓硒/硫化镉/氧化锌太阳能电池等。如果两种材料的晶格匹配较好，则构成异质面太阳能电池，如砷化铝镓/砷化镓异质面太阳能电池等。

③ 肖特基结太阳能电池。肖特基结太阳能电池是用金属和半导体接触组成一个"肖特基势垒"的太阳能电池，也称为 MS 太阳能电池。其原理是基于一定条件下，金属-半导体接触时可产生类似于 PN 结可整流接触的肖特基效应，如铂/硅肖特基结太阳能电池、铝/硅肖特基结太阳能电池等。目前，这种结构的电池已经发展为金属-氧化物-半导体太阳能电池，即 MOS 太阳能电池和金属-绝缘体-半导体太阳能电池，即 MIS 太阳能电池。

④ 液结太阳能电池。主要是指染料敏化太阳能电池。染料敏化太阳能电池主要由宽带隙的多孔 N 型半导体（如 TiO_2、ZnO 等）、敏化层（有机染料敏化剂）及电解质或 P 型半导体组成。由于采用了成本更低的多孔 N 型 TiO2 或 ZnO 半导体薄膜及有机染料分子，不仅大幅度提高了对光的吸收效率，还降低了电池的制造成本，所以具有较好的开发应用前景。

（3）按照太阳能电池材料来分

太阳能电池根据所用材料的不同可分为硅太阳能电池、化合物薄膜太阳能电池、有机半导体太阳能电池、有机无机杂化太阳能电池、纳米晶及量子点太阳能电池等类型。其中硅太阳能电池原料丰富，制造工艺先进，是目前发展最成熟的太阳能电池，在应用中占主导地位。化合物薄膜太阳能电池由于其成本低廉，也开始大规模商业化生产；而其他类型的太阳能电池还处于实验室研究开发阶段。

3.1.3 太阳能发电的优缺点

太阳能光伏发电过程简单，没有机械传动部件，不消耗燃料，不排放包括温室气体在内的任何物质，无噪声、无污染。因此，与风力发电、生物质能发电和核电等新型发电技术相比，光伏发电是一种最具可持续发展理想特征的可再生能源发电技术，具有以下主要优点。

① 太阳能取之不尽，用之不竭。像太阳这样的恒星，估计剩余寿命可达 60 亿年以上，而地球所接收的太阳能量，转化为电力高达 $1.77 \times 10^{14} kW$。这个值大约是全球年平均消耗电能的十万倍，因而可以说太阳为人类储备了无比丰富的能量来源。同时，太阳能发电安全可靠，不会遭受能源危机或燃料市场不稳定的冲击。

② 太阳能随处可得，可就近供电，不必长距离输送，避免了长距离输电线路的损失。

③ 光伏发电过程不需要冷却水，可以安装在没有水的荒漠戈壁上。光伏发电还可以很方便地与建筑物结合，构成光伏建筑一体化（BIPV）发电系统，不需要单独占地，可节省宝贵的土地资源。

④ 光伏发电无机械传动部件，操作、维护简单，运行稳定可靠。一套光伏发电系统只要有太阳能电池组件就能发电，加之自动控制技术的广泛采用，基本上可实现无人值守，维护成本低。

⑤ 太阳能发电不用燃料，运行成本很低，且不产生任何废弃物，没有污染、噪声等公害，对环境无不良影响，因而太阳能是理想的清洁能源。

⑥ 太阳能电池组件结构简单、体积小、重量轻，便于运输和安装。光伏发电系统建设周期短，可以根据用电负荷容量调整大小，方便灵活，极易组合、扩容；也可以根据负荷的增

减，任意添加或减少太阳能电池方阵容量，避免了浪费。

⑦ 光伏发电系统工作性能稳定可靠，使用寿命长。晶体硅太阳能电池寿命可长达 20～35 年。在光伏发电系统中，只要设计合理、选型适当，蓄电池的寿命也可长达 10～15 年。

总之，太阳能电池是一种大有前途的新型电源，具有永久、清洁和灵活三大优点。太阳能光伏发电与火力发电、核能发电相比，不会引起环境污染。这些特点是其他电源无法比拟的。

另一方面，太阳能发电也存在一定不足，主要缺点如下。

① 能量密度较低。尽管太阳投向地球的能量总和极其巨大，但由于地球表面积也很大，而且地球表面大部分被海洋覆盖，真正能够到达陆地表面的太阳能只有到达地球范围的太阳辐射能量的 10% 左右，致使在陆地单位面积上能够直接获得的太阳能量较少。通常以太阳辐照度来表示，地球表面辐照度最高值约为 $1.2kW/m^2$，且绝大多数地区和大多数日照时间内都低于 $1kW/m^2$。太阳能的利用实际上是低密度能量的收集和利用。

② 占地面积大。由于太阳能能量密度低，这就使得光伏发电系统的占地面积会很大，每 10kW 光伏发电功率占地约需 $100m^2$，平均每平方米面积发电功率为 100W。随着光伏建筑一体化发电技术的成熟和发展，越来越多的光伏发电系统可以利用建筑物的屋顶和墙立面，如光电瓦屋顶、光电幕墙和光电采光顶等，这将逐渐克服光伏发电占地面积大的不足。

③ 地面应用时有间歇性和随机性。由于受到昼夜、季节、地理纬度和海拔高度等自然条件的限制以及晴、阴、云、雨等天气随机因素的影响，所以，到达某一地面的太阳辐射既是间断的，又是极不稳定的，这给太阳能的大规模应用增加了难度。为了使太阳能成为连续、稳定的能源，从而最终成为能够与常规能源相竞争的替代能源，就必须很好地解决蓄能问题，即把晴朗白天的太阳辐射能尽量储存起来，以供夜间或阴雨天使用，但目前蓄能也是太阳能利用中较为薄弱的环节之一。

④ 晶体硅电池的制造过程高污染、高能耗。晶体硅电池的主要原料是纯净的硅。硅是地球上含量仅次于氧的元素，主要存在形式是二氧化硅（SiO_2）。从硅砂一步步变成纯度为 99.9999% 以上的太阳能级晶体硅，需要经过多道化学和物理工序的处理，不仅要消耗大量能源，还会造成一定的环境污染。

⑤ 目前太阳能发电成本仍较高，为常规发电的数倍，而且初期投资较高。太阳能的利用在理论上是可行的，技术上也是成熟的。但当前太阳能利用装置效率偏低、成本较高、回收成本周期太长，总体而言其经济性还不能与常规能源相竞争。

针对以上缺点，可以根据遵循太阳的运转规律和科学技术的进步来逐步解决。伴随着太阳能电池成本的进一步降低和光伏系统的大规模应用，光伏发电技术必将在未来世界能源结构中占据重要地位。

3.1.4　全球光伏产业发展现状

全球光伏行业初期发展比较缓慢，经过三十多年的发展，到 2000 年时太阳能电池累计安装量才达到 2GW。但进入 21 世纪以后，伴随世界工业的高速发展和对能源的巨大需求，光伏行业得到迅速发展，到 2004 年就增长到 4GW。此后，全球光伏累计安装量基本上是以每两年翻一倍的速度增长，到 2012 年已接近 100GW。但由于近年产能过剩带来的光伏危机，近两年增长率开始下降。但在经历短暂的低迷之后，去年光伏发电行业再次进入全球规模的扩张期。来自欧洲光伏产业协会（EPIA）发布的数据显示，2013 年全球光伏新增装机容量为 37GW，比 2012 年增长了 24%。中国市场保持了增长的势头，2012 年，为保障光伏产业健康发展，我国加大了对光伏应用的支持力度，先后启动两批"金太阳"示范工程，发布《太阳能发电发展"十二五"规划》，以及推广分布式光伏发电规模化应用示范区等举措。再加上光伏系统投资成本不断下降，我国光伏应用市场一片繁荣。2013 年我国新增容量首次跃居全球首位。据统计，中国 2013 年光伏新增装机容量为 11.3GW，相当于 2012 年的 3 倍，增速迅猛。如今全球 30% 的新增装机容量都集中在中国，中国的新增容量甚至超过了欧洲整体（10.25GW）。综合当前全球经济状况、各国光伏政策和系统安装价格，下一次累计安装量翻倍的时间预计会有所延长，在 2015 年中期才能突破 200GW 大关，但随着全球经济的复苏，预计到 2017 年累计安装量可能超过 400GW。

从 2008 年美国金融危机出现开始，全球光伏市场出现明显的供过于求。2011 年欧债危机进一步加剧了这种状况，供需极不平衡。到目前为止，供过于求的状况仍未发生根本变化，仍持续着产能过剩的不良状态。因而光伏产业进一步调整在所难免。当前全球光伏市场发展的最大障碍仍然是生产成本高的问题，还不能达到平价上网的水平，仍需各国政府的补贴来发展光伏市场，对政策的依赖性较高。因此，对全球光伏市场未来趋势的预测就显得非常困难，企业的决策也面临政策变化的巨大风险。

① 全球多晶硅供需状况。全球多晶硅产能一直保持高速增长，但近两年增长态势开始放缓。2012 年全球多晶硅产能发展到了约 41 万吨。2013 年多晶硅产能将与 2012 年基本持平或略为增加。而全球光伏产业对多晶硅的需求，按每瓦太阳能电池需 6g 多晶硅计算，则 2013 年 36GW 太阳能电池需多晶硅仅 21.6 万吨；半导体对多晶硅的需求估计每年在 3 万吨左右，共需约 25 万吨多晶硅。可以预计未来 2 年，多晶硅的供应能力仍严重过剩，压缩和淘汰部分落后产能的调整是多晶硅产业的必然趋势。全球多晶硅产量基本保持略高于市场需求的水平，2011 年约达 24 万吨，2012 也约在 24 万吨，预测 2013 年会比 2012 年略有增长，估计在 25 万吨左右。2011 年以来，由于受欧债危机和全球经济放缓影响，光伏市场的需求发展也放缓脚步，使全球光伏产业从多晶硅、硅片、电池到组件的整个产业链都存在产能过剩状况。因此，2013 年全球多晶硅及光伏产业仍将是调整之年。全球半导体与光伏产业对多晶硅需求及供需状况详见表 3-1。

表 3-1　全球半导体与光伏产业对多晶硅需求及供需状况　　　　　　单位：t

时间/年	半导体产业对多晶硅的需求	光伏产业对多晶硅的需求	多晶硅总需求	多晶硅产量	多晶硅产能
2008	25496	43435	68931	55578	111720
2009	26771	98428	117179	91066	159650
2010	28109	138218	166327	182361	263610
2011	30000	137700	167700	240650	357010
2012	32000	200000	232000	240000	412100
2013E	33000	216000	249000	250000	415000

由于下游光伏企业在不断消化库存，全球多晶硅的实际产量与电池片消耗量在 2013 年开始出现供需基本平衡态势。2013 年全年全球多晶硅产量达 25.5 万吨（包括电子级多晶硅 2 万吨），电池片产量为 40GW，消耗多晶硅约 24 万吨，多晶硅市场供需基本平衡。2014 年全球光伏市场需求主要在中国、美国、日本以及其他新兴市场，而需求消费有望促进全球多晶硅生产。预计 2014 年全球晶硅电池产量将继续呈现增长势头，全年产量将达到 45GW，同比增加 12.5%。随着下游市场不断扩大，对多晶硅的需求也在逐渐增加。另外，全球新增产能投产和复工产能利用率逐步提升，预计全球多晶硅产量约为 27.8 万吨，同比增长 9%，其中太阳能级多晶硅的产量也维持 10% 左右的增长率，达到 25.8 万吨。我国多晶硅产量约 10 万吨，产量主要集中于江苏中能、特变电工、大全新能源等几家企业。但由于国外多晶硅产品可通过加工贸易等方式规避"双反"征税，持续对我国进行低价倾销，不具竞争力的企业只能逐渐被淘汰，进而国内产业集中度进一步提高。

② 全球光伏组件供需状况。2012 年，全球光伏组件总产能超过 60GW，产量约为 36GW，其中中国约 23GW。晶体硅电池仍为主流，产量在 33GW 左右，薄膜电池估计约在 3～4GW 左右。全球太阳能电池组件出货量最大的前 10 家产量均达到 GW 量级。专家和机构估计 2013 年全球的光伏组件需求大约为 36GW，而全球的光伏组件产能仍在 60GW 左右，产量估计在 38GW，因而在未来一段时间时间内，全世界太阳能电池光伏组件仍将处于供过于求状态，需要进一步调整和消化。全球光伏组件供需状况统计与预测详见表 3-2。

表 3-2　全球光伏组件供需状况统计与预测　　单位：GW

时间/年	2008	2009	2010	2011	2012	2013[①]
需求量	6.0	7.2	16.6	27.7	32	36
生产量	7.93	10.7	23.9	37.2	36	38

① 估计值。

③ 全球及中国电池片产量状况。据中国光伏产业联盟（CPIA）统计，2012 年全球电池片产能超过 60GW，产量为 37GW 左右。其中中国大陆太阳能电池片的产量约 21GW，中国台湾产量约为 5.5GW，日本和欧洲产量约为 2～3GW。近年全球太阳电池产量、年增长率与累计发货量状况详见表 3-3。

表 3-3　近年全球太阳电池产量、年增长率和累计发货量状况

时间/年	2002	2003	2004	2005	2006	2007	2008	2009	2010	2011	2012	2013[①]
年产量/GW	0.56	0.74	1.2	1.76	2.71	4.37	7.93	10.7	23.9	35.2	37.3	39
年增长率/%	44.0	32.6	61.3	46.7	54.0	61.3	81.5	34.9	123.4	47.0	5.9	7.4
累计发货量/GW	2.39	3.13	4.33	6.09	8.80	13.17	21.10	31.80	55.70	90.9	128.2	167.2

① 估计值。

2012 年，中国电池片产能超过 40GW，产量约为 21GW 左右，其中前 10 家电池片企业产量约占总产量的 55%。中国光伏大企业增量不增收甚至亏损，中小型光伏电池企业开工率严重低下，普遍亏损，关闭众多。因而各公司技术研发愈受重视，推动了电池效率的不断提高，如单晶硅电池平均光电转换效率大于 18.2%，高效多晶硅电池转换效率达 17.5%。2012 年中国主要公司电池片产能、产量状况详见表 3-4。

表 3-4　2012 年中国主要公司电池片产能、产量状况　　单位：MW

企业	产量	产能
英利集团公司(简称"英利")	2000	2450
晶澳太阳能有限公司(简称"晶澳")	1800	2800
无锡尚德太阳能电力有限公司(简称"尚德")	1700	2400
天合光能有限公司(简称"天合")	1400	2450
阿特斯阳光电力(简称"阿特斯")	1100	2400
晶科能源有限公司(简称"晶科")	840	1500
海润光伏科技股份有限公司	800	1560
韩华新能源有限公司(简称"韩华")	800	1300
中国电子科技集团公司第 48 研究所	700	1200
正泰集团公司(简称"正泰")	580	600

3.2 太阳能电池的工作原理 <<<

太阳能电池是通过光伏效应或者光化学效应直接把光能转化成电能的装置。而能产生光伏效应的半导体材料非常多，如单晶硅、多晶硅、非晶硅、砷化镓、铜铟镓硒及碲化镉等。太阳能电池的光伏发电原理都大致相同。本节以硅太阳能电池为例，详细讨论其工作原理。

3.2.1 半导体简介

为了更清楚地说明光伏发电原理，就需要从半导体开始说起。固体材料按照导电性能，可分为绝缘体、导体和半导体。通俗地讲，能导电的称为导体；不能导电的称为绝缘体；介于导体和绝缘体之间的称为半导体。

固体材料是由原子组成的，原子由原子核及其周围的电子构成。一些电子脱离原子核的束缚，能够自由运动时，称为自由电子。金属之所以容易导电，是因为在金属内有大量能够自由运动的电子，在电场作用下，这些电子有规则沿着电场相反方向流动，形成电流。自由电子的数量越多，或者它们在电池的作用下有规则流动的平均速率越高，电流就越大。在常温下，绝缘体内仅有少量的自由电子，因此，对外不呈现导电性。半导体内有少量的自由电子，在一些特定条件下才能导电。半导体的导电能力介于导体与绝缘体之间。

① 本征半导体。当原子凝聚成为固体，由于原子间的相互作用，孤立原子中的每个能级加宽成为由准连续的分立能级所构成的能带，能带之间隔着宽的禁带，通常用 E_g 来表示（单位为电子伏特 eV）。能带中最上面的满带被价电子所填充，因此称为价带，价带上面的空带能够接收来自满带的电子，称为导带，这种没有杂质和缺陷的完整晶态半导体称为本征半导体。实际上，半导体不可能绝对纯净，本征半导体一般是指导电主要由材料的本征激发决定的纯净半导体。硅和锗都是四价元素，其原子核最外层有 4 个价电子。它们都是由同一种原子构成的"单晶体"，属于本征半导体。

在一定温度或辐射条件下，价带电子可以吸收声子或光子的能量从价带跃迁到导带，使原来空着的导带具有少量电子，原来被价电子填满的价带具有少量电子空位。为方便起见，通常把价带中的电子空位视为一个假想的粒子，称为空穴。导带中的电子和价带中的空穴均可以在电场力的作用下发生定向移动而形成电流，因此，在半导体中起导电作用的不仅有导带中的电子，还有价带中的空穴，二者统称为载流子。半导体材料的导电性由载流子的浓度和迁移率共同决定。

从上述分析可以看出，绝缘体与半导体的差别仅在于禁带宽度的不同，不存在绝对的绝缘体。随着半导体技术的发展，所谓的宽禁带半导体由于其特殊的性质和用途而越来越受到人们的重视。

② P 型和 N 型半导体。在常温下本征半导体中只有极少的电子-空穴对参与导电，部分自由电子遇到空穴会迅速复合成为共价键电子结构，所以从外特性来看是不导电的。实际使用的半导体都掺有少量的某种杂质，使晶体中的电子数目与空穴数目不相等。为增加半导体的导电能力，一般都在四价的本征半导体材料中掺入一定浓度的硼、镓、铝等三价元素或磷、砷等五价元素，这些杂质元素与周围的四价元素组成

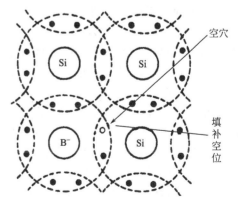

图 3-2 掺入硼时硅的结构示意图

共价键后，即会出现多余的电子或空穴。现以晶体硅为例，简要介绍一下几种掺杂类型对硅材

料电性能的影响。

例如，掺入三价元素（又称受主杂质）的半导体，在硅晶体中就会出现 1 个空穴，这个空穴因为没有电子而变得很不稳定，容易吸收电子而中和，形成 P 型半导体。如图 3-2 所示，晶体硅中的某个硅原子被 1 个硼原子替代，形成替位式杂质，由于空穴可以从邻近共价键上夺取 1 个电子，使邻近共价键产生 1 个空穴，因而空穴可以在价带中自由移动，成为价带中的载流子。

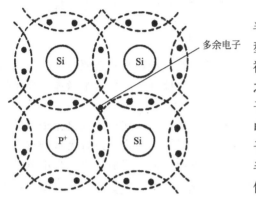

多余电子

图 3-3　掺入磷时硅的结构示意图

同样，硅中掺入五价元素（又称施主杂质）的半导体，在共价键之外会出现多余的电子，形成 N 型半导体，如图 3-3 所示，晶体硅中的某个硅原子被 1 个磷原子替代，形成替位式杂质。位于共价键之外的电子受原子核的束缚力要比组成共价键的电子小得多，只需要得到很少能量，即会电离出带负电的电子激发到导带中去。同时，该五价元素的原子即成为带正点的阳离子。由此可见，不论是 P 型半导体，还是 N 型半导体，虽然掺杂浓度极低，它们的导电能力却比本征半导体大得多。

在本征半导体中，电子的浓度和空穴的浓度是相等的。但在含有杂质和晶格缺陷的半导体中，电子和空穴的浓度不相等。我们把数目较多的载流子称为多数载流子，简称多子；把数目较少的载流子称为少数载流子，简称少子。例如，在 N 型半导体中，电子是"多子"，空穴是"少子"，P 型半导体中则相反。

③ PN 结。无论是 P 型半导体材料，还是 N 型半导体材料，当它们独立存在时，都是电中性的，电离杂质的电荷量和载流子的总电荷数是相等的。当两种半导体材料连接在一起时，对 N 型半导体而言，电子是多数载流子，浓度高；而在 P 型半导体中，电子是少数载流子，浓度低。由于浓度梯度的存在，势必会发生电子的扩散，即电子由高浓度的 N 型半导体材料向浓度低的 P 型半导体材料扩散，在 N 型半导体和 P 型半导体界面形成 PN 结。在 PN 结界面附近，N 型半导体中的电子浓度逐渐降低，而扩散到 P 型半导体中的电子和其中的多数载流子空穴复合而消失。因此，在 N 型半导体靠近界面附近，由于多数载流子电子浓度的降低，使得电离杂质的正电荷数要高于剩余的电子浓度，出现了正电荷区域。同样的，在 P 型半导体中，由于空穴从 P 型半导体向 N 型半导体扩散，在靠近界面附近，电离杂质的负电荷数要高于剩余的空穴浓度，出现了负电荷区域。此区域就称为 PN 结的空间电荷区，正、负电荷区内形成了一个从 N 型半导体指向 P 型半导体的电场，称为内建电场，又称势垒电场，如图 3-4 所示。

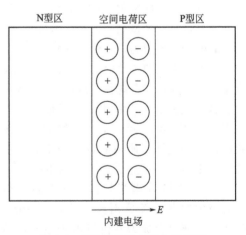

图 3-4　PN 结的基本结构示意图

在内建电场作用下，空间电荷区内的自由电子将从 P 型区向 N 型区漂移。空穴将从 N 型区向 P 型区漂移。载流子的漂移运动在一定程度上抵消了扩散运动，并最终建立起载流子的漂移运动和扩散运动的动态平衡，此时，界面两侧具有统一的费米能级。

当电子从 N 型区向 P 型区扩散时，N 区的导带底和价带顶随费米能级的下降而下降，能带向下弯曲。当空穴从 P 区向 N 区扩散时，P 区的导带底和价带顶随着费米能级的升高而升高，能带向上弯曲。当两侧具有统一的费米能级时，电荷的扩散运动和漂移运动达到动态平衡，此时能带结构不再发生变化。

3.2.2 光伏效应

所谓的光伏效应是用适当波长的光照到半导体上时，系统吸收光能后两端产生电动势的现象。1839 年，法国物理学家贝克勒尔发现，当光照在半导体材料上时，半导体材料的不同部位之间会产生电势差，这种现象后来被称为"光生伏特效应"，简称"光伏效应"。1887 年，德国物理学家赫兹发现，光照到某些物质上会引起物质向外发射电子。后来，这类光致电变的现象被统称为光电效应(Photoelectric Effect)。1904 年，爱因斯坦提出光是由与波长有关的严格规定的能量单位（即光子或量子）所组成，成功解释了光电效应，对发展量子理论起到根本性的作用，并因此获得了 1921 年的诺贝尔物理学奖。

光电效应包括光电子发射、光电导效应和光生伏特效应。光照射在物体上，物体内的电子逸出物体表面的现象称为光电子发射，也称为外光电效应。光照在物体上，物体的电导率发生变化的现象称为光电导效应，物体产生光生电动势的现象称为光生伏特效应。光电导效应和光生伏特效应发生在物体内部，统称为内光电效应。

光生伏特效应又包括势垒效应、丹倍效应、光电磁效应和贝克勒尔效应等不同的形式。

① 势垒效应。光照射在 PN 结上时，如果入射光子的能量大于 PN 结的光学带隙，将在 PN 结两侧产生大量的电子-空穴对，在内电场作用下，电子、空穴分别向 N 型区和 P 型区移动，从而在 PN 结两侧产生光生电动势的现象叫做势垒效应或结光电效应。

② 丹倍效应。当半导体器件所受光照不均匀时，载流子浓度分布也不均匀，从而引起载流子扩散，如果电子比空穴扩散得快，将导致光照部分带正电，未光照部分带负电，从而产生电动势。该现象称为侧向光电效应或丹倍效应。

③ 光电磁效应。在强光照射下，沿着与光照垂直的方向对半导体施加磁场，在垂直于光和磁场的半导体两端面之间产生电动势的现象称为光电磁效应，可视之为光扩散电流的霍尔效应。

④ 贝克勒尔效应。把两个相同的电极浸在电解液中，当光照射在其中一个电极上时，在两个电极之间产生电动势的现象称为贝克勒尔效应。

3.2.3 太阳能电池工作原理

太阳能电池的原理大多数是基于 PN 结的光伏效应，即在光照条件下，PN 结两端出现光生电动势的现象。当适当波长的光照射到 PN 结表面，如果光子能量大于材料的光学带隙，价带电子将吸收光子能量而发生带间跃迁，在导带底产生大量的自由电子，在价带顶产生大量的空穴，这种光生电子-空穴对被称为非平衡载流子。如果 PN 结的结深较浅，光子可以到达空间电荷区，甚至更深的区域，在这些区域产生大量的非平衡载流子。由于内建电场的作用，空间电荷区内的非平衡载流子将发生分离，其中非平衡电子向 N 区移动，空穴向 P 区移动。在距 PN 结空间电荷区一个扩散长度内的非平衡载流子一旦扩散进入空间电荷区，也将在内建电场作用下发生分离。非平衡载流子在内建电场作用下发生分离的结果是电子在 N 区积累，而空穴在 P 区积累。电子的积累使 N 区的费米能级上升，空穴的积累使 P 区费米能级下降，从而产生一个与平衡 PN 结内建电场方向相反的光生电场，并在 PN 结两端产生光生电动势，即光生伏特效应。图 3-5 为 PN 结能带示意图。如果太阳能电池处在开路状态，那么被内建电场分离的光生电子和光生空穴分别在空间电荷区的两侧积累起来，形成光生电压。若接上负载，就有"光生电流"通过，这样就将光能转化为电能，这就是太阳能电池的工作原理。

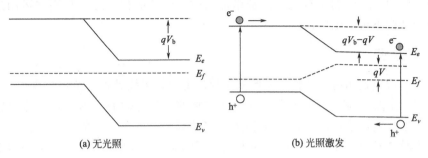

(a) 无光照   (b) 光照激发

图 3-5　PN 结能带示意图

3.3　太阳能电池的特性参数

3.3.1　标准测试条件

由于太阳能电池与受到光照时产生的电能、光源辐照度、电池的温度和照射光的光谱分布等因素有关，所以在测试太阳能电池的功率时，必须规定标准测试条件。目前国际上统一规定地面太阳能电池的标准测试条件如下。

① 光源辐照度为 $1000W/m^2$；

② 测试温度为：25℃；

③ AM1.5 地面太阳光谱辐照度分布。AM 的意思是大气质量（Air Mass），指大气对地球表面接收太阳光的影响程度。其中，大气质量为 0 的状态（AM0），指的是在地球外空间接收太阳光的情况，适用于人造卫星和宇宙飞船等应用场合。AM1 代表在地表上，太阳正射的情况，要考虑大气对太阳光的衰减，主要包括臭氧层对紫外线的吸收、水蒸气对红外线的吸收以及大气中尘埃和悬浮物的散射等。此状态下的光强度为 $925W/m^2$。AM1.5 则代表在地表上，太阳以 45 度角入射的情况，此状态下的光强度为 $844W/m^2$。一般用 AM1.5 来代表地表上太阳的平均照度，标准测试条件下为了校准的需要可人为将其放大为 $1000W/m^2$。AM0 和 AM1.5 的太阳光谱辐照度分布如图 3-6 所示。

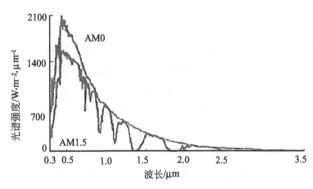

图 3-6　太阳光谱辐照度分布图

3.3.2　太阳能电池的表征参数及等效电路

（1）太阳能电池的表征参数

当光照射在太阳能电池上时，太阳能电池的电压与电流的关系可以简单地用图 3-7 所示的 I-V 曲线来表示。

图中 V_{oc} 为开路电压，I_{sc} 为短路电流，V_{op} 为最佳工作电压，I_{op} 为最佳工作电流。

① 开路电压 V_{oc}。图中横坐标所示的电压 V_{oc} 称为开路电压，即太阳能电池正、负极不接负载时其间的电压，单位用 V（伏特）表示。太阳能电池单元的开路电压一般为 0.5～0.8V，用串联的方式可以获得较高的电压。

② 短路电流 I_{sc}。太阳能电池的正、负极之间用导线连接，正负极之间短路状态时的电流用 I_{sc} 表示，单位为 A（安培）。短路电流值随光的强度变化而变化。此外，太阳能电池单位面积的电流称为短路电流密度，其单位是 A/m^2 或 mA/cm^2。

③ 填充因子 FF。实际太阳能电池的伏安特性

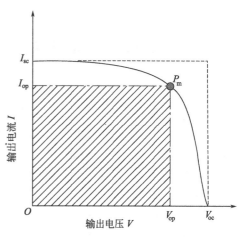

图 3-7 太阳能电池的 I-V 曲线

曲线偏离矩形，偏离程度用填充因子 FF 表示，这也是太阳能电池的一个重要参数。填充因子为图中阴影部分长方形面积（$P_m = V_{op} \times I_{op}$）与虚线部分的长方形面积（$V_{oc} \times I_{sc}$）之比：

$$FF = V_{op} \times I_{op}/(V_{oc} \times I_{sc}) \tag{3-1}$$

填充因子是一个无单位的量，是衡量太阳能电池输出能力的一个重要指标。FF 值越大，说明太阳能电池对光的利用率越高，填充因子为 1 时被视为理想的太阳能电池特性。在一般情况下，填充因子的值为 0.5～0.8。FF 值取决于入射光强、材料的禁带宽度、理想系数、串联电阻和并联电阻等因素。

④ 太阳能电池的转换效率 η。太阳能电池的转换效率用来表示照射在太阳能电池上的光能量转换成电能的多少。太阳能电池的转换效率定义为太阳能电池的最大输出功率 P_m 与照射到太阳能电池的总辐射能 P_{in} 之比，即

$$\eta = P_m/P_{in} \times 100\% = FF V_{oc} I_{sc}/P_{in} \times 100\% \tag{3-2}$$

例如，太阳能电池的面积为 $1m^2$，太阳光的能量为 $1.0kW/m^2$，如果太阳能电池的发电功率为 0.13kW，则太阳能电池的转换效率 $\eta =$（0.13kW/1.0kW）$\times 100\% = 13\%$，转换效率为 13% 意味着照射在太阳能电池上的光能只有 13% 被转换成电能。

（2）太阳能电池的等效电路

太阳能电池可用 PN 结二极管 D、恒流源、太阳能电池的电极等引起的串联电阻 R_s 和相当于 PN 结泄漏电流的并联电阻 R_{sh} 组成的电路来表示，如图 3-8 所示。该电路为太阳能电池的等效电路。

在图 3-8 中，从恒流源输出的光生电流 I_L 等于相同辐射条件下的短路电流 I_{sc}，经过二极管流回恒流源的是 PN 结的扩散电流，经过并联电阻 R_{sh} 流回恒流源的是 PN 结的并联损耗，输出电流 I_s 对串联电阻 R_s 做的功为 PN 结的串联损耗，输出电流 I 对负载 R 做的功为系统的输出功率。

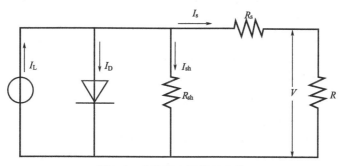

图 3-8 太阳能电池等效电路

3.4　几种典型太阳能电池及其材料　　<<<

3.4.1　晶体硅材料及晶体硅太阳能电池

光伏产业的迅速发展给世界太阳能电池制造商带来了无限商机和利润，硅材料作为太阳能电池的主要载体也得到了迅猛发展。硅材料来源于优质石英砂，也称为硅砂，主要成分是高纯的二氧化硅（SiO_2），含量一般在99%以上。我国的优质石英砂蕴藏量非常丰富，在很多地区都有分布。硅是目前被广泛使用的太阳能电池材料，而晶体硅材料包括单晶硅及多晶硅，将硅材料以纯度划分，可以分为冶金级硅、半导体级硅和太阳能级硅。

① 冶金级硅。将石英砂放入电弧炉中用碳还原可得到硅，其反应式如下：

$$SiO_2 + C \longrightarrow Si + CO_2 \uparrow \tag{3-3}$$

这个普通工业中得到的是冶金级硅，已经大量地用于钢铁与铝业上。冶金级硅的纯度仅为98%~99%，所含杂质主要为Fe、Al、Ca、Mg等。它虽然非常便宜，但对于制造太阳能电池或用于电子工业来说，冶金级硅的杂质还太多。

② 半导体级硅。为了制造半导体器件，硅原料中杂质数必须小于要求的掺杂数，这就意味着半导体级硅必须是超纯度的，残留的杂质要以十亿分之几来度量。一般而言，半导体级多晶硅原料的纯度要求到9N以上，即99.9999999%，杂质含量降到10^{-9}以下。生产这种高质量硅的方法是由冶金级硅与氯气（或者氯化氢）反应得到四氯化硅（或三氯化硅），反应式为：

$$Si + 2Cl_2 \uparrow \longrightarrow SiCl_4 \tag{3-4}$$

或者

$$Si + 3HCl \longrightarrow SiHCl_3 + H_2 \tag{3-5}$$

然后经过精馏，使四氯化硅（或三氯化硅）的纯度提高，再通过氢气还原成多晶硅，其反应如下：

$$SiCl_4 + 2H_2 \uparrow \longrightarrow Si + 4HCl \tag{3-6}$$

或者

$$SiHCl_3 + H_2 \uparrow \longrightarrow Si + 3HCl \tag{3-7}$$

③ 太阳能级硅。太阳能级硅纯度稍低，处在冶金级和半导体级之间，太阳能级硅纯度通常在4N~6N。早期太阳能电池主要使用熔体直拉法生长的硅单晶，但由于市场价格因素，越来越多的公司投入大型多晶块材的生长。目前太阳能级多晶硅的提纯技术主要采用改良西门子法。另外，部分公司开始采用低成本、低能耗的冶金物理法。

晶体硅太阳能电池包括单晶硅和多晶硅太阳能电池。其中单晶硅材料结晶完整，载流子迁移率高，串联电阻小，光电转换效率高（可达24%），但成本比较昂贵。而多晶硅太阳能电池较单晶硅电池成本便宜20%，其制备方法简单、耗能少，可连续化生产。但其光电转换效率不及单晶硅电池，在18%左右。这里主要介绍单晶硅和多晶硅两类电池。

3.4.1.1　单晶硅太阳能电池

单晶硅太阳能电池是开发最早、发展最快、技术也最为成熟的一类太阳能电池，多用于航空航天领域、光伏电站、充电系统、道路照明等。单晶硅电池所发电力与电压范围广、转换效率高、使用年限长，世界主要太阳能电池片大厂，如德国西门子、英国石油公司及日本夏普公司等，均以生产单晶硅电池为主。日本松下公司已开发出面积超过100cm^{2}的实用级别晶体硅太阳能电池，实现了24.7%的世界最高单元转换效率。目前已商业化的单晶硅太阳能电池效率为 15%～20%。单晶硅电池转换效率高、使用年限长，但其制作成本较高、制造时间较长。下面将简要介绍单晶硅材料、电池结构及其制备工艺。

（1）单晶硅材料

单晶硅太阳能电池的材料为高纯度的单晶硅棒，纯度要求达到 99.999%。为了降低成本，用于地面设施的太阳能电池的单晶硅材料指标有所放宽。高质量的单晶硅片要求是无位错单晶，少子寿命在 $2\mu s$ 以上，少子扩散长度至少为 $100\mu m$，厚度达到 $200\mu m$；硅片的含氧量要少于 1×10^{18} 原子/cm³，碳含量少于 1×10^{17} 原子/cm³。单晶硅片的电阻率控制在 0.5～3Ω·cm，导电类型为 P 型，用硼作为掺杂剂。

将得到的多晶硅进行熔解做成单晶硅棒，可以从熔体中生长，也可以从气相中沉积。目前国内外在生产中采用的主要有熔体直拉法和悬浮区熔法两种。

① 熔体直拉法，即 CZ 法。是将经处理的高纯多晶硅或半导体工业所生产的次品硅装入单晶炉的石英坩埚内，在合适的热场中，在真空下加热使之熔化，加入一个经过加工处理过的籽晶，使其与熔硅充分熔接，并以一定的速率旋转提升，在晶核诱导下，控制特定的工艺条件和掺杂技术，使具有预期电学性能的单晶体沿籽晶定向凝固、成核长大，从熔体上被缓缓地提拉上来。直拉法工艺成本较低，国内外大多数太阳能单晶硅片厂家目前也多采用这种技术，如图 3-9(a)所示。

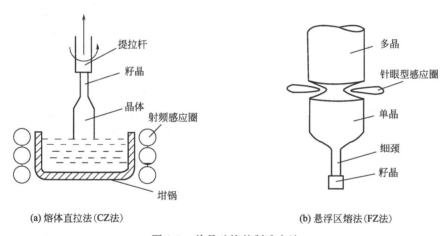

(a) 熔体直拉法(CZ法)　　　　(b) 悬浮区熔法(FZ法)

图 3-9　单晶硅棒的制造方法

② 悬浮区熔法，即 FZ 法。将预先处理好的多晶硅棒和籽晶一起竖直固定在区熔炉上下轴间，以高频感应灯加热。由于硅密度小、表面张力大，在电磁场浮力、熔硅表面张力和重力的平衡作用下，使所产生的熔区能稳定地悬浮在硅棒中间。在真空气氛下，控制特定的工艺条件和掺杂技术，使熔区在硅棒上从头到尾定向移动，如此反复多次，最后便沿籽晶长成具有预期电学性能的单晶硅棒。悬浮区熔法由于熔炼生产过程中熔区处于悬浮状态，不与任何物质接触，硅熔体不受外界物质的污染（如坩埚），所以生产的单晶硅纯度较高，但相应的成本高于直拉法，所以一般仅用于太空等要求高品质硅片的生产，如图 3-9(b)所示。

（2）单晶硅电池的结构

单晶硅电池以硅半导体材料制成大面积 PN 结进行工作，其结构如图 3-10 所示。单晶硅电池一般采用 N⁺/P 同质结的结构，即在 P 型硅片上用扩散法做出一层很薄的、经过重掺杂的 N 型层，N 型层上面制作金属栅线，形成正面接触电极。在整个背面制作金属膜，作为欧姆接触电极。为了减少光反射损失，在整个表面覆盖一层减反射膜。

（3）单晶硅太阳能电池的制备工艺

单晶硅硅太阳能电池制备工艺流程如图 3-11 所示。

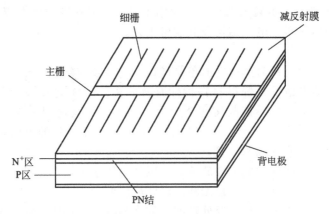

图 3-10　单晶硅电池结构

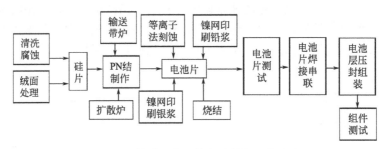

图 3-11　单晶硅太阳能电池制备工艺流程

① 硅片切割，材料准备。工业制作硅电池所用的单晶硅材料，一般采用熔体直拉法制的太阳能级单晶硅棒，原始的形状为圆柱形，然后用切片机或激光切片机切割成方形硅片或圆片。常用的地面用晶体硅太阳能电池的尺寸为直径为 100mm 的圆片或边长为 100mm×100mm、150mm×150mm 的方片，厚度约 0.1~0.2mm，电阻率为 0.5~3Ω·cm。其导电类型为 P 型，用硼作为掺杂剂。

② 去除损伤层。硅片在切割过程会产生大量的表面缺陷，这就会产生两个问题，首先表面的质量较差，另外，这些表面缺陷会在电池制造过程中导致碎片增多。因此，需要对硅片表面进行化学清洗和表面腐蚀。

化学清洗是为了除去玷污在硅片上的油脂、金属，各种无机化合物或尘埃等杂质。一般处理步骤为，先用有机溶剂（如甲苯等）初步去油，然后再用热的浓硫酸去除残留的有机物和无机物杂质。硅片经表面腐蚀后，再用热王水或碱性过氧化氢清洗液、酸性过氧化氢清洗液彻底清洗，在每种清洗液清洗后都要用去离子水冲洗干净。

表面腐蚀的目的是除去硅片表面的切割损伤，暴露出晶格完整的硅表面，获得符合制结要求的硅表面。一般采用碱或酸腐蚀，腐蚀的厚度约 10μm。

③ 制绒。制绒就是把相对光滑的原材料硅片的表面通过酸或碱腐蚀，使其凸凹不平，变得粗糙，形成漫反射，减少直射到硅片表面的太阳能的损失。对于单晶硅来说一般采用 NaOH 加醇的方法腐蚀，利用单晶硅的各向异性进行腐蚀，在表面形成无数的金字塔结构，碱液的温度约 80℃，浓度约 1%~2%，腐蚀时间约 15min。而多晶硅由于存在多种不同晶向，采用上面的方法无法制出均匀的绒面，也不能有效降低多晶硅的反射率。目前，多晶硅绒面技术主要有机械刻槽、激光刻槽、等离子刻蚀（RIE）和各向同性酸腐蚀。

④ 扩散制结。扩散的目的在于形成 PN 结。普遍采用磷作为 N 型掺杂。由于固态扩散需要很高的温度，因此，在扩散前硅片表面的洁净非常重要，要求硅片在制绒后要进行清洗，即

用酸来中和硅片表面的碱残留和去除金属杂质。

⑤ 边缘刻蚀、清洗。在扩散过程中，在硅片的周边表面也形成了扩散层。因为周边扩散层会使电池的上下电极形成短路环，所以必须将它除去。周边上存在任何微小的局部短路都会使电池并联电阻下降，甚至成为废品。目前，工业化生产用等离子干法腐蚀，在辉光放电条件下通过氟和氧交替对硅作用，去除含有扩散层的周边。扩散后清洗的目的是去除扩散过程中形成的磷硅玻璃。

⑥ 沉积减反射层。沉积减反射层的目的在于减少表面反射，增加折射率，提高电池的转换效率。现在工业生产中常采用PECVD设备制备减反射层。PECVD即等离子增强化学气相沉积，其工作原理是利用低温等离子体作能量源，将样品置于低气压下辉光放电的阴极上，利用辉光放电使样品升温到预定的温度，然后通入适量的反应气体（SiH_4 和 NH_3），经一系列的化学反应和等离子体反应，在样品的表面形成固态薄膜即氮化硅薄膜。一般情况下，使用这种等离子增强化学气相沉积方法沉积的薄膜厚度在70nm左右。利用薄膜干涉原理，可以使光的反射大幅度减少，电池的短路电流就有很大增加，效率也相应提高。

⑦ 丝网印刷上下电极。电极的制备是太阳电池制备过程中一个至关重要的步骤，它不仅决定了发射区的结构，而且也决定了电池的串联电阻和电池表面被金属覆盖的面积。最早采用真空蒸镀或化学电镀技术，而现在普遍采用丝网印刷法，即通过特殊的印刷机和模板将银浆铝浆（银铝浆）印刷在太阳电池的正背面，以形成正负电极引线。

⑧ 共烧形成欧姆接触。晶体硅太阳能电池要经过三次印刷金属浆料，传统工艺要用二次烧结才能形成良好的带有金属电极的欧姆接触，而共烧工艺只需一次烧结即可，同时形成上下电极的欧姆接触。在太阳电池丝网印刷电极制作中，通常采用链式烧结炉进行快速烧结。

⑨ 电池片测试。太阳能电池片工艺完成后，必须通过测试仪器测量最佳工作电压、最佳工作电流、最大功率、转换效率、开路电压、短路电流等。根据性能测试的结果进行分类，然后将性能相近的电池片进行连接和封装，进行集成化以便使用。这一过程称为矩阵化，矩阵化后集成电池称为组件或模板。

3.4.1.2 多晶硅体太阳能电池

与单晶硅电池相比，多晶硅电池材料制备方法更为简单、耗能少，可连续生产，效率也达到了20.4%。目前，多晶硅太阳能电池的产量已超过单晶硅太阳电池，是光伏电池市场主要的产品之一。图3-12为多晶硅太阳能电池板。下面将简要介绍多晶硅材料及其太阳能电池的制备工艺。

图3-12 多晶硅太阳能电池板

（1）多晶硅材料

目前太阳能级多晶硅的提纯技术主要包括改良西门子法、硅烷热分解法和流态床反应法三种。其中，由于硅烷的易爆性、区域熔炼的高成本性等原因，改良西门子法成为多晶硅生产的主流技术。目前世界上80%的多晶硅均由该技术生产制备。由于高能耗的西门子化学法一般提纯后可达到9N~11N，而6N以上纯度就能满足太阳能级硅的要求，因而人们开始寻求西门子法之外其他制取太阳能级多晶硅的方法。最近几年，低成本、低能耗的物理冶金法可达到6N~7N纯度，引起光伏界的广泛关注，但物理冶金法制备的多晶硅在其产品的稳定和均衡性上还存在问题。下面主要介绍上述几种化学提纯方法。

① 改良西门子法。该方法以冶金级工业硅和HCl为原料，在高温下合成为$SiHCl_3$，然后对$SiHCl_3$进行提纯，接着对$SiHCl_3$进行多级精馏，使其纯度达标，最后在还原炉中在1050℃的芯硅上用超高纯的氢气对$SiHCl_3$进行还原而生长成高纯多晶硅棒。改良西门子法技术成熟，但是也存在设备复杂、耗能高、污染重、成本高等问题。世界上有80%左右的多晶硅由此方法制得，主要的工艺流程如图3-13所示。

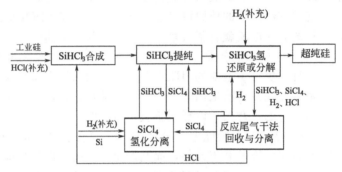

图3-13　改良西门子法工艺流程

② 硅烷热分解法。硅烷热分解法是以氟硅酸、钠、铝和氢气为主要原料制取高纯硅烷，然后硅烷热分解生产多晶硅的工艺，其主要流程如图3-14所示。

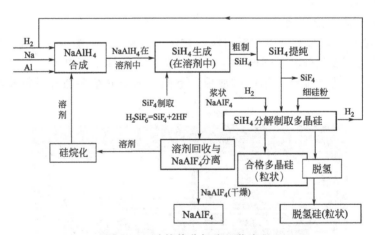

图3-14　硅烷热分解法工艺流程

③ 流态床反应法。流态床反应法是以$SiCl_4$和冶金级硅为原料生产多晶硅的工艺，其主要工艺流程如图3-15所示。

（2）多晶硅太阳能电池的制备工艺

多晶硅太阳能电池的制作工艺与单晶硅太阳能电池差不多，从制作成本上来讲，比单晶硅太阳能电池要便宜一些，材料制备简单，耗电少，总的生产成本比较低，因此得到了广泛推广与应用。多晶硅太阳能电池板的制备过程如图3-16所示。

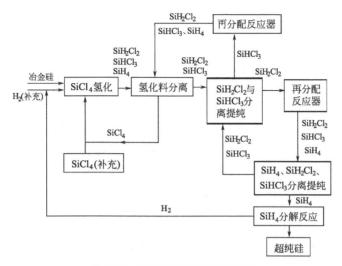

图 3-15 流态床反应法工艺流程

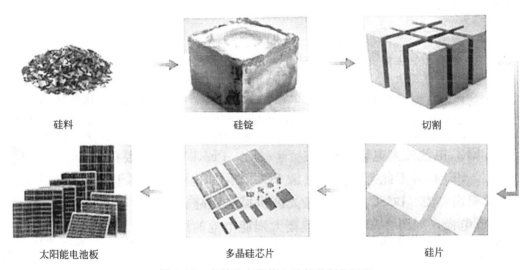

硅料   硅锭   切割

太阳能电池板   多晶硅芯片   硅片

图 3-16 多晶硅太阳能电池板的制备过程

3.4.2 非晶硅太阳能电池

非晶硅是近代发展起来的一种新型的非晶态半导体材料。与晶体硅相比，最明显的特征是组成原子的短程有序、长程无序性。原子之间的键合十分类似晶体硅，形成共价无规则网络结构。非晶硅的另一个特点是在非晶硅半导体中可以实现连续物性控制。当连续地改变非晶硅中掺杂元素和掺杂量时，可以连续改变其电导率、禁带宽度等，这为获得所需要的新型材料提供了广阔的选择空间。一般在太阳能光谱可见光波长范围内，非晶硅的吸收系数比晶体硅提高将近一个数量级，并且非晶硅太阳能电池的光谱响应峰值与太阳能光谱峰值接近，这就是非晶硅材料首选用于太阳能电池的原因。

（1）非晶硅太阳能电池的优缺点

与其他太阳能电池相比，非晶硅太阳电池有如下优点。

① 材料用量少，且原材料丰富。由于非晶硅对太阳光的吸收系数大，因此非晶硅太阳能电池可以做得很薄，膜厚度通常为 $1\sim2\mu m$，仅为单晶硅和多晶硅电池厚度的 1/500，所以其材料用量极少。

② 很容易实现高浓度可控掺杂，并能获得优良的 PN 结，这是非晶材料在器件应用方面的最重要和最基本的特性。

③ 可以在很宽的组分范围内控制其能隙变化，如 α-Si 及其合金的能隙可以从 1.0eV 变到 3.6eV（对应于 α-SiGe：H $\longrightarrow\alpha$-Si：H $\longrightarrow\alpha$-SiC：H）。

④ 可以采用不同带线的电池组成叠层电池，拓宽光谱响应范围，提高电池的光伏特性并能大面积生产。

⑤ 对衬底材料要求不高，可沉积于玻璃、石英、钢片、陶瓷等类的物质上，同时，完全与半导体微电子技术中的各种集成化技术相兼容；容易与建筑材料相结合，构成光伏建筑一体化系统（BIPV）。因此，非晶硅薄膜太阳电池是一种很有发展前景的太阳能电池，得到了广泛研究。

非晶硅太阳能电池的最大缺点就是转换效率较低，最高仅为 13.4% 且因光致衰减的影响，其效率会随着时间增加而逐渐降低。对于这些问题的解决现在有了一些突破，非晶硅薄膜电池的研究主要集中在提高效率和稳定性方面，主要工作有，通过不同带隙的多结叠层提高效率和稳定性，降低表面光反射，使用更薄的本征层，以增强内电场、降低光致衰减等。

（2）非晶硅太阳能电池的工作原理

太阳电池的基本原理是半导体的光生伏特效应。半导体吸收入射光子后产生电动势需要以下三个条件：

① 入射光必须能够产生非平衡载流子；

② 非平衡载流子必须经受一个由 PN 结或金属-半导体接触势垒所提供的静电漂移作用；

③ 非平衡载流子要有一定的寿命，以保证能有效地被收集。

非晶硅的能带结构与晶硅能带结构基本相似，PIN 型太阳能电池的光生伏特机理也可以利用一个简单的 PN 结来说明。非晶硅太阳能电池的工作原理如下：当适当波长的入射光通过 P 层进入 I 层产生电子-空穴对，在 PN 结内建电池的作用下，空穴漂移到 P 区，电子漂移到 N 区，从而在电池内部形成光生电流和光生电动势，光生电动势与内建电势方向相反。当两者达到平衡时，光生电动势达到最大值，称之为开路电压。当外电路接通时，则形成最大光电流，称之为短路电流。

（3）非晶硅薄膜太阳能电池的基本结构

目前，非晶硅太阳电池的结构类型有很多，基本的结构形式有肖特基势垒型（包括 MIS）、异质结型和 PIN 型等。其中最重要的为 PIN 型，其典型的结构如图 3-17 所示，它具有以下优点：

① PIN 结构是利用 P 层和 I 层形成的体结，因而能避免金属和非晶硅之间的界面状态对电池特性的影响，这样制备电池的重复性好，性能稳定；

② 电池的各层全部由非晶硅构成，材料便宜，工艺简便且可连续生产；

③ 设计的灵活性大。

正因为 PIN 结构有这些优点，所以近几年来人们主要集中于 PIN 电池的研究，出现了几种形式的 PIN 结构，转化效率有了一定提高。

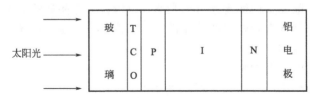

图 3-17　α-Si：H 太阳电池的典型结构示意图

（4）非晶硅太阳能电池的制备工艺

PIN 集成型非晶硅太阳能电池的制备工艺流程图如图 3-18，图中 TCO 膜为透明导电氧化物膜。

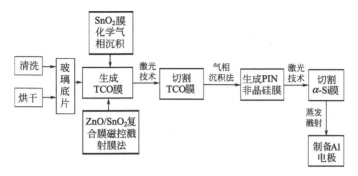

图 3-18　非晶硅太阳能电池制备工艺流程

3.4.3　铜铟镓硒太阳能电池

薄膜电池与晶硅太阳能电池相比，具有很多优势：使用材料少、成本低、弱光性能好、适于建筑一体化光伏(BIPV)应用等，因此近年来发展较为迅速。第二代薄膜太阳能电池的典型代表主要是铜铟镓硒（CIGS）、碲化镉（CdTe）、非晶硅和多晶硅薄膜电池。在薄膜太阳能电池中，CIGS 电池转换效率最高，与多晶硅一样同为 20.4%。同时还具有吸收率高、带隙可调、品质高、成本低、性能稳定、弱光性好、可选用柔性基材等优点，因此被日本新能源产业开发机构（NEDO）的太阳能发电首席科学家东京工业大学的小长井诚教授认为是第三代太阳能电池的首选，并且是单位重量输出功率最高的太阳能电池，其优异性能被国际上称为下一代的廉价太阳能电池，吸引了众多机构及专家对其进行研究开发。

（1）铜铟镓硒太阳能电池的结构

CIGS 薄膜太阳能电池是一种以 CIGS 为吸收层的高效率薄膜太阳能电池，其典型的结构为：玻璃/Mo/CIGS/CdS/ZnO/ZAO/MgF$_2$，如图 3-19 所示。其中，在衬底玻璃之上的第一层为 Mo 背电极，CIGS 为光吸收层，CdS 是缓冲层，再往上是窗口层高阻的本征 ZnO 和低阻的掺铝氧化锌（ZAO），最上面为减反射膜 MgF$_2$ 和 Ni-Al 电极。而光吸收层 CIGS 薄膜材料的制备及生长质量就成为电池的关键。Cu(In, Ga)Se$_2$ 是 CuInSe$_2$ 和 CuGaSe$_2$ 的无限固溶混晶半导体，都属于 I-III-VI$_2$ 族化合物，在室温下具有黄铜矿结构。I-III-VI$_2$ 族化合物半导体 CuInSe$_2$ 具有两种同素异形的结构：一种是闪锌矿，另一种是黄铜矿。前者为高温相，只有在 570℃ 以上才稳定，相变温度为 980℃，属立方晶系，晶格常数为 $a=0.58$nm，密度 5.55 g/cm^3；后者为低温相，相变温度 810℃，属立方晶系，晶格常数为 $a=0.578$nm，密度为 5.75g/cm^3。

黄铜矿结构是由 II-VI 族化合物（如 ZnS）的闪锌矿结构衍生而来，其中 II 族元素(Zn)可由 I 族(Cu)与 III 族(In)取代而形成三元化合物。当 Cu 与 In 原子规则地填入原来 II 族原子的位置后，阳离子在 c 轴方向有序排列，使 c 轴单位长度大约为闪锌矿结构的两倍，实际晶体的点阵常数 c/a 在 2.01(CIS)和 1.96(CGS)之间变化，可视为金刚石结构和闪锌矿结构大单胞叠加而成。CIS 薄膜自室温到 810℃ 都是稳定的，因此实际应用于 CIGS 太阳能电池材料都是这种结构。

（2）铜铟镓硒太阳能电池的制备技术

CIGS 多晶薄膜是电池的核心材料，原子的晶格配比及结晶状况对其电学和光学性能影响很大，因而其制备方法显得尤为重要。目前，已报道的制备方法大致可以归纳为真空工艺和非真空工艺两类。真空工艺主要有多源共蒸法、溅射后硒化法、混合溅射法、脉冲激光沉积、分

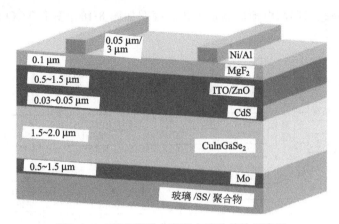

图 3-19　CIGS 薄膜太阳能电池的结构示意图

子束外延技术、近空间蒸气输运、化学气相沉积等；而非真空工艺包括电沉积、旋涂涂布、喷涂热解及丝网印刷等方法。虽然 CIGS 薄膜的制备方法多种多样，但仅多源共蒸法和溅射后硒化法可制得高效率太阳能电池，也是目前工业化生产所采用的主要工艺。其他方法都是在这两种技术路线之上发展起来的。下面主要介绍多源共蒸法、溅射后硒化法和部分低成本的非真空工艺。

① 真空蒸发法。真空蒸发法按照蒸发热源数目的多少可分为单源蒸发、双源蒸发、三源蒸发和多源蒸发。所谓单源蒸发就是利用单一热源加热 CIS 合金，使之蒸发沉积到玻璃基片上，获得 CIS 薄膜。双源蒸发即利用两个热源分别使 Cu_3Se_2 和 In_2Se_3 蒸发后沉积在基片上，获得单相薄膜；三源及多源蒸发即利用三个以上热源使 Cu、In、Ga、Se 分别蒸发后共同沉积到基片上。目前在小面积高效率 CIGS 电池的制备方面，以美国可再生能源实验室（NREL）开发的三段法为最好。图 3-20 给出了多源共蒸和三段蒸发法的示意图。

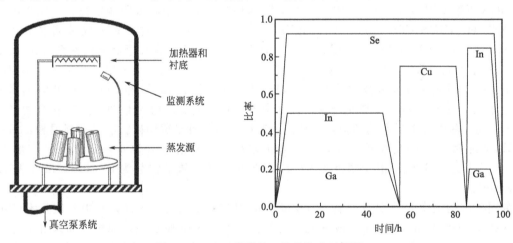

图 3-20　CIGS 薄膜的三段蒸发法示意图

在整个过程中保持 Se 足量的情况下，首先在较低的温度衬底（300℃左右）上蒸镀 In、Ga 元素，形成了 $(In，Ga)_2Se_3$ 化合物；接着在较高温度的衬底上蒸镀 Cu；最后再一次蒸镀 In 和 Ga，以满足组分的计量比。三步法得到的薄膜形貌非常光滑，晶格缺陷少，晶粒巨大，这主要与第二段中 Cu_2Se 的液相烧结有关。在沉积过程中控制 Ga/In 比例，还可以形成梯度带隙结构，因而三段法能得到较高的转换效率。蒸发法制备 CIGS 薄膜的成分不仅和源物质的成分有关，还受衬底温度、蒸发速率和蒸发质量等因素的影响，如何精确控制蒸发过程是决定元素配比和晶相结构的关键。虽然三段蒸发法在小面积高效率电池方面取得了成功，但因其工艺复杂、无法精确控制元素比例、重复性差、材料利用率不高、成本较高，很难实现大面积均匀稳定成膜，因而限制了大规模工业化生产中的应用。

② 溅射后硒化法。低成本、高效率、大面积规模化等指标是检验 CIGS 电池技术开发成功与否的关键。溅射后硒化法作为大规模工业化生产技术，使用商业半导体薄膜沉积设备，易于放大，同时能保证大面积均匀成膜。Grindle 等人最早采用溅射后硒化工艺在 H_2S 中制备 $CuInSe_2$。Chu 等最先采用这种工艺制备 $CuInSe_2$ 薄膜。溅射后硒化法制备的电池实验室最高效率达到 16.2%，但研究重点都放在实验室工艺的放大及其大规模生产方面。Showa Shell 和 Shell Solar 采用溅射后硒化工艺成功实现商业化生产，大面积模件效率超过 13%。溅射后硒化法实际上就是预先溅射沉积 Cu/In/Ga 等金属前驱体，然后利用 Se 容易与金属反应的特性，在 H_2Se 或 Se 的气氛中硒化，从而制备出 CIGS 薄膜。因硒源不同分为固态硒化法和气态硒化法。H_2Se 硒化能在常压下操作，可精确控制反应过程，加之其活性较高，因而得到的薄膜质量较好。目前生产线上均采用 H_2Se 硒化。但 H_2Se 是剧毒气体且易燃，造价高，对保存、操作的要求非常严格，因此其应用受到一定限制。采用固态源硒化成本低、设备简单、操作安全，但在工艺可控性、重复性和硒化效果上面有一定差距，仅处于实验室研究阶段。溅射后硒化工艺虽然组分易控制、能大面积均匀成膜，但也存在形成 $MoSe_2$ 而增大串联电阻和薄膜的附着力下降的风险，同时，在硒化过程中 Ga 易向 Mo 层迁移堆积而很难实现梯度带隙，需要额外增加硫化工艺以提高带隙等硒化工艺问题。总之，溅射后硒化工艺正成为当前 CIGS 电池研究的重点和难点，已成为当前工业化生产的主流技术路线。

③ 电沉积法。电沉积法分为两大类：一步法和分步法。目前电沉积单一金属元素已经比较成熟，但是对于四元化合物 CIGS 的共沉积则相当困难。Cu、In、Ga、Se 的沉积电位相差很大，而 In、Ga 由于其标准电位值相对较负，比较难还原。通常需要通过优化溶液条件(pH值、浓度、络合剂、电位等)，使几种元素的电极电位尽可能相近，以保证几种元素以接近 CIGS 分子式的化学计量比析出，才能得到很好的电镀层薄膜。一步法虽然在原理上比较简单，但在电化学方面变得很复杂，因为除了沉积出 CIGS 外，还有可能沉积出单一元素或者其他二元杂相。1983 年 NREL 的 Bhattacharya 首先在含有 Cu、In、Se 三个元素的溶液中一步电沉积 CIS 前驱体薄膜。为控制溶液中各化学物质的比例，Guillen 通过添加络合剂，调节溶液中各离子的浓度。1997 年 Bhattacharya 使用脉冲电镀方法首次把 Ga 添加到氯化物电解液中，成功地一步电沉积出 CIGS 薄膜。香港理工大学 Yang 等采用双电极方法电沉积 CIGS 薄膜，并取得了初步的成果。分步法电沉积 CIS 薄膜过程为：先沉积 CuIn 或 CuInGa 合金膜，然后在 H_2Se 或 Se 气氛中硒化。Guillen 等在 Cu/In-Se 的基础上进行硒化过程，研究了硒化过程的反应机理。Bhatachary 等人通过调整 In/Ga 比例，在真空下高温热处理后的电沉积 CIGS 薄膜所得产品的转化效率高达 15.4%。此外，还有报道在非水溶液(如己二胺、乙二醇、氨基乙酸)中电沉积 CIS 光电薄膜。非真空电沉积法制备 CIGS 薄膜具有如下突出的优点：a. 设备成本低；b. 方法简单；c. 原材料消耗低；d. 淀积温度低而速率高；e. 操作安全；f. 材料回收成本低等。但其沉积的薄膜质量和附着力较差，同时工艺的精确控制和重复性还有待加强。

④ 旋涂印刷等非真空工艺。目前采用设备简单、原料利用率高、生长速度快且可大面积均匀制膜和更方便采用卷绕技术(Roll-to-Roll)的非真空工艺正逐渐成为当前 CIGS 电池研究的热点。CIGS 薄膜制备的非真空工艺就是先配置出一定黏度的符合化学计量比的前驱体料浆、墨水或有机溶剂，然后通过旋涂、涂布、喷雾热解或印刷等非真空成膜工艺制备出前体薄膜，再经过还原、硒化和退火等后处理工艺转变成 CIGS 薄膜。美国 Nanosolar 公司研发出非真空低成本纳米墨水印刷制备 CIGS 工艺，有望与传统化石燃料发电技术媲美。Basol 通过 Cu-In 合金粉末作为前驱体，沉积之后在 H_2Se 的气氛下烧结硒化，得到了转化效率为 10% 的 CIS 器

件，吸收层薄膜呈多孔性。Kapur 等采用金属氧化物为前驱体，在高温下 H_2Se 还原并在 H_2Se 气氛中硒化得到的 CIS 薄膜器件的光电转换效率达到 13.6%。但高温还原硒化过程既不利于降低成本，况且涉及 H_2Se 的毒性和易燃易爆的安全性等一系列问题。Kaelin 研究了非氧化物前驱体 $Cu(NO_3)_2$、$InCl_3$ 和 $Ga(NO_3)_3$ 溶解于甲醇中，添加乙基纤维素流延成膜，最后改用 Se 气氛来代替 H_2Se 硒化得到 CIGS 薄膜，制备的电池效率达到 6.7%。但也存在薄膜表面粗糙、非晶碳层和附着力差等问题。旋涂印刷等非真空工艺最大优势就是成本低，适合大面积生产，但技术尚处在研发阶段。

3.4.4 染料敏化太阳能电池

在太阳能电池的最初发展阶段，一般不使用带隙较宽的半导体，而是采用在可见光区有一定吸收的窄带隙半导体材料。对于宽带系半导体，尽管本身捕获太阳光的能力非常差，但将适当染料吸附到半导体中，借助染料对可见光的吸收，也可以将太阳能转换为电能。这种电池就是染料敏化太阳能电池（Dye Sensitized Solar Cell，DSSC）。1991 年，瑞士科学家 Grätzel 等首次利用纳米技术制备出转换效率为 7.1% 的染料敏化太阳能电池，从此染料敏化纳米晶太阳能电池引起了人们的广泛注意并得到了快速发展，目前光电转换效率已达到 14.1%。

染料敏化太阳能电池主要由宽带系的多孔 N 型半导体（如 TiO_2、ZnO 等）、敏化层（有机染料敏化剂）及电解质或 P 型半导体组成。由于采用了成本更低的多孔 N 型 TiO_2 或 ZnO 半导体薄膜及有机染料分子，不仅大大提高了对光的吸收效率，还大规模地降低了电池的制造成本，所以具有很好的开发应用前景。

3.4.4.1 染料敏化太阳能电池原理

染料敏化纳米晶太阳能电池的结构主要分为三个部分：工作电极、电解质和对电极。在透明导电基底上制备一层多孔 TiO_2 半导体薄膜，然后将染料分子吸附在多孔膜中，这样就构成了工作电极。电解质可以是液态的，也可以是准固态或固态。对电极一般是镀有一层铂的透明导电玻璃。下面以液体电解质染料敏化 TiO_2 电池为例，说明染料敏化太阳能电池的工作原理。

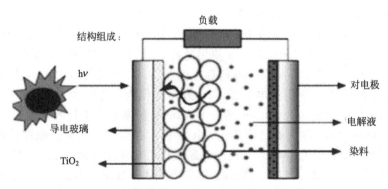

图 3-21　染料敏化纳米晶 TiO_2 太阳能电池工作原理

如图 3-21 所示为染料敏化纳米晶 TiO_2 太阳能电池工作原理。与传统的 PN 结太阳能电池不同，在染料敏化太阳能电池中，光的捕获和电荷的传输是分开进行的，具体过程如下。

① 染料电子吸收光子后跃迁到激发态，并通过配体注入较低能级的 TiO_2 导带上。

② 氧化态的染料分子被电解质中的 I^- 还原，而 I^- 被氧化为 I_3^-。

③ 进入 TiO_2 导带中的电子经过多孔网络最终进入光阳极，然后通过外电路和负载到达对电极，并被对电极附近电解质中的 I_3^- 吸收，把 I_3^- 还原成 I^-，完成一个循环。

其反应过程为：

$$D(\text{基态}) + h\nu \longrightarrow D^*(\text{激发态}) \qquad\qquad \text{染料激发} \qquad\qquad (3\text{-}8)$$

$$D^*(\text{激发态}) + TiO_2 \longrightarrow D^+(\text{氧化态}) + e^- \quad \text{进入} TiO_2 \text{导带产生光电流} \qquad (3\text{-}9)$$

$$2D^+(\text{氧化态}) + 3I^- \longrightarrow 2D(\text{基态}) + I_3^- \qquad \text{染料还原} \qquad\qquad (3\text{-}10)$$

$$I_3^- + 2e^-(\text{光阴极}) \longrightarrow 3I^- \qquad\qquad \text{电解质还原} \qquad\qquad (3\text{-}11)$$

此外，电解质中的 I_3^- 可能在光阳极上被 TiO_2 导带上的电子还原，使外电路中的电流减小，这类似于硅电池和液结电池中的"暗电流"。

$$I_3^- + 2e_{eb}^-(TiO_2 \text{导带}) \longrightarrow 3I^- \qquad\qquad \text{暗电流} \qquad\qquad (3\text{-}12)$$

3.4.4.2 染料敏化太阳能电池的结构

染料敏化太阳能电池是由透明导电玻璃、纳米晶氧化物半导体薄膜、敏化染料、电解质以及对电极构成。

(1) 透明导电玻璃

透明导电玻璃是染料敏化太阳能电池 TiO_2 薄膜的载体，同时也是光阳极上电子的传导器和对电极上电子的收集器。导电玻璃是在普通玻璃上，经过溅射、沉积等方法制备的。一般电阻要求在 $1.0 \sim 2.0\Omega\cdot cm$，透光率在 85% 以上，它起到传输和收集正、负电极电子的作用。为使电极达到更好的电子收集效率，有时需经过特殊处理，如在氧化铟锡和玻璃之间扩散一层约 $0.1\mu m$ 厚的 SiO_2，以防止普通玻璃中的 Na^+、K^+ 等在高温烧结过程中扩散到 SnO_2 薄膜之中。

(2) 纳米晶氧化物半导体薄膜

应用于染料敏化太阳能电池的半导体材料主要是纳米 TiO_2 多孔薄膜。它是染料敏化太阳能电池的核心之一，不仅是染料分子的吸附载体，也是电子的传输载体。除了 TiO_2 之外，适用于作为光阳极的半导体材料还有 ZnO、Nd_2O_5、WO_3、Ta_2O_5 和 CdS 等。其中 ZnO 因来源比较丰富、成本比较低、制备简单等优点，在染料敏化太阳能电池中也有应用，特别是近年来在柔性染料敏化太阳能电池中的应用取得了较大进展。

TiO_2 纳米薄膜的制备方法主要包括溶胶-凝胶法、水热反应法、溅射法、醇盐水解法、等离子喷涂法、丝网印刷法和胶体涂膜等，目前以溶胶-凝胶法为主。制备染料敏化太阳能电池的纳米半导体薄膜一般应具有以下特征：① 具有大的比表面积，使其能够有效地吸附单分子层染料，更好地利用太阳光；② 纳米颗粒和导电基底以及纳米纳米半导体颗粒之间应有很好的点接触，使载流子在其中能有效地传输，保证大面积薄膜的导电性；③ 电解质中的氧化还原电对(一般为 I^-/I_3^-)能够渗透到纳米半导体薄膜的内部，使氧化态染料能有效再生。

随着纳米技术和材料科学的发展，对光阳极形貌结构的设计也逐渐成为研究热点。人们采用各种形貌的纳米材料来制备 DSSC 电池光阳极，如纳米棒、纳米管及阵列等。与颗粒状 TiO_2 多孔膜不同，这些特殊结构的材料能将电子运输限制在一维或者二维方向，减少了电子在薄膜中的传输路径，降低了复合概率。另外，由这些纳米材料构成的薄膜往往具有更大的孔隙率和更加连贯的孔道结构，有利于电解质中空穴材料的传输，因此，往往将它们用于(准)固态电池。中科院化学所的 Zhao Y 等人采用电喷雾方法制备了具有三维支化内部通道的 TiO_2 膜，并用于 DSSC 电池中。林原研究组在 TiO_2 浆料中加入不同粒径的聚苯乙烯小球，并将这种大孔结构薄膜应用到聚合物和离子液体 DSSC 电池中，取得了不错效果。DSSC 电池光阳极的另一研究热点就是柔性电池的制备。柔性电池重量轻、可折叠、携带方便，在小型便携式电器和某些特殊场合(如野外等)有着广泛的应用前景。柔性电池大多采用金属薄片基底或聚合物基底，而聚合物基底具有成本低、可大规模生产的优势。但目前此类材料还不能承受 $150℃$ 以上的高温，因此，光阳极低温制备工艺已成为发展柔性电池的关键步骤。最近，选用 ZnO 来

代替 TiO_2 作为光阳极，在室温下制备 ZnO 多孔膜，在柔性染料敏化太阳能电池的应用中取得了较大进展。

（3）敏化染料

染料敏化剂是染料敏化太阳能电池中的核心之一，它将 TiO_2 的激发光谱拓展到可见光区域，它主要用来吸收太阳光，产生光激发电子。染料敏化剂受光照由基态跃迁到激发态，染料的激发态能级（LUMO）高于 TiO_2 的导带底边能级，电子由激发态的染料注入 TiO_2 导带中。激发态染料能级与 TiO_2 的导带底边能级之差为电子注入的驱动部分，其差值越大，电子注入效率越高。激发态染料一方面将电子注入 TiO_2 导带中，另一方面氧化态的染料从电解质中获得电子发生还原。染料敏化剂除了需要与半导体 TiO_2 能带匹配之外，还需与 TiO_2 表面形成有效的键合。染料敏化剂以化学吸附方式吸附在半导体 TiO_2 表面，在染料和 TiO_2 之间建立电子通道，有利于电子的注入。作为光电转化的核心部件，染料敏化剂主要有以下特点。

① 与纳米晶 TiO_2 表面有良好的结合性能，能快速达到吸附平衡。这就要求分子中含有能与 TiO_2 薄膜表面结合的官能团，如—$COOH$、—SO_3H、—PO_3H_2 等。

② 在可见光区有较强的、尽可能宽的吸收带。

③ 染料的氧化态和激发态有较高的稳定性，以及尽可能高的可逆转换能力。

④ 染料激发态寿命足够长且具有很高的电荷传输效率。

⑤ 有足够负的激发态氧化还原电势，使染料激发态电子能注入 TiO_2 导带中。

⑥ 分子应含有大 π 键，高度共轭并且有强的给电子基团。

目前使用的染料可分为四类：钌多吡啶有机金属配合物、酞菁和菁类染料、天然染料和固体染料。

（4）电解质

在 DSSC 电池中，电解质的主要功能是还原染料和传输电荷。它是染料敏化太阳能电池的枢纽，通过氧化还原反应将光阳极和对电极连接起来，形成回路。目前使用最广泛的是液态电解质。此外，还有准固态电解质和固态电解质。

液态电解质为含氧化还原电对 I^-/I_3^-、Br_2/Br^- 等的有机溶液，一般使用乙腈、戊腈、三甲氧基丙腈等作为溶剂。这些有机溶剂稳定性好，不参与电极反应。其中乙腈使用效果最好，乙腈具备溶解度大、介电常数高、黏度低，与纳米晶半导体薄膜有较好的浸润性等特点，常用来作为电解质溶剂。电解质中的氧化还原电对 I^-/I_3^- 的应用最为普遍，它与多种染料敏化剂的能级相匹配，其氧化还原电势高于基态染料敏化剂能级，并且 I^-/I_3^- 电对具有较好的动力学性能。电子给体 I^- 提供电子还原氧化态染料，自身被氧化成 I_3^-，I_3^- 扩散到对电极获得电子，发生还原反应生成 I^-，完成一个反应循环。

液态电解质虽可取得较好效果，但是存在一些固有缺陷：首先，液态电解质较易挥发，导致染料敏化剂降解，使得染料敏化太阳能电池的寿命和稳定性得不到保障；其次，使电池的封装工艺变得复杂，长期放置会造成电解质泄漏；最后，液态电解质中的离子可能会反向迁移，发生电子复合反应，降低电池的光电性能。基于以上问题，研究者开始努力开发准固态电解质及固态电解质。固态电解质主要有无机 P 型半导体和有机空穴传输材料两大类。这两种固体电解质都属于空穴传输材料。氧化态的染料敏化剂从空穴传输材料得到电子，空穴经过电解质传输到对电极得到电子，完成一个反应循环。无机 P 型半导体材料电导率较高，但与纳米晶半导体薄膜的接触性能较差，影响电子传输，其中 CuI 和 CuSCN 等无机 P 型半导体主要用来作为固态电解质。有机空穴传输材料主要有聚 3-己基噻吩、聚三苯基二胺、聚吡咯等。

（5）对电极

对电极的主要作用是接受外电路来的电子，并将电子转移给 I_3^-。为了提高电池的光电转换效率，要求对电极有较高的电导率，而且对从 I_3^- 到 I^- 的氧化还原过程表现出非常好的催化活性。已经开发出的对电极材料有铂电极、碳电极等。

目前，Pt 仍然是最佳的催化材料。然而 Pt 是贵金属，大规模应用时必须要考虑价格因素对电池成本的影响：一方面人们正在努力降低 Pt 对电极的载 Pt 量；另一方面则大力发展来源丰富、价格低廉的 Pt 替代材料。

碳材料资源丰富，价格便宜，热稳定性和化学稳定性好，对 I^-/I_3^- 电对催化活性高，导电能力强，被看成是一种理想的 Pt 替代物。1996 年，A. Kay 等首次将碳材料应用于 DSSC 电池，获得了 6.67% 的光电转换效率，开辟了一个新的研究领域。此后，各种碳材料相继被用于 DSSC 电池中，如活性炭、碳纳米管（CNT）及其阵列、富勒烯等。2006 年，由 Grätzel 小组采用炭黑等制作的对电极，转换效率为 9.1%，达到相应 Pt 电极的 83%，为开发低成本高效率的 DSSC 电池奠定了坚实的基础。除了碳对电极以外，导电聚合物也被用来制备 DSSC 电池对电极，如聚吡咯、聚苯胺、PEDOT 等。而聚吡咯、聚苯胺之类的空穴传输材料还可以与炭黑一起作为对电极的复合催化材料。

3.4.4.3　染料敏化太阳能电池的发展趋势

自从染料敏化太阳能电池在 Grätzel 实验室研究取得突破以来，各国学者对染料纳米多孔半导体电极、电解液和对电极方面都进行了大量研究。21 世纪后，染料敏化太阳能电池的发展进入了新阶段。对于染料敏化太阳电池的研究不再是一味地追求转换效率，而是向多元化方向发展。首先，电子在多孔薄膜电极中的传输受到 TiO_2 纳米颗粒界面的阻碍，电子的传输速率低。电子在界面转移的过程中易与电解质中的 I_3^- 发生复合而产生暗电流，降低染料敏化太阳能电池的光电转换效率。采用具有直线电子传输能力的一维半导体材料，如纳米线、纳米管、纳米棒等作为染料敏化太阳能电池光阳极材料，可以有效提高电子的传输效率，降低电子的复合概率，成为染料敏化太阳能电池的研究热点。其次，柔性染料敏化太阳能电池是另一个重要的发展方向。日本横滨大学开发的基于低温条件下制备的全柔性染料敏化太阳能电池光电转换效率超过了 6%。这一研究表明，柔性染料敏化太阳能电池具有巨大的开发潜力和应用背景。最后，大规模电池应用是染料敏化太阳能电池另一个重要的发展趋势。2001 年，澳大利亚 STA 公司建立了世界上第一家中试规模的染料敏化太阳能电池工厂，生产大模块电池，开始进行染料敏化太阳能电池的产业化生产。2002 年，还建立了面积为 $200m^2$ 的染料敏化太阳能电池显示屋顶，展示了其未来工业化的前景。

我国在染料敏化太阳能电池研究和产业化研究上都与世界研究水平相接近，特别是在产业化研究上。2000 年 10 月，中国科学院等离子体物理研究所承担的大面积染料敏化纳米薄膜太阳能电池项目取得了重大突破性进展，建成了 500W 规模的小型示范电站，光电转换效率达到 5%。2005 年，中国科学院物理研究所孟庆波研究员和陈立泉院士等合作，合成了一种新型的具有单碘离子输运特性的有机合成化合物固态电解质，研制的固态复合电解质纳米晶染料敏化太阳能电池效率达到了 5.48%。虽然染料敏化太阳能电池发展迅速，但离实际大规模商业化应用还有很大距离，因而需要广大科技工作者不懈努力，才有希望与硅太阳能电池竞争。

3.4.5　有机太阳能电池

有机太阳能电池（Organic Solar Cells，OSC）主要是由有机材料构成电池核心部分，利用有机半导体的光伏效应，通过有机材料吸收光子从而实现光电转换的太阳能电池。1958 年，美国加利福尼亚大学的 David Kearns 和 Melvin Clavin 将镁酞菁（MgPc）染料夹在两个功函数不同的电极之间，在光的照射下，接通两极的外电路即产生电流，从而标志着有机太阳能电池的出现。在此光电转化器件中，由于镁酞菁染料和两个功函数不同的电极接触属于肖特基接触，因此，这种结构的电池就是最初的肖特基有机太阳能电池。然而在这个器件上，只观测到了 200mV 的开路电压，光电转化效率非常低。1986 年 Tang 等首次引入电子给体（P 型）/电子受体（N 型）有机双层异质结的概念，制备了双层有机太阳能电池（ITO/CuPc/PV/Ag），其转换效率约为 1％。经过 20 多年的快速发展，目前实验室报道的有机太阳能电池的最高效率提高到 11.1％。

与无机半导体材料相比，有机太阳能电池的转换效率还比较低，存在载流子迁移率低及耐久性差等问题，尚未大规模市场化。科研人员正在通过合成新材料、优化结构以及完善理论等途径来优化有机太阳能电池。

3.4.5.1　有机太阳能电池的结构及其工作原理

有机太阳能电池的光敏层一般含有电子给体（Donor，简称 D）和电子受体（Acceptor，简称 A）两种材料。从能级结构来看，电子给体具有最高占据分子轨道（HOMO），以利于产生和传输空穴，是一种有机 P 型材料；电子受体具有最低未占据分子轨道（LUMO），以利于接受和传输电子，是一种有机 N 型材料，电子给体的 HOMO 能级低于电子受体的 LUMO 能级。

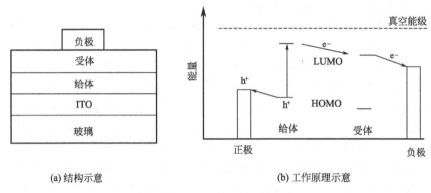

(a) 结构示意　　　　　　　　　(b) 工作原理示意

图 3-22　双层有机太阳能电池

图 3-22（a）是一种典型的双层有机太阳能电池的结构。从该图中可以看出，有机层被两种不同的导电材料夹在中间，正极一般是镀有 ITO 的玻璃，电子给体和受体依次涂覆或者蒸镀在 ITO 玻璃上面，然后在有机层上蒸镀一层低功函数的金属，通常为 Al、Ag 等材料，作为负极，这样就构成一个完整的太阳能电池。

图 3-22（b）是双层有机太阳能电池的工作原理示意图。入射太阳光从玻璃面照射到电池上，然后通过 ITO 进入有机层。给体电子吸收光子后，从 HOMO 跃迁到 LUMO，产生紧密结合的电子-空穴对（激子），当激子扩散到电子给体与受体界面间形成的 PN 结处，由于给体的 LUMO 能级比受体高，电子转移到受体的 LUMO 上，空穴留在给体的 HOMO 上，产生自由的电子和空穴，然后电子和空穴借助于正、负极材料不同功函数引起的内建电场，分别由给体与受体传输到相应的电极表面，最后被电极收集，产生光电流。

另一种有机太阳能电池的结构是本体异质结有机太阳能电池。如图 3-23 所示，在本体异质结太阳能电池中，电子给体与受体共混到一起形成膜。每块给体或受体的长度与激子扩散距离一致，给体或受体中产生的大部分激子可以到达两个物质的界面，并得到有效分离。电子迁移到受体区域后逐渐到达电极并被收集，空穴被拉到相反的方向，并被另一个电极所收集。

体异质结 OPV 混合层的成膜情况可能存在以下两种。如图 3-24（a）所示，同种材料的分子可能是以"孤岛"的形式存在，此时载流子在同种分子间的跳跃不能保证是有效的长距离传输，在一定程度上限制了体异质结 OPV 光电转换效率的提高。图 3-24（b）为混合层中形成的较为理想的成膜情况，给体受体分子分别形成了较好的连续"通道"，分离出来的空穴和电子可以分别在给体分子和受体分子中进行长距离迁移，最后被两侧电极收集，载流子具有较好的传输性能。由于体异质结混合层的微观结构不是均匀一致的，成膜后给体或受体分子的连续性无法控制，所以很难保证载流子具有较好的传输性能。

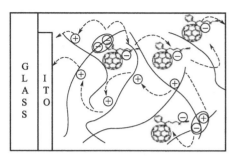

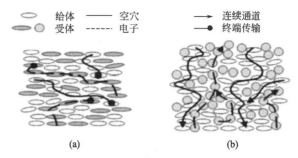

图 3-23　本体异质结有机太阳能电池　　　　　图 3-24　体异质结混合成膜

3.4.5.2　有机太阳能电池材料

有机太阳能电池材料种类繁多，可大体分为四类：小分子太阳能电池材料、大分子太阳能电池材料、D-A 体系材料和有机无机杂化体系材料。

（1）小分子太阳能电池材料

有机小分子太阳能电池材料都具有一定的平面结构，能形成自组装的多晶膜。这种有序排列的分子薄膜使有机太阳能电池的迁移率大幅度提高。常见的有机小分子太阳能材料是一些含共轭体系的染料分子，它们能够很好地吸收可见光从而表现出较好的光电转换特性，具有化合物结构可设计性、材质较轻、生产成本低、加工性能好、便于制备大面积太阳能电池等优点。但由于有机小分子材料一般溶解性较差，因而在有机太阳能电池中一般采用蒸镀的方法来制备小分子薄膜层。有机太阳能电池器件中常用的小分子材料主要有并五苯、酞菁、亚酞菁、卟啉、菁、菲和 C_{60} 等，如图 3-25 所示。并五苯（Pentacene）是 5 个苯环并列形成的稠环化合物，是制备聚合物薄膜太阳能电池最有前途的备用材料之一。酞菁（Phthalocyanine）具有良好的热稳定性及化学稳定性，是典型的 P 型有机半导体，具有离域的平面大 π 键，在 $600 \sim 800nm$ 的光谱区域内有较大吸收，其合成已经工业化，是有机太阳能电池中研究较多的一类材料。卟啉（Porphyrin）具有良好的光稳定性，同时也是良好的光敏化剂。菲（Perylene）类化合物是典型的 N 型材料，具有大的摩尔吸光系数，较高的电荷传输能力，其吸收范围在 $500nm$ 左右。亚酞菁（Subphthalocyanine）是具有 14 个 π 电子的大芳环结构，由于中心 B（Ⅲ）的电子云呈四面体构型，因此 B（Ⅲ）不与配体共平面。与受体 C_{60} 配合，亚酞菁表现出很强的给体特性，有较好的光伏性能。全氟取代的亚酞菁在可见光区域有与金属酞菁类似的吸收，且能用于受体材料制备异质结太阳能电池，得到开路电压 V_{oc} 为 0.94V，转换效率为 0.96％。菁（Cyanine）易于合成、价格便宜，是良好的光导体并具有良好的溶解性，但稳定性较差。由于 C_{60} 分子中存在的三维高度非定域电子共轭结构，使得它具有良好的电学及非线性光学性能，其电导率为 $10^{-4}S/cm$，成为异质结电池中使用最多的小分子电子受体材料。

（2）大分子太阳能电池材料

从 20 世纪 90 年代起，基于有机大分子的太阳能电池得到了迅速发展，下面主要介绍近几年的研究成果。

① 富勒烯衍生物。C_{60} 是很好的电子受体，但较小的溶解性限制了它在以溶液方式加工的聚合物太阳能器件中的应用。由于 C_{60} 特殊笼形结构及功能，将 C_{60} 作为新型功能基团引入高分子体系，得到具有导电性和光学性质优异的新型功能高分子材料。从原则上讲，C_{60} 可以引入高分子的主链、侧链，形成富勒烯的衍生物（如图 3-26 所示）。经过改良的 C_{60}，PCBM（[6,6]-苯基- C_{61} -丁酸甲酯）具有较好的溶解性，被广泛应用于聚合物器件中。富勒烯及其衍

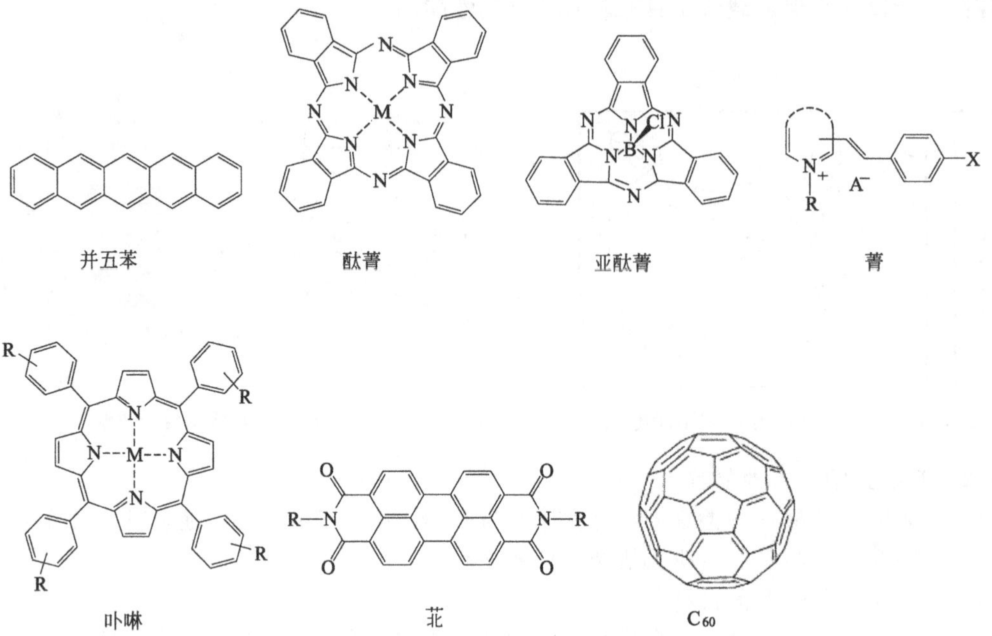

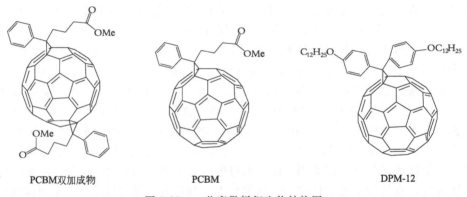

并五苯
酞菁
亚酞菁
菁
卟啉
苝
C60

图 3-25 常见小分子材料结构图

生物在可见-近红外区的光吸收很小，以它们作为受体材料设计器件时，应选取吸收性能较强的给体材料或以其他方法提高对太阳光的吸收。

OMe
OMe
OMe
$C_{12}H_{25}O$
$OC_{12}H_{25}$
PCBM双加成物
PCBM
DPM-12

图 3-26 一些富勒烯衍生物结构图

② 聚对亚苯基亚乙烯及其衍生物。聚对亚苯基亚乙烯（PPV）及其衍生物是近年来广泛研究的一类共轭聚合物材料(如图 3-27 所示)，通常作为给体材料。

代表性材料是 MEH-PPV，其具有较好的溶解性，禁带宽度（2.1eV）适中。MEH-PPV 的空穴迁移率高，但电子迁移率较低。MEH-PPV 中本征载流子不平衡严重限制了纯聚合物太阳能电池的性能。目前基于 MEH-PPV 材料性能最好的电池是 MEH-PPV 与受体 PCBM 构筑的器件，转换效率约为 2.5%。通常，基于 PPV 类材料的器件的转换效率受制备温度、溶剂、给体与受体比例、溶液浓度、热处理等制备参数的影响。

③ 聚噻吩及其衍生物。聚噻吩（PTh）是一类重要的聚合物光电材料，具有非常强的光吸收能力，吸收范围接近红外区域，具有较高的载流子迁移能力，也是近年来在有机太阳能电池中广泛研究的一类给体材料(如图 3-28 所示)。PTh 溶解性很差，实验证明，噻吩环的 3-位取代或 3,4-位双取代都能改善其溶解性。改善的程度与取代基链的长度有关。6C 以上的取代

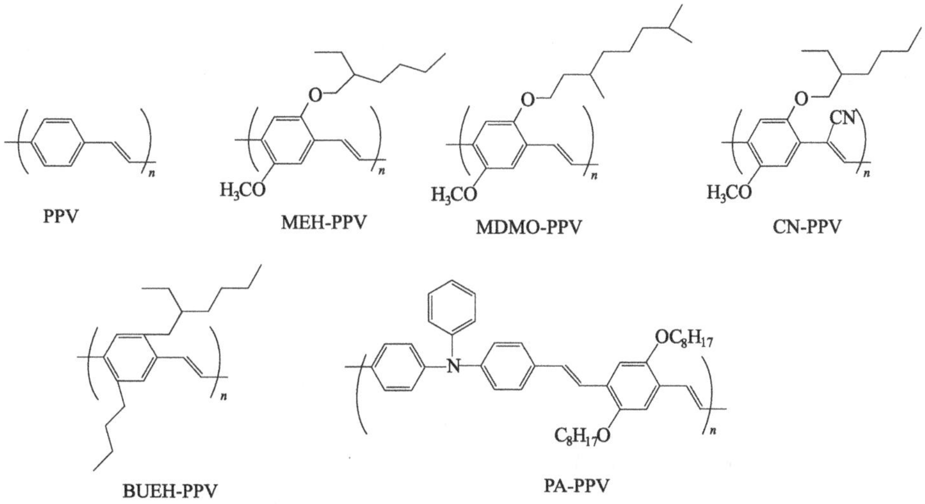

图 3-27 一些 PPV 衍生物结构图

PTh 在一般极性溶剂中可以完全溶解。随着烷基链的增长，PTh 链间距离增大，从而将载流子限制在主链上，减少了猝灭概率。3-位取代噻吩比 3,4-位双取代噻吩具有更好的溶解性，主要是因为双取代噻吩位阻过大，降低了其有效共轭长度，提高了离子化电位。目前，光电转换效率最好的有机太阳能器件是基于噻吩类给体与富勒烯衍生物受体构成的体系。

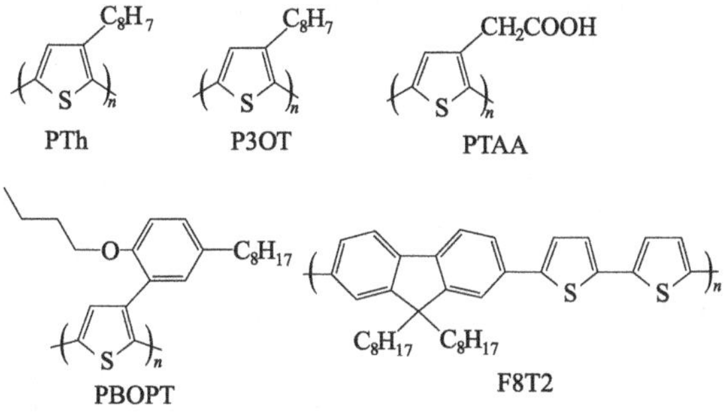

图 3-28 一些聚噻吩衍生物结构图

④ 含氮共轭聚合物。含氮的共轭聚合物也是一类较常见的有机太阳能电池材料（如图 3-29 所示），主要包括聚乙烯基咔唑(PVK)、聚吡咯(PPY)和聚苯胺(PAn)。

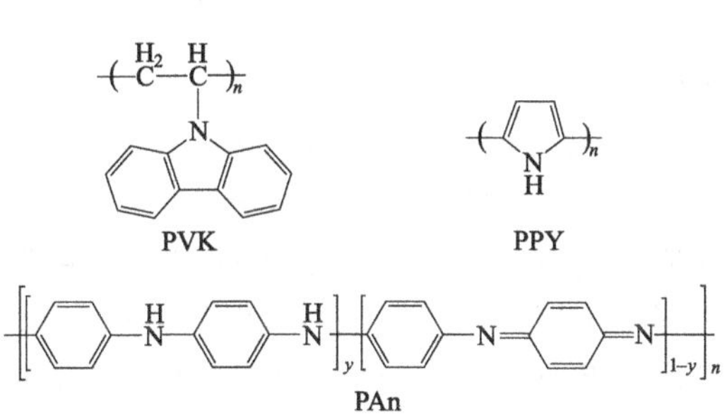

图 3-29 含氮共轭聚合物结构图

⑤ 聚芴及其衍生物。聚芴及其衍生物由于具有好的稳定性和高的发光效率而引起人们的广泛兴趣（如图 3-30 所示）。由于聚芴中含有刚性平面结构的联苯，所以往往表现出好的光稳

定性和热稳定性，其光电性能的研究也从发光材料拓展到了太阳能电池材料。由于纯粹的聚芴不仅溶解性差，而且是蓝光材料，能隙较宽，与太阳光谱不能很好地匹配，所以对聚芴的研究往往集中在溶解性和能隙的调控上。

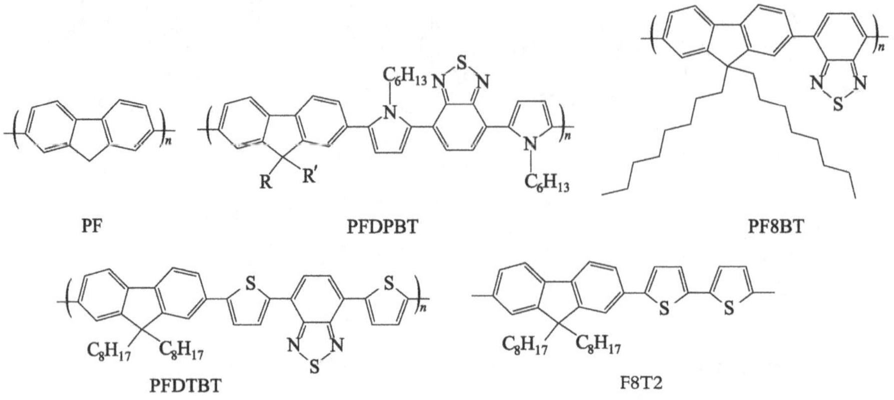

图 3-30　一些聚芴衍生物的结构图

（3）D-A 体系材料

混合异质结薄膜为互渗双连续网络结构，微观上是无序的。因此，网络结构上存在大量缺陷，阻碍了电荷的分离和传输，从而降低了电荷分离和传输效率。后来，研究人员将给体和受体通过共价键连接，可以获得微相分离的互渗双连续网络结构，形成 D-A 体系材料（如图 3-31 所示）。此类材料能克服混合异质结薄膜的结构缺陷并应用到器件中，有望提高器件效率，是目前有机太阳能电池材料研究的热点之一。

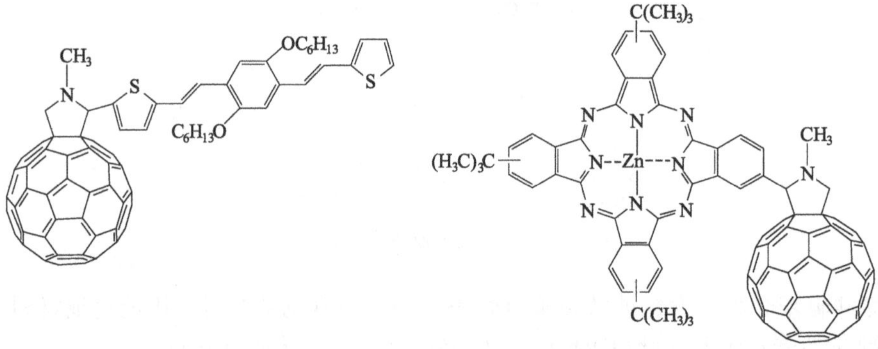

图 3-31　D-A 体系材料结构图

（4）有机无机杂化体系材料

无机纳米半导体材料具有优异的光电特性，如迁移率高、光导性强、材料吸收较强、能隙可根据颗粒尺寸调节等。将其与有机材料复合形成杂化体系，可充分利用有机材料和无机材料的优点，即无机材料高的载流子迁移率和有机材料大的光吸收系数，从而提高器件性能。例如，Wang 等在室温下合成了 MDMO-PPV 包覆的 PbS 量子点材料，量子点的直径为 3～6nm，并将 MDMO-PPV 包覆的 PbS 量子点材料应用到电池器件中，可将活性层的吸收拓宽至紫外和红外区域。

3.4.5.3　有机太阳能电池存在的问题及其原因

虽然有机太阳能电池具有廉价、易于加工、可大面积成膜等优点，但与无机硅太阳电池相比，有机太阳能电池的光谱响应范围较窄，电池的稳定性较差，光电转换效率较低，引起这些现象的主要原因包括如下。

① 入射光在半导体表面和前电极的反射。

② 禁带宽度较大，对入射光的吸收率较小。通常键分子链的禁带宽度范围为 7.6～9 eV，共轭分子的禁带宽度范围为 1.4～4.2 eV。虽然掺杂后禁带宽度会下降一些，但与无机半导体 Si、Ge 等材料相比，其禁带宽度仍然较大，因此对入射太阳光的吸收率较低。

③ 高能电子在导带和价带中无辐射弛豫明显，使吸收的光能被浪费。

④ 光生电子和光生空穴在电池中的复合。有机太阳能电池和无机太阳能电池中载流子的产生过程有很大不同：有机高分子的光生载流子不是直接通过吸收光子产生，而是先生成激子，然后通过激子的扩散和离解产生自由载流子，这样在扩散过程中激子会发生湮灭；而且形成的载流子容易成对复合，使电池的光电流降低。

⑤ 有机材料的高电阻和低载流子迁移率。有机材料大都为无定型态，即使有结晶度，也是无定型与结晶形态的混合，分子链间作用力较弱。光照射后产生的光生载流子主要在分子内的共价键上运动，而在分子链间的迁移比较困难，这使得高分子材料中载流子的迁移率都很低，通常为 10^{-6}～10^{-1} cm²／(V·s)。通过高浓度掺杂可以提高共轭聚合物的电导率，但载流子寿命与掺杂浓度成反比，随着掺杂浓度的提高，光生载流子的寿命降低，电池的光电转换效率也会下降。

3.5 太阳能电池应用

太阳能电池的应用非常广泛，主要应用领域为太空航空器、通信系统、微波中继站、电视差转台、道路管理系统、无人气象站、光伏水泵、通信卫星供电、无电缺电地区供电以及太阳能发电厂等。随着技术发展和世界经济可持续发展的需要，发达国家已经开始有计划地推广城市太阳能并网发电，主要是建设户用屋顶太阳能发电系统和 MW 级集中性大型并网发电系统，同时在交通工具和城市照明等方面大力推广太阳能发电系统的应用。

本节着重介绍几种典型的太阳能发电系统的应用范例，包括光伏发电系统、光伏建筑一体化（BIPV）、太阳能路灯等。

3.5.1 光伏发电系统

光伏发电是太阳能电池的主要应用。光伏发电系统由以下三部分组成：太阳电池组件；蓄电池或其他蓄能设备及辅助发电设备；充放电控制器、逆变器、测试仪表和计算机监控等电力电子设备。图 3-32 是一套典型光伏发电系统的构成示意。光伏发电系统具有以下特点。

① 没有传动部件，不产生噪声。

② 没有空气污染、不排放废水。

③ 没有燃烧过程，不需要燃料。

④ 维修保养简单，维护费用低。

⑤ 运行非常可靠，稳定性较好。

⑥ 作为关键部件的太阳能电池使用寿命长，晶体硅太阳电池寿命可达到 25 年以上。

⑦ 根据需要很容易扩大发电规模。

（1）光伏发电系统的组件

① 光伏组件方阵。由太阳能电池组件（也称为光伏电池组件）按照系统需求串、并联而成，在太阳光照射下将太阳能转换成电能输出，它是太阳能发电系统的核心部件。

② 蓄电池。将太阳能电池组件产生的电能储存起来，当光照不足或晚上及负载需求大于

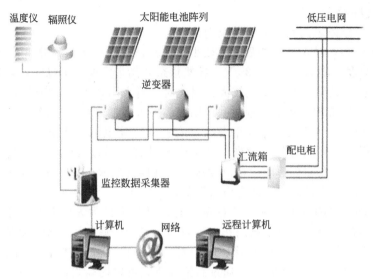

温度仪　辐照仪　　　　太阳能电池阵列　　　　　　　低压电网

逆变器

汇流箱　　配电柜

监控数据采集器

计算机　　网络　　远程计算机

图 3-32　一套典型光伏发电系统的构成示意

太阳能电池组件所发电量时，将储存的电能释放以满足负载的能量需求，它是太阳能光伏系统的储能部件。目前太阳能光伏系统常用的是铅酸蓄电池。对于较高要求的系统，通常采用深放电阀控式密封铅酸蓄电池、深放电吸液式铅酸蓄电池等。

　　③ 控制器。它对蓄电池的充、放电条件加以规定和控制，并按照负载的电源需求控制太阳能电池组件和蓄电池对负载的电能输出，是整个系统的核心控制部分。同时，在太阳能光伏供电系统中，如果含有交流负载，就需要使用逆变器设备，将太阳能电池组件产生的直流电或者蓄电池释放的直流电转化为负载需要的交流电。随着太阳能光伏产业的发展，控制器的功能越来越强大，有将传统的控制部分、逆变器以及监测系统集成的趋势，如 AES 公司的 SPP 和 SMD 系列的控制器就集成了上述三种功能逆变器。

　　（2）太阳能光伏发电系统的原理及分类

　　太阳能光伏供电系统的基本工作原理就是在太阳光的照射下，将太阳能电池组件产生的电能通过控制器的控制给蓄电池充电或者在满足负载需求的情况下直接给负载供电。如果日照不足或者在夜间则由蓄电池在控制器的控制下给直流负载供电，对于含有交流负载的光伏发电系统而言，还需要增加逆变器将直流电转换成交流电。

　　光伏发电系统的应用具有多种形式，但是其基本原理大同小异。对于其他类型的光伏发电系统只是在控制机理和系统部件上根据实际的需要而有所不同，下面将对不同类型的光伏发电系统进行详细介绍。一般将光伏发电系统可分为两类，独立光伏发电系统和并网光伏发电系统。

　　① 独立光伏发电系统。独立光伏发电系统（如图 3-33 所示）由光伏组件方阵、控制器、蓄电池组、逆变器等组成。其工作原理为：光伏电池将接收到的太阳辐射能量直接转换成电能，供给直流负载或通过逆变器变换为交流电供给交流负载，并将多余能量经过控制器后以化学能形式储存在蓄电池中，在日照不足时，

图 3-33　独立光伏发电系统

储存在蓄电池中的能量经变换后供给负载。在人口分散及现有电网不能完全到达的偏远地区，光伏发电系统具有就地取材、受地域影响小、不需要远距离输电和可大大节约成本等优点。光伏独立发电系统主要解决偏远的无电地区和特殊领域的供电问题，且以户用及村庄用的中小系统居多。随着电力电子及控制技术的发展，光伏独立发电系统从早期单一的直流供电输出发展到现在的交、直流并存输出。

② 并网光伏发电系统。并网光伏发电系统最大的特点就是太阳能电池组件产生的直流电经过并网逆变器转换成符合市电电网要求的交流电之后，直接接入公共电网，而并网系统中光伏方阵所产生的电力除了供给交流负载外，多余的电力反馈给电网。在阴雨天或夜晚，太阳电池组件没有产生电能或者产生的电能不能满足负载需求时就由电网供电。因为直接将电能输入电网，免除配置蓄电池，省掉了蓄电池储能和释放的过程，可以充分利用光伏方阵所发的电力，从而减小能量的损耗并降低了系统成本，提高了系统运行和供电稳定性。同时，光伏并网系统的电能转换效率要大大高于独立系统，它是当今世界太阳能光伏发电技术最为合理的发展方向。这种系统通常能够并行使用市电和太阳能电池组件阵列作为本地交流负载的电源，降低了整个系统的负载缺电率，而且并网光伏系统可以对公用电网起到调峰作用。但并网光伏供电系统需要专用的并网逆变器，以保证输出的电力满足电网电力对电压、频率等电性能指标的要求，但因为逆变器效率问题，还是会有部分的能量损失。此外，作为一种分散式发电系统，对传统的集中供电系统的电网会产生一些不良影响，如谐波污染，孤岛效应等。图 3-34 为典型的并网光伏发电系统示意。

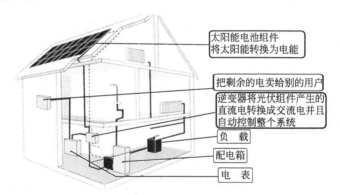

图 3-34 典型的并网光伏发电系统示意

3.5.2 光伏建筑一体化

光伏建筑一体化即 BIPV（Building Integrated PV，PV 即 Photovoltaic）。光伏建筑一体化技术是将太阳能发电产品集成到建筑上的新兴技术，在世界各地都能看到这种时尚、高雅并与环保节能相结合的应用典范。光伏建筑一体化，是应用太阳能发电的一种新概念，简单地讲就是将太阳能光伏发电方阵安装在建筑的结构外表面来提供电力，如光电瓦屋顶、光电幕墙和光电采光顶等。根据光伏方阵与建筑结合的方式不同，光伏建筑一体化可分为两大类：一类是光伏方阵与建筑的结合；另一类是光伏方阵与建筑的集成。在这两种方式中，光伏方阵与建筑的结合是一种常用形式，特别是与建筑屋面的结合。由于光伏方阵与建筑的结合不占用额外的地面空间，成为光伏发电系统在城市中广泛应用的最佳安装方式，因而深受关注。光伏方阵与建筑的集成是 BIPV 的一种高级形式，它对光伏组件的要求较高。光伏组件不仅要满足光伏发电的功能要求，同时还要兼顾建筑的基本功能要求。BIPV 的应用目前得到国家及众多企业的大力支持，"十二五"期间，将要创建 2000 家节约型公共机构示范单位。除了公共机构外，商业机构及其建筑体系由于用电量较大，参与节能的意愿也相当高，而且具有资金优势，也会成为 BIPV 未来应用与发展的重要组成部分。图 3-35 为北京南站光伏建筑一体化的实例。

图 3-35　北京南站 BIPV 光伏系统

3.5.2.1　各类太阳能电池在 BIPV 中的应用

（1）晶体硅太阳能电池在 BIPV 中的应用

晶体硅太阳能电池由于其自身的技术特点一般只适用于屋顶安装，具有如下缺点。

① 弱光性能较差。

② 高温性能较差。当工作温度为 25℃时，晶体硅太阳能电池与非晶硅薄膜电池二者均无功率损失，但随着工作温度的不断上升，晶体硅的实际输出功率会出现大幅度下降，下降幅度约为非晶硅的 3 倍。

③ 不容易被建筑师所接受和受到青睐。

④ 具有"热斑效应"。对于晶体硅太阳电池，小遮挡即可引起大功率损失；而阴影遮挡对于薄膜电池的影响要小得多。

⑤ 光的入光角度对其发电性能影响较大。光照入射角包括方位角和倾角，其中方位角是组件的垂直面与南北方向连线的夹角（向东偏设定为负角度，向西设定为正角度）。如图 3-36 所示，随着方位角的改变，单晶硅和多晶硅的转换效率改变之差高达 5%。随着倾角的改变，单晶硅和多晶硅的转换效率之差也达到 2.5%。所以，晶体硅太阳能电池不适合安装成倾角改变较大的立面形式。

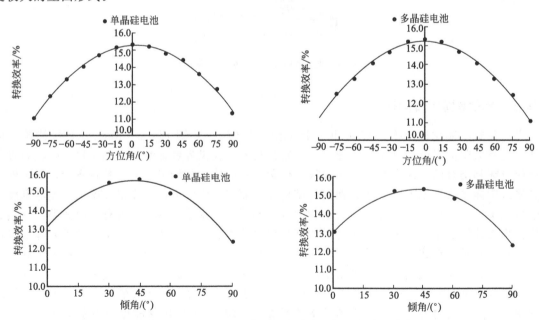

图 3-36　单晶硅和多晶硅太阳能电池方位角、倾角与转换效率的关系

（2）非晶硅太阳能电池在 BIPV 中的应用

非晶硅薄膜太阳能电池在 BIPV 中的应用具有以下众多优点。

① 适用于 BIPV 应用。　可以制作不同透光度及多种颜色的组件。

② 弱光发电性能好。　激活所需能量低，多层 PN 节结构使其光谱吸收范围变宽。

③ 发电过程可靠。　发电过程比较平稳，温度变化对其影响很小。

④ 易于加工成各种板块，具有良好的保温隔热性能。

⑤ 与相同功率晶体硅太阳能电池比较，具有更大的发电量。

⑥ 可以做成柔性组件，应用范围更广。

⑦ 光的入光角度对其发电性能影响较小。随着方位角的改变，非晶硅的转换效率之差仅为 1%。如图 3-37 所示，随着倾角的改变，非晶硅的转换效率之差只有 0.5%。因此，非晶硅薄膜太阳能电池适合立面或屋顶的安装形式。

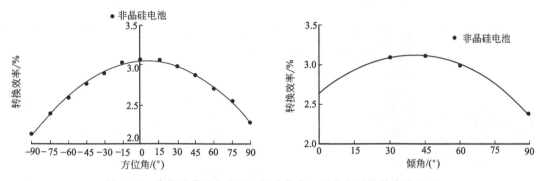

图 3-37　非晶硅薄膜太阳能电池方位角、倾角与转换效率的关系

（3）铜铟镓硒、砷化镓薄膜太阳能电池在 BIPV 中的应用

对于铜铟镓硒薄膜太阳能电池来说，双层玻璃封装刚性的薄膜太阳能电池组件，可以根据需要制成不同的透光率，可以部分代替玻璃幕墙，而且其黑色外观高端大气，非常适合高档建筑及其他场所。而不锈钢和聚合物衬底的柔性薄膜太阳能电池也适用于建筑屋顶等需要造型的部分。因此，铜铟镓硒薄膜太阳能电池非常适合 BIPV 应用，但受限于铟等稀有元素，同时电池价格较高，因而较难大面积推广和应用。

砷化镓薄膜太阳能电池具有转换效率高的优势，但由于砷化镓过于昂贵，用于光伏建筑中成本太高。此外，砷化镓聚光太阳能电池的聚光追踪器支架复杂沉重，所以也不太适合 BIPV 应用。

3.5.2.2　太阳能光伏建筑一体化的优缺点

太阳能光伏建筑一体化具有如下优点。

① "绿色"能源。太阳能光伏建筑一体化产生的是"绿色"能源，是利用太阳能发电，不会污染环境。太阳能是最清洁的能源并且是免费的，开发利用过程中不会产生任何生态方面的副作用。它又是一种再生能源，取之不尽，用之不竭。

② 不占用土地。光伏阵列一般安装在闲置的屋顶或外墙上，无需额外占用土地，这对于土地昂贵的城市建筑尤其重要；夏天是用电高峰的季节，也正好是日照量最大、光伏系统发电量最多的时期，对电网可以起到调峰作用。

③ 太阳能光伏建筑一体技术采用并网光伏系统，不需要配备蓄电池，既节省投资，又不受蓄电池荷电状态的限制，可以充分利用光伏系统所发出的电力。

④ 起到建筑节能作用。光伏阵列吸收太阳能转化为电能，大大降低了室外综合温度，减少了墙体得热和室内空调冷负荷，所以也可以起到建筑节能的作用。因此，发展太阳能光伏建筑一体化，可以节能减排。

虽然太阳能光伏建筑一体化有高效、经济、环保等诸多优点，并已在大量示范工程上得以运用，但光伏建筑还未进入寻常百姓家，成片使用该技术的民宅社区并未出现。这是由于太阳能光伏建筑一体化存在有几大问题。

① 太阳能光伏建筑一体化建筑物造价较高。一体化设计建造的带有光伏发电系统的建筑物造价较高，在科研技术方面还有待提升。

② 太阳能发电的成本高。

③ 太阳能光伏发电不稳定，受天气影响大，有波动性。因此，如何解决太阳能光伏发电的波动性，如何储存电能也是亟待解决的问题。

3.5.3 太阳能路灯

在照明领域作为太阳能发电系统的主要应用模式，被认为是高效、节能、环保、健康的

图 3-38 太阳能路灯

"绿色"照明。太阳能路灯以太阳光为能源，白天在光照条件下，太阳能电池将所接受的光能转化为电能，经过充电电路对蓄电池充电，晚上太阳能电池停止工作，蓄电池给负载供电，如图 3-38 所示。

太阳能路灯系统无需复杂昂贵的管线铺设，可任意调整灯具的布局，安全节能，无污染，无需人工操作，工作稳定可靠，节省电费，免维护。太阳能路灯是采用晶体硅太阳能电池供电，由免维护阀控式密封蓄电池储存电能，以超高亮 LED 灯具作为光源并由智能化充放电控制器控制，用于代替传统公用电力照明的路灯。太阳能路灯可广泛应用于城市主、次干道和小区、工厂、旅游景点、停车场等场所。

目前，在欧洲、日本、美国等发达国家和地区正在普及太阳能路灯系统。我国太阳能路灯首先在沿海发达地区使用。2005 年上海崇明岛建设了风光互补道路照明工程。2006 年，北京市北村照明工程全部采用太阳能照明。在 2008 年奥运前，由于北京奥组委提出"绿色奥运"的口号，所以在北京奥运会场地及其相关会场中 90％使用太阳能照明等。此类太阳能路灯类工程在国内已有很多。近几年，在西藏，新疆，昆明等西部或者是偏西部地区，由于电能供应距离太远，损耗过大，现在越来越多地采用太阳能路灯这种绿色无污染、节能环保的照明方式来替代一些常规路灯的照明方式。

太阳能路灯是如今最为理想的道路照明灯具，随着人们生活水平的提高和科学研究的不断发展，它将被广泛地运用到各地区。除了太阳能路灯之外，常见的太阳能灯具还包括太阳能草坪灯、太阳能航标灯、太阳能交通警示灯等（见图 3-39～图 3-41）。

图 3-39 太阳能草坪灯   图 3-40 太阳能航标灯

图 3-41　太阳能交通警示灯

3.5.4　我国光伏发电应用实例

3.5.4.1　玉林市玉柴 30MWp 屋顶并网光伏发电工程的应用

（1）工程概况

① 自然条件。玉林市地处广西东南部，位于粤桂两省交界处，位于东经 109°32′~110°53′，北纬 21°38′~23°07′，辖区全部在北回归线以南，属典型的亚热带季风气候。玉林市光热充足，年平均总辐射量为 4841.5MJ/m² ；光照时间较长，年日照小时数为 1795h；气候温和，年平均温度 22℃。总体而言，工程所在地年太阳能资源较为丰富，适宜建设屋顶光伏电站。

② 建设规模。工程装机容量为 30MWp，安装建设在玉柴集团的 10 个厂区内的 38 个屋面上，具体容量分配情况如表 3-5 所示。部分屋顶光伏电站外观图如图 3-42 所示。

表 3-5　项目容量分配表

序号	厂区名称	组件总数/块	装机容量/kW	子屋面数/个
1	股份公司	31000	7440	8
2	玉柴动力	14500	3480	6
3	玉柴专卖	11044	2651	3
4	仓储物流	18532	4448	4
5	客服中心	1860	446	1
6	铸造中心	16456	3949	6
7	玉柴重工	13552	3252	5
8	玉柴曲轴	5720	1373	1
9	四方汽车	3040	730	2
10	达业公司	9300	2232	2
合计		125004	30001	38

（2）并网光伏电站设计方案

该并网光伏电站采用分块发电、就地集中并网方案，根据各厂区屋顶建筑面积大小和结构形式，将系统分成若干个大小不等的光伏并网发电单元，每个发电单元由 20~22 块电池板组件通过串、并联方式组成，每 8~16 个发电单元接入一个防雷汇流箱汇流，再接入直流配电柜后进入光伏并网逆变器，通过逆变器将直流电逆变成 50Hz、270V/315V/380V 的三相低压交流电，再通过变压器就地升压至 10kV，送至该厂区周边已建有的 110kV 自用变电站 10kV

图 3-42　玉柴某厂区屋顶光伏电站外观

侧。如果厂区周边无 110kV 自用变电站，则考虑直接接入该厂区配电系统 400V 低压侧。

① 太阳能资源。为了增加光伏阵列的输出能量，应尽可能地将更多的光伏组件排布在阳光条件较好的屋面和方向，同时也要充分考虑屋顶负荷，最大限度降低屋顶的承重。

② 阴影遮挡。阴影遮挡对电池组件发电量的影响非常明显，对电池组件的部分遮挡会导致发电量严重下降。遮挡可能来自相邻电池组件之间相互遮光，生产车间排出烟气的积灰，屋顶边缘或其他障碍物等建筑遮光。在设计时应充分考虑阴影遮挡的因素。

③ 屋顶防水。该工程电池组件全部铺设在生产厂区的屋顶，因此屋顶的防水处理成为施工中一项贯穿始终的重要内容。该工程通过在屋面铺贴防水卷材、批腻子等方式对屋顶采光带等部位进行专门防水处理。

④ 电缆长度。为减小线路的直流压降损失，降低屋面负荷，减小电缆尺寸以降低成本，从电池组件到汇流箱、汇流箱到逆变器、逆变器到并网交流配电柜的电力电缆应尽可能保持在最短距离。

（3）效益分析

① 经济效益。该工程是 2011 年度国家金太阳示范工程项目，总投资 3.65 亿元，中央财政补贴标准为每瓦 8 元，累计享受补贴 2.4 亿元，后期还可以申请项目专项减排资金，优惠政策明显，具有较好的经济效益。按照国家关于太阳能光伏发电的相关政策，电网企业将按照当地脱硫燃煤机组标杆上网电价，全额收购本工程富余上网电量。与常规能源发电比较，并网光伏发电系统的运行、维护费用很低，节约了运营成本。

② 环境效益。该工程 30 年年均发电量为 3110.66 万 kW·h，每年可节约标准煤 11198.38t，相应可减少 CO_2 排放量 29339.7t，减少 SO_2 排放量 95.19t，减少 NO_x 排放量 82.87t，减少粉尘排放量 2239.67t，减排效应明显，具有很好的环境效益。

③ 社会效益。30MWp 级屋顶并网光伏电站的建设，对于落实国家节能减排战略部署、推广清洁能源、缓解公共电网运行压力具有重要示范意义，同时可以有效激活广西光伏市场，形成发展太阳能光电产品的良好社会氛围。该工程也将成为玉柴集团"绿色发展，和谐共赢"核心理念的绿色注解，成为宣传节能减排、光电建筑的亮丽名片。

3.5.4.2　合肥大剧院 118kWp 光伏并网电站

（1）工程概况

合肥市是安徽省的省会，属阳光资源较好的城市，年平均阳光照射总量为 5000MJ/m^2 左右，年平均日照不少于 220 天。合肥大剧院位于合肥政务新区美丽的天鹅湖畔，环境优美，空气纯净，阳光照射条件极佳。合肥大剧院整体建筑呈椭圆形球体，规划总建筑面积达 57944m^2，局部地下二层，地上六层，其中地上约 45000m^2，地下约 10000m^2；建筑高度为

39.6m，建成后将成为天鹅湖自然景区的一颗闪亮明珠，如图 3-43 所示。

图 3-43　合肥大剧院光伏电站外观

（2）效益分析

① 经济效益。大剧院光伏并网电站采用完全并网控制方式发电，所发电能直接输入电网低压侧，其发电量远远高于独立电站。年发电量 12 万度以上。按使用寿命 30 年计，总共可发电 360 万度，电站直接投资 584.73 万元，直接费效比 1.624 元/（kW·h）。国家光伏上网电价补贴政策真正实施以后，太阳能光伏电站发出的电能将全部直接并网，合肥大剧院太阳能光伏并网电站总容量为 118.4kWp，年平均发电量 12 万度。与常规能源发电比较，并网光伏发电系统的运行、维护费用很低，节约了运营成本。

② 社会效益。合肥大剧院采用太阳能光伏电力提供应急照明和景观照明及其他部分日常工作的能源，具有显著的经济效益，同时对提高合肥市现代化建设水平，提高社会知名度，建设节约型社会具有重要而深远的社会意义。

3.5.4.3　安徽超群电力科技有限公司 1MW 光伏并网电站

安徽超群电力科技有限公司 1MW 光伏并网电站项目（如图 3-44 所示）建于 1#、2#、3#、4# 厂房屋顶，电站面积 10400m²，选用规格 185Wp 组件。1# 厂房安装组件 1700 块，经过 3 台 100kW 并网逆变器至电网，总功率 320.2kWp。2#、3# 厂房安装组件 3179 块，经过 6 台 100kW 并网逆变器至电网，总功率 620.16kWp。4# 厂房安装组件 561 块，经过 1 台 100kW 并网逆变器至电网，总功率 105.4kWp。1MW 光伏并网电站，预计年发电量 931544kW·h。

图 3-44　安徽超群电力科技有限公司 1MW 光伏并网电站外观

参 考 文 献

［1］ 吴其胜，戴振华，张霞等. 新能源材料. 上海：华东理工大学出版社，2012.

［2］ 于军胜，钟建，林慧等. 太阳能光伏器件技术. 成都：电子科技大学出版社，2011.

［3］ 王东，孔小波，张晓勇等. 太阳能光伏发电技术与系统集成. 北京：化学工业出版社，2011.

［4］ 冯飞，张蕾，李永杰等. 新能源技术与应用概论. 北京：化学工业出版社，2011.

［5］ 张天慧，朴玲钰，赵谡玲等. 有机太阳能电池材料研究新进展. 有机化学，2011，31（2）：260-272.

［6］ 徐征，肖陈好，赵谡玲等. 太阳能建筑中光伏电池的应用技术. 太阳能建筑.

［7］ 罗威. 浅谈玉柴30MWp屋顶并网光伏发电工程的应用. 建设论坛，2012，93（9）：93-96.

［8］ 成靓，蒋潇等. 全球光伏产业发展现状及趋势. 新材料产业，2013，10：60-65.

［9］ 翟秀静，刘奎仁，韩庆等. 新能源技术. 北京：化学工业出版社，2010.

［10］ 沈建国译. 可再生能源与环境. 北京：中国环境科学出版社，1985.

［11］ 朱继平，闫勇，罗派峰等. 无机材料合成与制备. 合肥：合肥工业大学出版社，2009.

［12］ 靳瑞敏. 太阳电池薄膜技术. 北京：化学工业出版社，2013.

［13］ 张正华，李陵岚，叶楚平等. 有机太阳电池与塑料太阳电池，北京：化学工业出版社，2006.

［14］ Wang Z，Cui Y，Hara K，et al. A High-light-Harvesting-Efficiency Coumarin Dye For Stable Dye-Sensitized Solar Cells. Ady Mater，2007，19(8)：1138-1142.

［15］ Aramoto T，Kumazawa S，Higuchi H，et al. 16.6% efficient thin film CdS/CdTe solar cells. Jpn. J. Appl. Phys，1997，36(10)：6304-6305.

［16］ K Kalyanasundaram，M Grätzel. Applications of functionalized transition metal complexes in photonic and optoelectronic devices［J］. Coord Chem Rev，1998，177：347-349.

［17］ Hong WJ，Xu YX，Lu GW，et al. Transparent graphere/PEDOT′PSS composite films as counter electrodes of dye-sensitized solar cells. Electrochemistry Commusications，2008，10(10)：1555-1558.

［18］ Shoji Furukawa，Hiroshi Iino，Tomohisa Iwanmoto，et al. Characteristicsof dye-sensitized solar cells using natural dye［J］. Thin Solid Films，2009，518（2）：526.

第**4**章

燃料电池材料

4.1 燃料电池概述 <<<

　　燃料电池(Fuel Cell)是一种将燃料和氧化剂中的化学能转化为电能的电化学装置。传统的电池(Battery)作为能量储存器，是将特定的活性物质储存在其中，当活性物质消耗完毕时，电池必须停止使用直到重新补充活性物质才能继续使用，而燃料电池本身不储存活性物质，仅仅作为催化转换元件，因此只要不断供给燃料和氧化剂就能持续发电。从工作方式来看，燃料电池接近于汽油发电机或柴油发电机。而燃料电池不经过热机过程，因此不受卡诺循环的限制，其能量转化效率高(40%～60%)。燃料电池最常用的燃料是氢气，产物主要为水，几乎不排放氮氧化合物和硫氧化合物，所以其对减少环境污染是十分有利的。燃料电池按照电化学原理工作，运行时噪声小。同时燃料电池具有可靠性强、用途广等优点，使其越来越受到关注和研究。

4.1.1 燃料电池工作原理

4.1.1.1 电池电动势与 Nernst 方程

　　燃料电池作为能量转化装置，其工作方式接近汽油或柴油发电机。然而较传统发电机相比，需要将化学能转化为热能，从而进一步变为机械能，最后转化为电能。燃料电池可以直接转化化学能为电能，这样大大地减少能量损耗，提高发电效率。

　　不同类型的燃料电池电极反应各有不同，但是都是由阴极、阳极、电解质这几个基本单元组成的且都遵循电化学原理，燃料气(氢气等)在阳极催化剂作用下发生氧化反应，生成阳离子给出自由电子。氧化物在阴极催化剂作用下发生还原反应，得到电子并产生阴离子，阳极的阳离子或阴极的阴离子通过能传导质子并电子绝缘的电解质传递到另一个电极上，生成反应产物，而自由电子由外电路导出为用电器提供电能。

　　对于一个氧化还原反应，如式 (4-1) 所示：

$$[O] + [R] \longrightarrow P \tag{4-1}$$

　　其中 $[O]$ 是氧化剂，$[R]$ 是还原剂，P 为反应产物；对于半反应则可写为式(4-2)和式(4-3)：

$$[R] \longrightarrow [R]^+ + e^- \tag{4-2}$$

$$[R]^+ + [O] + e^- \longrightarrow P \tag{4-3}$$

对于一个氧化还原反应，由化学热力学可知，该过程的可逆电功为：

$$\Delta G = -nFE = \Delta H - T\Delta S \tag{4-4}$$

式中，E 为电池电动势，ΔG 为反应的吉布斯（Gibbs）自由能变化；F 为法拉第常数（$F = 96493C$）；n 为反应转移的电子数，ΔH 是反应的焓变，ΔS 是反应的熵变，T 是反应温度，此式是电化学和热力学联系的桥梁。

以氢氧反应为例：

$$阳极： \quad H_2 \longrightarrow 2H^+ + 2e^- \tag{4-5}$$

$$阴极： \quad H^+ + \frac{1}{2}O_2 + 2e^- \longrightarrow H_2O \tag{4-6}$$

$$整体反应： \quad H_2 + \frac{1}{2}O_2 \longrightarrow H_2O \tag{4-7}$$

反应过程中转移的质子数为 2。如反应在室温（25℃），1 个标准大气压下，由表 4-1 可算出 Gibbs 自由能。若反应生成液态水，则反应 Gibbs 自由能变化为 $-273.2kJ$。若反应生成气态水，则为 $-228.6kJ$。根据式（4-4），电池的可逆电动势分别为 1.229V 和 1.190V。

表 4-1　在 25℃，1 个标准大气压下燃料电池反应的电化学热力学数据

项目	$\Delta H/(kJ/mol)$	$\Delta S/[kJ/(mol\cdot K)]$
H_2	0	0.13066
O_2	0	0.20517
液态水	-286.02	0.06996
水蒸气	-241.98	0.18884

由化学热力学可知，Gibbs 自由能 ΔG 是随温度改变的，如式（4-8）所示：

$$\left(\frac{\partial \Delta G}{\partial T}\right)_P = -\Delta S \tag{4-8}$$

代入方程式（4-4），可得：

$$\left(\frac{\partial F}{\partial T}\right)_P = \frac{\Delta S}{nF} \tag{4-9}$$

$\frac{\Delta S}{nF}$ 被称为电池电动势的温度系数。当 $T\Delta S > 0$ 时，电池在等压可逆工作时为吸热反应，电池电动势随温度升高而增加；当 $T\Delta S = 0$ 时，电池在等压可逆工作时为绝热反应，电池电动势不随温度变化；当 $T\Delta S < 0$ 时，电池在等压可逆工作时为放热反应，对于电池反应 $H_2 + \frac{1}{2}O_2 \longrightarrow H_2O$ 而言，电动势的温度系数小于 0，电池电动势随温度升高而降低。

由电化学热力学可知，当反应过程随温度变化时，并且反应物与产物在变化范围内均无相变，则有：

$$\Delta S = \int \frac{\Delta c_p}{T} dT \tag{4-10}$$

$$\Delta H = \int \Delta c_p dT \tag{4-11}$$

c_p 为反应的定压热容，其与温度 T 的函数关系式可写为：

$$c_p = a + bT + cT^2 \quad \text{或} \quad c_p = a + bT + cT^{-2} \tag{4-12}$$

从而可以求出任一温度下的电池电动势，热力学效率等参数。

对于任一化学反应

$$kA + lB \longrightarrow mC + nD \tag{4-13}$$

Gibbs 自由能可写为：

$$\Delta G = \Delta G_0 + RT\ln\left(\frac{a_C^m a_D^n}{a_A^k a_B^l}\right) \tag{4-14}$$

其中，ΔG_0 为标准 Gibbs 自由能变化，即反应各物质浓度或压力均为 1 时 Gibbs 自由能变化，a_A^k 表示 A 物质活度，其中上标为化学反应数。对于理想气体，其活度可以用该气体分压(P_i)除以标准压力（P，即 1 个大气压）表示：

$$a = \frac{P_i}{P} \tag{4-15}$$

对于氢氧燃料电池，将式（4-14）和式（4-15）代入式（4-4）中，可得：

$$E = E_0 + \frac{RT}{nF}\ln\left[\frac{a_{H_2} a_{O_2}^{0.5}}{a_{H_2O}}\right] \tag{4-16}$$

$$E = -\left(\frac{\Delta H}{nF} - \frac{T\Delta S}{nF}\right) + \frac{RT}{nF}\ln\left[\frac{P_{H_2}(P_{O_2})^{0.5}}{P_{H_2O}}\right] \tag{4-17}$$

式（4-17）即为反映电池电动势与反应物，产物活度或压力关系的 Nernst 方程。式中 E_0 称为电池标准电动势，其仅是温度的函数，与反应物浓度，压力无关。各种燃料电池的 Nernst 方程式如表 4-2 所示。

表 4-2　各种燃料电池的电化学反应式的 Nernst 方程式

燃料电池反应式	Nernst 反应式
$H_2 + \frac{1}{2}O_2 \longrightarrow H_2O$	$E = E_0 + \dfrac{RT}{2F}\ln\left[\dfrac{P_{H_2} P_{O_2}^{0.5}}{P_{H_2O}}\right]$
$CO + \frac{1}{2}O_2 \longrightarrow CO_2$	$E = E_0 + \dfrac{RT}{2F}\ln\left[\dfrac{P_{CO} P_{O_2}^{0.5}}{P_{CO_2}}\right]$
$CH_4 + 2O_2 \longrightarrow 2H_2O + CO_2$	$E = E_0 + \dfrac{RT}{8F}\ln\left[\dfrac{P_{CH_4} P_{O_2}^2}{P_{H_2O}^2 P_{CO_2}}\right]$

4.1.1.2　燃料电池动力学

燃料电池输出电量的定量关系服从法拉第定律，即燃料和氧化剂在电池内的消耗量 Δm 与电池输出的电量 Q 成正比，即：

$$\Delta m = k \cdot Q = k \cdot I \cdot t \tag{4-18}$$

式中，I 是电流强度，t 是时间，k 为比例系数，表示产生单位电量所需的化学物质量，称为电化当量。

燃料电池的电池反应遵循化学动力学的定律，其电化学反应速率 v 定义为单位时间内物质的转化量：

$$v = \frac{d(\Delta m)}{dt} = k\frac{do}{dt} = k \cdot I \tag{4-19}$$

电流强度 I 可用来代表电化学反应速率。电化学反应速率与电极与电解质的界面面积有关，所以通常考察单位面积上的电化学反应速率 $i=I/$界面面积，称为电流密度。

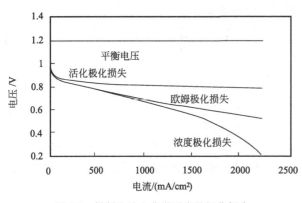

图 4-1 燃料电池电化学反应的极化损失

燃料电池的开路电压为电流为零时的电压，处于平衡状态，其电压等于平衡电压即能斯特电压。当电流通过燃料电池时，电极上会发生一系列物理与化学变化过程。例如，气体扩散、吸附、溶解、脱离、析出等，而每一个过程都存在阻力。为使电极上的反应持续不断进行，必须消耗自身能量去克服这些阻力。因此，电极电位就会出现偏离可逆电位的现象，这种现象被称为极化。

燃料气体和氧化剂在燃料电池的反应过程可以归纳为：反应气体移动至催化剂表面；反应气体在催化剂表面进行电化学反应；离子在电解质中迁移；反应产物从电极表面离开。在这四个步骤中，任一过程受到阻碍都将影响电极反应速率。

如图 4-1 所示，根据极化产生的原因，整个极化曲线可以分为二段。第一段主要由于电极表面刚启动电化学反应时，呈现速率迟钝的现象，通常为燃料未及时被催化。活化极化与电化学反应速率相关，因此又被称为电化学极化，影响这个阶段电压下降的主要原因是来自催化剂吸附与脱附动力学。第二段欧姆电阻主要来自离子在电解质内传递以及电子在电极移动时的电阻。影响此时电池性能的关键因素为燃料电池的内电阻，包括电解质膜的离子交换电阻及电极与电解质的接触电阻等。当燃料电池处于高电流状态时，燃料气体与氧化剂须及时移动至催化剂表面，一旦来不及供应，电极表面无法维持适当反应浓度时，就会发生浓差极化。因此，燃料电池的输出电压为 $V=E_{开路电压}-\eta_{活化过电位}-\eta_{欧姆过电位}-\eta_{浓差过电位}$。

电化学反应遵循化学反应动力学，现考虑单一物体反应如(4-20)所示。

$$A \underset{k_b}{\overset{k_f}{\rightleftharpoons}} B \tag{4-20}$$

则反应速率可表示为：

$$v_f = k_f C_A \qquad 或 \qquad v_b = k_b C_B$$

$$v_{net} = v_f - v_b = k_f C_A - k_b C_B \tag{4-21}$$

其中，v_f 和 v_b 分别是正向和逆向反应速率，k_f 和 k_b 是反应常数，C_A 和 C_B 分别代表物质 A 和 B 的浓度。

根据阿仑尼乌斯方程，反应速率 k 可表达为：

$$k = A e^{-E_a/RT} \tag{4-22}$$

其中，E_a 是反应的活化能，A 为频率因子，T 为温度。

当电池电动势变化 ΔE 变化到一个新值 E，则吉布斯自由能 ΔG^* 达到一个新的自由能 $\Delta G=-F\Delta E=-F(E-E_r)$，假设为单电子反应。因此，燃料电池中还原反应和氧化反应的吉布斯自由能变化可以表示为：

$$还原反应：\Delta G = \Delta G^* + \alpha_a F \Delta E$$

$$氧化反应：\Delta G = \Delta G^* - \alpha_c F \Delta E \tag{4-23}$$

其中，α_a 和 α_c 分别是还原反应和氧化反应的传递常数，$\alpha_c=1-\alpha_a$，将式（4-23）代入式（4-22）中，则可以得到：

$$还原反应：k_f = k_{f,0} e^{-\alpha_a F \Delta E/RT}$$

$$氧化反应：k_b = k_{b,0} e^{-\alpha_c F \Delta E/RT} \tag{4-24}$$

当处于平衡反应时，则有：

$$i_0 = nFC_A k_{f,0} e^{-\alpha_a F \Delta E/RT} = nFC_B k_{b,0} e^{-\alpha_c F \Delta E/RT} \tag{4-25}$$

其中，i_0 为交换电流密度。考虑特殊条件下，反应物和产物浓度相同时 $C_A = C_B = C$，反应速率也相同时，$k_f = k_b = k$。则可以得到巴特勒-沃尔玛(Butler-Volmer)公式：

$$i = i_0 \left\{ exp\left[\frac{\alpha_a nF(E-E_r)}{RT}\right] - exp\left[-\frac{\alpha_c nF(E-E_r)}{RT}\right] \right\}$$

$$i_0 = nFkC \tag{4-26}$$

当电流密度较小时($i \ll i_0$)，正逆向电流密度比较接近，式(4-26)中 2 项都不可忽略，利用泰勒级数展开，并且忽略高次项，可得：

$$\eta = \frac{RT}{nF} \frac{i}{i_0} \tag{4-27}$$

当电极对外输出电流较大时($i \gg i_0$)，电极的极化过电位很小，则有 $e^{-\alpha_a F \Delta E/RT} \gg e^{-\alpha_c F \Delta E/RT}$，逆向反应电流的影响可以忽略，此时，巴特勒-沃尔玛公式可简写为：

$$\eta = E - E_r = \frac{RT}{\alpha_a F} \ln\left(\frac{i}{i_0}\right)$$

$$\eta = a + b\log i \tag{4-28}$$

其中，$a = -\dfrac{RT}{\alpha nF}\log i_0$，$b = \dfrac{RT}{\alpha nF}$，$b$ 即是塔菲尔斜率。塔菲尔在 1905 年经过一系列试验，从结果中归纳出电极表面过程与电流密度之间的经验公式存在与式(4-27)相同的关系，因此，这个公式也被称为塔菲尔方程式 (4-28)。通过对过电位和电流密度对数作图(图 4-2)，可以获得交换电流密度 i_0 和塔菲尔斜率 b 从而计算出传递常数 α。

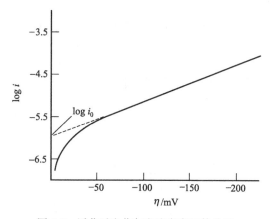

图 4-2　活化过电位与电流密度函数关系

4.1.1.3　燃料电池的效率

　　燃料电池作为能量转化装置，在转化过程中必然伴随能量损失，因此转化效率是考察燃料电池性能的一个重要指标。能量转化效率是指装置输出的能量和输入能量的百分比，即：

$$\eta = \frac{输出的可用能量}{输入的能量} \tag{4-29}$$

　　根据热力学第二定律，理想的热机效率是由热机工作所处的高温 T_H 和低温 T_C 之比决定的，所以工作温度越高，效率越高，这就是所谓的卡诺机效率。

$$\eta = 1 - \frac{T_C}{T_H} \tag{4-30}$$

燃料电池进行可逆电化学反应时，自由能可以完全转化为输出的电能，假设燃料电池与热机具有相同的效率，燃料电池不必像热机一样受到温度的限制。在此情况下，燃料电池具有不必在高温下就能够达到高效率的优势，也即是人们通常所说的燃料电池不受卡诺循环的限制。

$$\eta = \frac{\Delta G}{\Delta H} \tag{4-31}$$

对于燃料电池的氢氧反应，假设 Gibbs 自由能全部转化为电能，最终产物为液态水，即可得到最大转化率为：

$$\eta = \frac{\Delta G}{\Delta H} = \frac{237.34}{285.8} \times 100\% = 83\% \tag{4-32}$$

由于生成的产物是水，可以为液态水或者水蒸气，这两种状态下水的吉布斯自由能分别为 285.8kJ/mol 和 241.8kJ/mol。差别在于水的汽化潜热，被称为水的高热值（HHV）和水的低热值（LHV），所以计算热力学效率时要注明是 HHV，还是 LHV。

燃料电池只有在可逆状态下才能输出最大电功，即 ΔG。当燃料电池有负载时，电极过程不可逆，因此实际输出的电功低于理想输出的电功。其实际工作电压(V)低于理论开路电压(E)。将燃料电池实际输出的电功与可用能之比定义为电化学效率，也称电压效率，即：

$$\eta_e = \frac{-nEV}{\Delta G} = \frac{V}{E} \tag{4-33}$$

由式(4-33)可以看出，为提高燃料电池的实际效率，就是要提高燃料电池的工作电压，也就是减少极化和内阻、燃料利用率等带来的电压损失。对于纯氢气为燃料的燃料电池，发电效率为：

$$\eta_e = \begin{cases} V/1.48 & (\text{HHV}) \\ V/1.25 & (\text{LHV}) \end{cases} \tag{4-34}$$

4.1.2 燃料电池的分类

燃料电池的分类有很多种方法，有按电池工作温度的高低分类，有按燃料的种类分类，也有按电池的工作方式来分类。通常人们以电解质的不同将燃料电池分为五大类(见表4-3)。

表 4-3 燃料电池分类及基本特性

电解质类型		碱性燃料电池 (AFC)	质子交换膜燃料电池 (PEMFC)	磷酸燃料电池 (PAFC)	熔融碳酸盐燃料电池 (MCFC)	固态氧化物燃料电池 (SOFC)
燃料		纯氢	氢气、甲醇	氢气	氢气、天然气、煤气、沼气	氢气、天然气、煤气、沼气
氧化剂		纯氧	氧气、空气	氧气、空气	氧气、空气	氧气、空气
导电离子		氢氧根离子(OH^-)	氢离子(H^+)	氢离子(H^+)	碳酸根离子(CO_3^{2-})	氧离子(O^{2-})
反应方程式	阳极	$2H_2 + 4OH^- \longrightarrow$ $4H_2O + 4e^-$	$H_2 \longrightarrow 2H^+ + 2e^-$	$2H_2 \longrightarrow 4H^+ + 4e^-$	$H_2 + CO_3^{2-} \longrightarrow$ $CO_2 + H_2O + 2e^-$	$H_2 + O^{2-} \longrightarrow$ $2H_2O + 2e^-$
	阴极	$O_2 + 2H_2O + 4e^- \longrightarrow$ $4OH^-$	$O_2 + 4H^+ + 4e^- \longrightarrow$ $2H_2O$	$O_2 + 4H^+ + 4e^- \longrightarrow$ $2H_2O$	$O_2 + 2CO_2 + 4e^- \longrightarrow$ $2CO_3^{2-}$	$O_2 + 4e^- \longrightarrow 2O^{2-}$
	总反应	$2H_2 + O_2 \longrightarrow 2H_2O$	$2H_2 + O_2 \longrightarrow 2H_2O$	$2H_2 + O_2 \longrightarrow 2H_2O$	$2H_2 + O_2 + 2CO_2 \longrightarrow$ $2H_2O + 2CO_2$	$2H_2 + O_2 \longrightarrow 2H_2O$
优点		低污染、电效率高、维护需求低	低污染、低噪声、启动快	低污染、低噪声	能源效率高、低噪声	能源效率高、低噪声
缺点		燃料与氧化剂限制严格、寿命短、造价高	价格昂贵	价格昂贵、发电效率相对较低	启动时间长、电解液具腐蚀性	启动时间长、对材料要求严苛
应用		太空飞行器、车辆、军用设施	家用电源、汽车、便携式电源	热电发电厂	热电发电厂、复合电厂	家用电源、热电发电厂、复合电厂

碱性燃料电池（AFC）是最早得到实际应用的燃料电池。AFC 以氢氧化钾（KOH）作为电解质。较低温（<120℃）时使用 35％～50％的氢氧化钾溶液，高温（约 200℃）时，则使用 85％的氢氧化钾溶液。氢氧化钾溶液浸在石棉网或装载在双孔电极碱腔中，两侧分别压上多孔的阴极和阳极构成电池。其工作温度一般在 60～220℃。AFC 功率密度高，性能可靠，但是电解液容易与空气中的二氧化碳发生反应，从而堵塞电极的孔隙，所以其对燃料和氧化剂要求很高，必须用纯氢和纯氧。催化剂一般使用铂、金等贵金属或镍、钴等过渡金属，同时 KOH 的腐蚀性较强，电池寿命短。所以，AFC 主要用于军事或航天领域，而不太适合民用。

对于磷酸燃料电池（PAFC），在 20 世纪 70 年代，人们就选择稳定性好、酸性较弱、氧化性较弱的磷酸作为该类电池的电解质。为了降低水蒸气分压从而降低水管理的困难，电池中采用 100％的磷酸，而且室温下为固态，方便电极的制备和电堆的组装。同时，允许燃料气体和空气中的二氧化碳的存在。磷酸包含在用 PTFE 黏结成的 SiC 粉末的基质中作为电解质，基质厚度通常为 100～200μm。电解质的两边分别为附有催化剂的多孔石墨阴极和阳极。PAFC 的工作温度通常在 200℃ 左右，这样的温度下通常采用炭黑负载的铂作为催化剂。但燃料气体中一氧化碳浓度必须小于 0.5％（体积分数），否则会导致催化剂中毒。与其他燃料电池相比，磷酸燃料电池的制作成本低，发展较为成熟，目前已经实现商品化。但由于磷酸的腐蚀作用，使其寿命较低，用于电网发电的价格较高，还无法取得优势。

质子交换膜燃料电池（PEMFC）采用能够传导质子的固态高分子作为电解质。目前最通用的为全氟化磺酸膜，由于电解质为固体聚合物，所以避免了液态的操作复杂性，又可以使电解质的厚度很薄，从而提高传导效率和能量密度。电池中唯一的液体是水，所以腐蚀性问题很小。燃料气体和氧气通过双极板上的气体通道分别到达电池的阳极和阴极，通过膜电极组件（MEA）扩散到催化层上。氢气在阳极上被催化为氢质子和电子，氢质子通过质子交换膜传导到阴极，与氧分子和外电路传导过来的电子一起生成水分子，水分子从阴极排出。质子膜的湿润度对其质子传导性有很大影响，所以通常需要对反应气体加湿。而生成的水也为液态，所以水管理系统是影响 PEMFC 的重要因素之一，相关水管理系统和控温系统较为复杂。PEMFC 使用寿命长，运行可靠，但是其成本较高，可以用于移动电源、汽车动力等方面。可以通过提高电池工作温度至 160～200℃，以简化水管理和对一氧化碳的忍受力，提高转化效率，将是 PEMFC 未来发展的一个方向。直接醇类燃料电池是质子交换膜燃料电池的一种，其膜电极组件 MEA 与 PEMFC 基本一致，只是采用的燃料是液态甲醇或乙醇而不是气态的氢气。采用液态醇类作为燃料，可以解决氢气储存、运输等问题，直接醇燃料电池是理想的车载和便携式电源。由于其发展迅速且具有较大的商业潜力，现在很多时候已经将其归为单独的一类燃料电池。

熔融碳酸盐燃料电池（MCFC）使用碱性碳酸盐作为电解质，其工作温度为 600～800℃，此温度下碳酸盐为熔融状态具有良好的离子传导性，且由于高温下化学反应活性较高，氢气和氧气的催化较容易，所以不需要贵金属作为催化剂。一般采用镍与氧化镍作为阳极和阴极的催化剂。MCFC 可以使用化石燃料，可以内重整，系统比较简单。一氧化碳、甲烷等对低温燃料电池有毒的气体都可以作为燃料。其转化效率比较高，反应过程中不需要水作为介质，所以避免了采用复杂的水管理系统。MCFC 可以作为分散型电站和集中型电厂的理想电源，但其激活时间较长，不适合作为备用电源。

固体氧化物燃料电池（SOFC）使用固态非多孔金属氧化物作为电解质，最常用的是氧化钇或氧化钙掺杂的氧化锆，这样的电解质在高温（800～1000℃）下具有氧离子导电性。因为掺杂的复合氧化物中形成了氧离子晶格空位，在电位差和浓度差的驱动下，氧离子可以在陶瓷材料中迁移。由于电介质是固体，所以避免了电解质蒸发和电池材料腐蚀的问题，电池寿命较长。但由于高温，其密封和材料的使用都存在一定问题，制约了 SOFC 的发展。SOFC 适合用于固定电源。通过采用新材料，将其工作温度降低到 400～600℃将是 SOFC 的发展重要方向。

4.1.3　燃料电池的系统组成

构成燃料电池的基本组件包括电解质(Electrolyte)、电极(Electrode)、双极板(Bipolar Plate)等。

4.1.3.1　电解质

电解质的功能是分隔氧化剂与还原剂并且同时传导离子。燃料电池的电解质需要满足：① 具有较高的离子电导率，有利于减少欧姆极化；② 稳定，在电池工作条件下不发生氧化或还原反应，不降解；③ 阴离子不对电催化剂产生强特殊吸附，防止覆盖电催化剂的活性中心，影响氧还原动力；④ 对反应试剂有高的溶解度；⑤ 对用 PTFE 等防水剂制备的多孔气体扩散电极，电解质不能浸润，以免降低、阻滞反应气在电极憎水孔的气相扩散传质过程。

燃料电池的电解质可以分为液态电解质与固态电解质两种。液态电解质是将电解液，例如氢氧化钾、磷酸等通过毛细力吸附在电解质载体的绝缘多孔隔膜(石棉膜、碳化硅等)上进行工作。电解质载体需要承受电池工作下的电解质腐蚀，以保持结构的稳定，同时必须是电子绝缘材料，防止电池内漏电短路。一般这种多孔隔膜孔径需要小于多孔电极的孔径，以确保膜孔内始终有电解质，阻止氧化剂与还原剂通过空孔穿透隔膜直接混合。隔膜越薄，欧姆阻抗越小，但也容易导致燃料和氧化剂的互窜，且无法浸入足够的电解质溶液，因此，也不宜太薄，一般是 $200\sim500\mu m$。隔膜两侧压力时常分布不均匀，所以造成一定的压力差，因此多孔膜内的最大孔径的穿透压一定要小于这一压力差。同时，隔膜的最大孔隙率要尽可能高，但一般为 $50\%\sim70\%$，以防孔隙率过高，造成最大孔隙率骤增。隔膜型燃料电池易于组装，而且内阻低，有利于提高电池质量比功率，但是一旦电解质被污染，难以更换，因此要求电池材料不能受到腐蚀，且所用气体的杂质不能污染电解质。同时，当电解质的流失不能充满隔膜中的大孔时，会影响电池性能，甚至导致电池报废。

固态电解质无需电解质载体而是直接将具有离子导电能力的电解质材料制成无孔薄膜。例如，PEMFC 所用的全氟化磺酸膜，以及 SOFC 所用的掺入三氧化二钇的氧化锆(YSZ)等。固态电解质薄膜能承受较大的气体压力差而且没有孔隙，大幅度地减少了气体透过的可能，因此这种膜可以做得很薄，进而大幅度降低电解质隔膜的欧姆阻抗。例如，质子交换膜已经可以做到 $10\sim20\mu m$，而电池的输出功率密度达到 $1W/cm^2$ 以上。

4.1.3.2　电极与电催化

电极是燃料氧化和氧化还原的电化学反应发生的场所，可分为阴极(Cathode)和阳极(Anode)两部分。由于燃料电池通常以气体作为燃料和氧化剂，而气体在电解质溶液中的溶解度很低，所以为了提高燃料电池的实际工作电流密度，减少极化，必须增加反应电极的表面积，同时尽可能减少液相传质的边界层厚度。因此，开发出了比表面积比平板电极提高 $3\sim5$ 个数量级的多孔气体扩散电极。此外，其边界层的厚度也从平板电极的 $100\mu m$ 压缩到 $1\sim10\mu m$，从而大幅度提高了电极的极限电流密度，减少了浓差极化。这个结构的产生也是促进燃料电池从理论研究阶段进入实际应用的关键因素之一。

现以氢氧燃料电池中氧的电化学还原反应为例，来说明气体多孔扩散电极应具备的功能：

$$O_2+4H^+ + 4e^- \longrightarrow 2H_2O \tag{4-35}$$

电极反应在电催化剂处连续稳定地进行，电子必须由电子传导通道传递到反应点，通常由导电的电催化剂实现。燃料和氧化剂需要迁移扩散的反应点，也需要气体扩散通道，由未被堵塞的孔道充当。电极反应中产生的离子也需要传导的通道，由电解质作为传导介质。对于低温电池(低于100℃)，还需要有液态水迅速离开电极的通道，主要由亲水的催化剂中被电解液填充的孔道完成。因此，电极的性能不仅依赖于电催化剂的活性，还与电极内各组分的配比、电极的孔分布及孔隙率、电极的导电特性等有关。因此，性能优良的多孔气体扩散电极应该具备以下几点特性：

① 高的比表面积；

② 高的极限扩散电流密度；

③ 高的交换电流密度，采用高活性的电催化剂；

④ 三相界面稳定，反应顺利进行；

⑤ 能够保持电解液和反应气的压力的相对平衡。

目前常用的气体扩散电极可以分为单层烧结型电极和多层结构的黏结型电极。单层烧结型电极通常是将进出催化剂与电解质的混合粉末以烧结的方式制作成多孔结构的气体扩散电极，例如 SOFC。多层黏结型电极是在高分散性催化剂内添加黏结剂，这种电极多在 PEMFC，PAFC 和 AFC 中使用。

电催化是电化学反应中加速电荷转移的一种催化作用，是电极与电解质界面上进行的非均相催化催化过程。其反应速率不仅由催化剂的活性决定，还与电双层内电场及电解质溶液的本性有关。由于双电层内的电场强度很高，对参加电化学反应的分子或离子有明显的活化作用，使反应所需的活化能大幅度下降。所以，大部分电催化反应均可在远比通常化学反应低得多的温度下进行。同时，电化学反应要在适宜的电解质溶液中进行，所以电极过程中的溶剂与电解质特性密切相关。采用适当的电催化作用可以降低电极反应的活化能，提高电化学反应速率，从而提高燃料电池的能量转化效率。电催化剂具有加速反应速率的功能，它可以改变反应途径，降低反应的活化能，所以燃料电池的电催化剂需要满足下述要求：

① 对催化的电化学过程具有高的催化活性；

② 是电的良导体，或能负载在电的良导体上，如活性炭等；

③ 能在电池正常工作条件下，耐受电解质以及与氧化剂、燃料的腐蚀；

④ 不能与电解质的隔膜材料发生化学反应，特别是在高温下。

常用的电催化剂有贵金属催化剂，如铂、钌、钯、金、银等，由于其良好的催化活性、导电性和抗腐蚀能力，适用于低温燃料电池，并且已经成功应用于商业化的燃料电池产品中。但是由于贵金属高昂的价格，所以在保证相同的催化性能条件下，减少其用量仍然是研究的重点方向。贵金属或过渡金属合金电催化剂能够有效地结合各类合金金属的优点，并且在一定程度上减少一氧化碳中毒或有毒杂质的吸附，有利于保护催化活性较高的金属对反应进行催化。镍基催化剂可以用在碱性介质中作为氢的氧化电催化剂，镍的活性远低于铂，所以低温下的研究已经较少，但是在高温熔融碳酸盐燃料电池中，Ni-Cr、Ni-Al 等已经被广泛采用。钙钛矿型氧化物电催化剂（RMO_3，R 代表碱土金属，M 代表过渡金属）具有电子电导性和离子电导性，可以用于 SOFC 的电催化剂，至今，锶掺杂的亚锰酸镧（$La_{1-x}Sr_xMnO_3$，x 一般在 $0.1 \sim 0.3$ 之间）仍然是 SOFC 首选的氧还原电催化剂。碳化钨（WC）电催化剂，在酸、碱中均稳定，且具有类似铂的电子结构，因此也引起了广泛关注。过渡金属大环化合物电催化剂可催化氧对有机物的氧化，且在酸、碱中稳定，这促进了对它的研究以期望替代贵金属。

4.1.3.3 双极板

双极板是指起集流、分隔氧化剂与还原剂并引导氧化剂和还原剂在电池内电极表面流动的导电隔板。对其功能有以下要求：

① 双极板须具有阻气功能，能够有效地分隔氧化剂和还原剂，所以至少有一层不能使用多孔透气材料；

② 双极板具有激流作用，因此必须是电的良导体；

③ 双极板要能使电池在工作时热分布均匀并且废热能顺利排除，因此其必须是热的良导体；

④ 双极板必须在电池工作环境下具有抗腐蚀能力；

⑤ 双极板重量轻以提高电堆的比能量与比功率，并且强度高；

⑥ 双极板具有输送气体的功能，两侧应加入或置入使反应气体均匀分布的通道（流场），以确保反应气体均匀分布在整个电极。

双极板目前主要是无孔石墨板、复合碳板及表面改性的金属板等。无孔石墨材料具有良好的导电性及耐腐蚀性，但其制作工艺复杂，且不易加工，因此制作流场成本较高。此外，其厚度(3mm左右)也受到了限制，因此燃料电池的体积比功率无法提高。金属双极板较薄(0.1～0.5mm)，且采用冲压成形等方法加工孔道和流场能够有效降低成本。但金属的腐蚀问题必须通过表面改性等技术加以克服。复合碳板是将高分子树脂和石墨粉混合搅拌而成的复合材料，再经压模压铸成型，因此可以直接将流场形状制作在模具上，省去了刻画流场的程序而降低了双极板制作的成本与时间，适合大量生产。但由于不导电的聚合物加入，其电阻较大，且机械强度仍有待加强。表 4-4 所示为各种燃料电池所使用的双极板材料。

表 4-4　燃料电池双极板使用材料

种类	AFC	PAFC	PEMFC	MCFC	SOFC
双极板材料	无孔石墨板 镍板	复合碳板 不锈钢板	无孔石墨板 复合碳板 金属板	不锈钢板 镍基合金板	镍铬合金

流场的基本功能是引导反应剂在燃料电池气室内流动，确保电池各处获得充足的反应剂供应。流场是由各种团的沟槽与脊构成，脊与电极接触起集流作用。流场设计也影响到杂质气体和水的排放。至今已经开发了点状、网状、多孔体、蛇形等多种流场。

4.1.3.4　电池组的总体设计

目前绝大多数燃料电池电池组依照压滤机方式设计和组装，因此首先可以通过所需输出功率密度和选用的单个燃料电池的功率密度计算得出电池组的对数与电极工作面积。同时，必须考虑反应气体在电池堆的各节单电池间的分配问题，为使之达到最佳分布状态，其各单电池双极板流场结构必须一致。其次，单电池之间的气体共用通道面积必须在流场阻力和电池面积利用率之间取得平衡。电池堆的设计与加工后，必须经过严格的组装程序完成电池堆的组装。对共用管道、燃料室、氧化剂周边都要进行密封，确保阴极与阳极两侧的反应气体不会外漏和互窜。一般低温燃料电池堆采用橡胶环或聚四氟乙烯垫片进行密封，高温燃料电池则需要特殊的密封材料，如玻璃陶瓷复合材料等。

燃料电池需不断地向其输入燃料气体和氧化剂，并且排出等量的反应产物，如氢氧燃料电池中生成的水和热，因此燃料电池的系统应该包括以下五个分系统。

① 电池组。这是整个燃料电池的核心，承担了将化学能转化为热能的任务。

② 燃料与氧化剂供给的分系统。

③ 电池组水、热管理分系统。

④ 输出电能的调整分系统，包括直流电压的稳定、过载保护和直流变交流的逆变分系统。

⑤ 自动控制系统。对上述各分系统的关键控制参数进行检测、调整和控制，以确保电池系统稳定可靠地运行。

4.1.4　燃料电池技术的发展与应用

燃料电池之所以受到广泛关注，是因其具有其他能量发生装置不可比拟的优越性，主要表现在效率、安全性、可靠性、清洁度、良好的操作性能、灵活性以及未来发展潜力等方面。

1839 年，英国科学家格罗夫(W. R. Grove)报道了第一个燃料电池装置。他将两根镀有铂黑的铂丝分别置于充满氢气和氧气的两根试管中，并浸在硫酸溶液中，气体、铂丝电极和溶液相互接触，获得了输出电压。这是公认的全世界第一个燃料电池装置。1889 年，蒙德(L. Mond)和朗格尔(C. langer)首次提出了燃料电池这一概念。1932 年，培根(F. T. Bacon)在前人的研究基础上，采用镍网代替铂并且用氢氧化钾代替硫酸作为电解质制作出培根电池(实际上是第一个碱性燃料电池)。1965 年，在著名的阿波罗登月计划中，太空船上安装了由普拉特-惠特尼公司开发的碱性燃料电池，为飞船提供动力以及为宇航员提供饮用水，这是燃料电池的首次实际应用。我国在 20 世纪 60 年代末也进行了碱性燃料电池研究，并且成功开发出了石棉模型的 AFC。

20 世纪 70 年代中期，燃料电池发展有了新的方向，碱性燃料电池逐步被磷酸燃料电池(PAFC)取代。磷酸燃料电池利用天然气重整气体为燃料，空气作为氧化剂，浸有磷酸的 SiC 微孔膜为电解质，Pt/C 为催化剂，能够提供的功率达到兆瓦级。至今已经有近百台 200kW 的 PAFC 电站在世界各地运行。

20 世纪 60 年代初，美国通用电气公司研制出以离子交换膜为电解质隔膜的质子交换膜燃料电池，并于 1962 年将这种电池作为主电源应用在双子座(Gemini)的飞船上。1972 年，杜邦公司成功开发了含氟的磺酸型质子交换膜，大幅提升了燃料电池的使用寿命。通用电气公司采用这种膜组装的质子交换膜燃料电池，其运行寿命超过了 57000h。巴拉德公司在 1993 年推出了全世界首辆质子交换膜燃料电池电动汽车。目前 PEMFC 的膜燃料电池组的质量比功率已经超过 1kW/kg，成为电动车和潜艇的最佳动力源，而且无污染。

由于在电能和热能方面的高效率，20 世纪 80 年代的熔融碳酸盐燃料电池(MCFC)得到了快速发展。20 世纪 90 年代，2MW 的 MCFC 电厂在美国加利福尼亚开始供电；同时，日本三菱重工开发成功的连续运行 1kW 的 MCFC 达到 1 万小时。目前全世界有多家公司从事熔融碳酸盐燃料电池的研究并且开始安装兆瓦级 MCFC 的电站。

固体氧化物(SOFC)燃料电池其工作温度高达 800～1000℃。美国于 20 世纪 80 年代开始研究管形固体氧化物燃料电池，1992 年在日本和美国分别试验了两台 25kW 的 SOFC。西门子公司设计的 200kW 的 SOFC/燃气混合系统已经连续运行超过 3000h，电效率达到 52％。德国重点发展平板式 SOFC，至今功率已经超过 10kW 并居世界领先地位。我国自 20 世纪 90 年代中期开始研究 SOFC。

目前已有五类燃料电池处于各自不同的发展阶段。AFC 作为较成熟的技术，主要应用在航空领域，但将其应用于陆地上的尝试一直没有间断。PAFC 的 50～250kW 电站已经进入商业阶段，试验电厂也成功达到 1.3～11MW，但 PAFC 需要简化系统以提高可靠性和降低成本。MCFC 和 SOFC 是优选的区域性供电电站。MCFC 的目标是与煤制气技术联合，建立大型电厂。SOFC 适合建立大型工业热电站，但 SOFC 受材料和制备技术的制约，还需要大量技术基础研究。PEMFC 在 90 年代发展很快，因其具有高效、环境友好等突出优点。作为便携式电源和机动车电源已成为目前燃料电池研发的重要方向，但其成本还较高，暂时无法与传统汽车竞争。

21 世纪的今天，燃料电池作为固定和便携式电源已经得到越来越多的应用。医院、学校、商场等已经安装了燃料电池进行并联供电，多家汽车制造商正在开发燃料电池汽车，作为便携式电源的产品已经越来越多地出现在日常生活中。燃料电池有望成为未来的主流能源。

4.2　质子交换膜型燃料电池材料 ◂◂◂

质子交换膜型燃料电池(Ptoton Exchange Membrane Fuel Cell)又被称为高分子电解质膜燃料电池(Polymer Electrolyte Membrane Fuel Cell)，以全氟磺酸型固体聚合物为电解质，铂/炭或铂-钌/炭为电催化剂，以氢或净化重整气为燃料，空气或纯氧为氧化剂，带有气体流动通道的石墨或表面改性的金属板作为双极板。PEMFC 工作原理如图 4-3 所示，阳极催化层中的氢气在催化剂作用下发生电极反应。

$$H_2 \longrightarrow 2H^+ + 2e^- \tag{4-36}$$

氢离子经质子交换膜到达阴极，而反应产生的电子经外电路到达阴极。

$$H^+ + \frac{1}{2}O_2 + 2e^- \longrightarrow H_2O \tag{4-37}$$

氧气与氢离子及电子在阴极发生反应生成水，生成的水通过电极并随反应尾气排出。

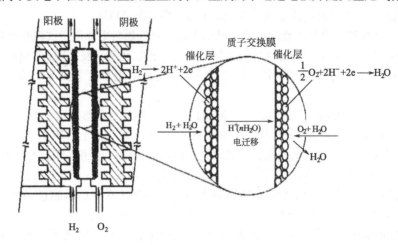

图 4-3　PEMFC 工作原理

PEMFC 除了具有燃料电池的一般特点（能量转化率高，对环境友好等）之外，还具有室温快速启动（<100℃，一旦通入气体反应立刻进行）、电解质无腐蚀、无电解液流失，电池制造简单、电池寿命长（连续工作时间已经超过 1 万小时）、比功率高（已达数瓦每平方厘米）等特点。因此，PEMFC 不仅适用于固定发电站，也适宜用于可移动电源，是电动车、潜艇等的理想候选电源之一。PEMFC 的价格是制约其发展的主要因素。根据美国交通部提出的质子膜燃料电池 2010 年需要达到的目标是移动燃料电池汽车需要运行 5000h 或 240000km 以上，其成本大约在每千瓦 3 万美元，作为固定电源的 PEMFC 要能连续工作 4 万小时以上，其每千瓦成本控制在 400～700 美元，有望达到商业化要求。

4.2.1　电催化剂

PEMFC 在低温下（<100℃）工作，所以其阴极和阳极半反应均需借助催化剂以降低反应活化能实现电催化反应。早期 PEMFC 曾采用镍、钯等金属作为催化剂，目前普遍采用铂作为电催化剂。为提高铂的利用率和减少铂用量，铂都以纳米颗粒形式分散在导电载体上，现在主要使用的是乙炔炭黑。阳极氢气在铂表面上的电催化氧化反应的途径主要是吸附、离解与脱离三个步骤：

$$2H^+ + Pt \longrightarrow Pt—H_2$$

$$Pt—H_2 + Pt \longrightarrow Pt—H + Pt—H$$

$$Pt—H + H_2O \longrightarrow Pt—H_3^+O + e^- \tag{4-38}$$

氧气在阴极的反应较为复杂，主要是氧气直接获得 4 个电子直接还原成水。

$$Pt + O_2 + H^+ + e^- \longrightarrow Pt—OOH$$

$$Pt—OOH + H^+ + e^- \longrightarrow Pt—O + H_2O$$

$$Pt—O + H^+ + e^- \longrightarrow Pt—OH$$

$$Pt—OH + H^+ + e^- \longrightarrow Pt—H_2O \tag{4-39}$$

但氧气也可能先获得两个电子还原后成为过氧化氢（H_2O_2），然后再进一步还原成水：

$$Pt + O_2 + 2H^+ + 2e^- \longrightarrow Pt—HOOH$$

$$Pt—HOOH + 2H^+ + 2e^- \longrightarrow Pt—2H_2O \tag{4-40}$$

当 H_2O_2 产生时，电池电势会下降，活性物质利用率降低，所以避免 H_2O_2 是提高催化性能的关键。

  将铂分散到载体上，主要有化学和物理两种方法。目前广泛应用的主要是化学法，用化学法制备 Pt/C 电极主要用的原料是氯铂酸。制备方法主要有两种：一种是先将氯铂酸转化为铂的络合物，再由络合物制备高分散的 Pt/C 催化剂；另外一种则直接从氯铂酸出发，制备 Pt/C 的催化剂。为了提高催化剂的活性和稳定性，有时也会加入少量过渡金属，制成合金型催化剂。为了提高催化剂在低温 PEMFC 中使用时抗 CO 中毒的性能，多采用 PtRu/C 作为催化剂。由 PEMFC 的催化反应机制可知，设计电催化剂时应尽可能提高催化剂与活性物质的接触概率，即尽量让电催化剂暴露在氢气或氧气中。电催化剂中金属原子数和总原子数的比值定义为暴露比，铂的晶体外形是一个规则的八面体，粒子越小则暴露比越大。但非负载型金属催化剂，即使分散很细，仍然只有很小的暴露比。为了提高金属催化剂的暴露比，可以使用微小、导电、抗腐蚀的微粒作为催化剂的载体，其中最普遍使用的为炭黑。载体的使用在提高了比表面积和电催化性能的同时，也降低了催化剂的用量，降低了成本。

  例如，化学方法中的胶体法制备 PtRu/C 时，首先在水溶液中以 $NaHSO_3$ 为还原剂还原 H_2PtCl_6，采用稀 $NaOH$ 溶液调节 pH 值为 5 左右，然后一边滴加 H_2O_2 溶液，一边用稀 $NaOH$ 溶液保持 pH 值稳定在 5 左右，可以得到 Pt 的胶体溶液，接着向溶液中滴加 $RuCl_3$ 溶液，就可以得到 Pt 和 Ru 的共胶体，再加入碳载体，Pt 和 Ru 同时负载到碳载体上，最后洗涤烘干，在 300℃的 H_2 气氛下还原就可以得到金属粒子尺寸为 3~4nm，比表面积为 $80m^2/g$ 左右的 PtRu/C 催化剂。化学还原法是将碳载体配成悬浮液，搅拌，加热至 80℃，再加入一定量 H_2PtCl_6 和 $RuCl_3$ 溶液，并煮沸 2h，再滴加过量的还原剂溶液进行还原继续煮沸 1h，室温下持续搅拌，过滤，洗涤，烘干制得 PtRu/C 催化剂。离子交换法是先将碳载体加入到氨水溶液中（1mol/L），接着同时滴加 $Pt(NH_3)_4(OH)_2$ 和 $Ru(NH_3)_6(OH)_3$ 溶液，搅拌 15h，烘干，再用 H_2 在 200℃下还原 2h。其他化学方法还有如金属络合胶体法、Adams 法等。

  真空溅射法是制备 Pt 催化剂的物理方法，即以要溅射的金属（铂）为溅射源，作为阴极，被溅射物体（如电极炭纸）为阳极，在两极间加以高压，可将溅射源上 Pt 离子以纳米粒度溅射到炭纸上。此外，还有如高能球磨法等物理方法。

4.2.2 多孔气体扩散电极及其制备方法

  PEMFC 的电极均为气体扩散电极，一般由扩散层和催化层组成。催化层是电化学反应的场所，是化学反应的核心，扩散层的作用是支撑催化层，收集电流并为电化学反应提供电子通道、气体通道和排水通道。

  扩散层起支撑催化层的作用，因此扩散层与催化层的接触电阻要尽可能小。催化层的主要成分是 Pt/C，因此一般扩散层也选用碳材料制备。对于扩散层的强度则根据采用的流场的不同而具有一定的差异。扩散层需要的是电子的良导体，以减少电子传输阻力。由于 PEMFC 的工作电流密度高达 $1A/cm^2$，因此要忽略扩散层的电阻，其电阻应在每平方厘米毫欧姆的数量级。PEMFC 电极的扩散层一般采用石墨化炭纸或炭布，理论上扩散层越薄，其电阻损失越小，但考虑到催化层的支撑与强度要求，一般厚度在 100~300μm。扩散层应具备高孔隙率和适宜的孔分布，以实现透过反应气体和排出反应产物水的目的。因此，为了在扩散层中生成憎水的反应气体通道和亲水的液态水传递通道，需要对扩散层的炭纸用聚四氟乙烯（PTFE）乳液进行憎水处理。将炭纸或炭布多次浸入 PTFE 溶液中，以称重法确定 PTFE 的量，再将浸后的炭纸在 330~340℃以上的烘箱内进行热处理，除掉浸渍在炭纸中的 PTFE 含有的表面活性剂，同时使 PTFE 热烧结，并均匀分布在炭纸的纤维上，从而在扩散层中建立憎水通道。对于性能优异的扩散层，其决定因素是炭纸的原始孔分布和 PTFE 的平均粒子直径的分布。由于炭纸或炭布表面凹凸不平，对制备催化层有影响，因此需要进行整平的预处理。可用乙醇和水的混合物作为溶剂，将炭黑与 PTFE 配成质量份为 1：1 的溶液，经过超声振荡，混合均匀，再使其沉降。清除上部清液后，将沉降物涂抹到经过憎水处理的炭纸或炭布上，使其表面平整。

根据反应气体在电极内输送机制的不同，目前 PEMFC 的常用电极催化层分为疏水电极催化层和亲水电极催化层两种。疏水电极催化层的反应气体是在催化层中的疏水剂所形成的输水网络中传递，亲水电极中催化层的反应气体是先溶解在水或 Nafion® 电解质中，再进行传递扩散。

疏水催化层是将一定比例的 Pt/C 电催化剂、导体聚合物（如 Nafion®）和 PTFE 乳液在水和醇的混合溶剂中经过搅拌，超声振荡，使之混合均匀，然后采用涂布、喷涂、丝网印刷等方法，在扩散层上制备 $30\sim50\mu m$ 的催化层。在催化层内 Pt/C 催化剂构成的亲水网络为水的传递和电子传导提供了通道。PTFE 的加入是为了使催化层内形成一个憎水网络，使电化学反应生成的水不能进入这一网络，为反应气传质提供了通道。Nafion® 作为质子导体能够与 Pt/C 催化剂保持良好接触，构成质子传导的通道，减少电极与电解质之间的电阻。有研究表明，将 Nafion® 喷涂在制备好的催化层表面性能要好于将 Nafion® 直接与电催化剂和 PTFE 共混制备得到的电极。这三种组分在氧电极催化层中的最佳质量份为 Pt/C：PTFE：Nafion®＝54：23：23。

另外，在亲水催化层内不添加 PTFE，而是利用氧气在水或 Nafion® 树脂中溶剂的扩散传递。催化层厚度一般小于 $5\mu m$。其制备方法是将质量分数为 5％的 Nafion® 溶液与 Pt/C 电催化剂混合，Pt/C 质量份：Nafion® 质量份＝3：1。加入水和甘油的混合物，Pt/C：水：甘油（质量份）＝1：5：20，超声振荡混合均匀，使其成为墨水状。将此墨水分几次涂到清洗过的 PTFE 薄膜上，并在 130℃烘干，再将带有催化层的 PTFE 膜与质子交换膜热压，并剥离 PTFE 薄膜，催化层就转移到质子交换膜上。这种薄层的亲水催化层与膜的结合更加紧密，电极与电解质之间的接触电阻更小，能有效地防止膜和电极的分离。Pt/C 与 Nafion® 能够保持良好接触，有利于降低电极的 Pt 当量。当 PEFMC 的输出功率密度超过 $1W\cdot cm^{-2}$ 时，其 Pt 催化剂的使用当量在 $0.1mg\cdot cm^{-2}$ 左右，降低 Pt/C 催化剂的使用量并且保证其输出功率是实现 PEMFC 商业化的一个重要步骤。

4.2.3 质子交换膜

质子交换膜是 PEMFC 的关键部件，它直接影响电池的性能与寿命。因此，用于 PEMFC 的质子交换膜必须满足以下条件：

① 具有良好的质子电导率。质子膜主要承担质子传导的作用，良好的质子电导率有利于减少欧姆极化的影响，提高电池性能。为了满足使用需求通常膜电导率应达到 $0.1S\cdot cm^{-1}$ 的数量级；

② 膜具有良好的化学和电化学稳定性，不会在 PEMFC 运行过程中发生降解而使电池性能大幅度下降；

③ 膜应具备电子绝缘性，使得电子无法通过质子膜传导而只能由外电路导出；

④ 膜在干态或湿态下均应有低的气体渗透系数，以保证电池具有高的法拉第效率；

⑤ 具有一定的机械强度，适于承受膜电极组件的制备和电池运行过程中的气体背压等。

全氟型磺酸膜由碳氟主链和带有磺酸基团的醚支链构成，至今最成功的商业化全氟型磺酸膜仍是杜邦公司的 Nafion® 膜。Nafion® 膜的化学结构如图 4-4（a）所示，其中 $n=5\sim10$，$m=1$。

全氟磺酸膜可看成由结构稳定强韧的疏水性氟碳主链形成疏水相，部分氟碳链与醚支链构成中间相并与亲水的磺酸基团组成。当质子在膜内传导时，磺酸基团解离出的 H^+ 能与水形成水合质子，吸收了水的相邻的磺酸根之间能形成直径大小为 4nm 左右的离子簇，其间距约为 5nm，并由直径约为 1nm 的细管连接［如图 4-4（b）所示］。水合质子能够迅速在这样的通道中进行传递。当 H^+ 离开后，磺酸根会吸引附近的 H^+ 填补空位，继续形成水合质子传递。电位差所造成的离子迁移力促使膜内的 H^+ 只能从阳极向阴极移动。这个机制使得全氟磺酸膜具有良好的质子电导率，但其传导质子必须有水的存在。根据实验证实，相对湿度小于 35％时，膜电导率显著下降。当相对湿度低于 15％时，Nafion® 膜几乎成为质子绝缘体。

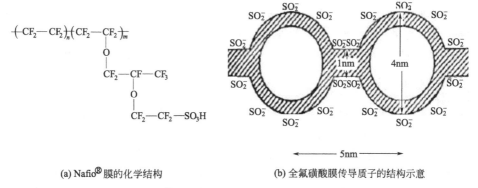

(a) Nafio®膜的化学结构　　　　　　(b) 全氟磺酸膜传导质子的结构示意

图 4-4　Nafion®膜的化学结构与全氟磺酸膜传导质子的结构

因此为了提高 Nafion® 膜的质子电导率,除了可以在其中添加具有质子传导能力的无机酸或盐,如杂多酸、磷酸氢锆、硫酸氢铯等,还可以添加具有吸湿性能的氧化物如 SiO_2 等。除了杜邦公司的 Nafion® 膜之外,美国 Dow Chemical 公司的 Dow 膜,日本的 Asahi Chemical 公司的 Aciplex-S® 膜,Asahi Glass 公司的 Flemion 膜等,都是以全氟磺酸为主要材料,结构上与 Nafion® 相似。尽管全氟磺酸膜基本满足了 PEMFC 对膜的要求,但是这种膜价格昂贵(每平方米 700 美元左右),对水含量的要求使得运行温度通常只能低于 100℃,并且需要水管理系统,以及在低温下由于对 CO 毒性的耐受性较差等问题,近些年来,对低成本的部分氟化或非氟新型质子交换膜引起了广泛研究,如部分氟化的苯乙烯经过磺化所得膜以及磺化后含有磺酸基团的聚砜、磺化聚醚醚酮、磺化聚苯并咪唑等。

碱性聚合物与无机酸的络合反应也是开发质子交换膜的有效方法。碱性聚合物是指带有碱性基团的如醚、醇、酰胺等可以和磷酸等形成氢键的聚合物。所用无机酸通常是可同时作为质子给予体和接受体的酸(如磷酸)。其中最具代表的是聚苯并咪唑(PBI)与磷酸掺杂的膜。在不同的酸掺杂量的情况下,质子在 PBI 内部传导的机理不同,质子从咪唑环上的一个 N-H 位置上直接传递到另外一个位置所贡献的质子电导率非常小,而质子传导主要依靠质子从咪唑环上的 N-H 位置跳跃到通过氢键连接的磷酸阴离子上,再从磷酸阴离子跳跃到咪唑环上,如图 4-5 所示。PBI 具有良好的化学稳定性和热稳定性,而与磷酸掺杂之后的 PBI 具有良好的质子传导性和较好的机械强度,因其质子传导不依赖于水而磷酸使用温度高于 100℃,因此磷酸掺杂的 PBI 复合膜可以应用在 100～200℃ 的温度下,能有效地解决电池对加湿系统的需求和 CO 对催化剂毒性的问题。

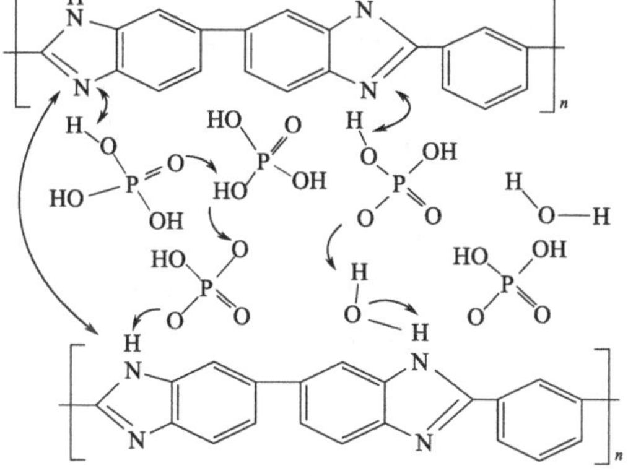

图 4-5　质子在磷酸掺杂的聚苯并咪唑中的传导机理

在 PEMFC 中,为了减少膜和电极间的接触电阻,并且使质子导体能够进入多孔电极内部从而有效地传导质子，通常在扩散电极内部加入质子导体，如全氟磺酸树脂，对膜进行预处理以清除质子交换膜上的有机与无机杂质。通常是在 80℃下，3%～5%双氧水溶液中处理，用去离子水洗净后再于稀硫酸溶液中处理。将处理好的质子膜和电极置于两块不锈钢平板中，在 130～150℃下，施加6～9MPa 的压力于 1.5min 之后，冷却降温，得到膜和电极压合在一起形成的膜电极组合(MEA)。

4.2.4　双极板材料与流场

PEMFC 的双极板两面分别贴附阴极与阳极的气体扩散层，其主要功能是：① 收集电流，因此必须是电的良导体，实现单电池间的良好连接；② 分隔燃料和氧化剂气体，因此双极板必须是无孔且具有阻气功能；③ 双极板材料必须在 PEMFC 的运行条件下抗腐蚀，以达到电池组的寿命要求；④ 反应气体通过由双极板上均匀分布的流道，应在电极各处均匀分布；⑤ 双极板应是热的良导体，使温度均匀分布和利于废热排出；⑥ 双极板的材料应易于加工(如刻画流场)，以降低成本。目前广泛用于 PEMFC 双极板的材料有无孔石墨板、表面改性金属板、复合型双极板等。

石墨具有优良的抗腐蚀和导电性能。无孔石墨板是由石墨粉与可以石墨化的树脂混合后经由 2500℃高温碳化处理，而得到无孔或者低孔隙率(小于 1%)仅含纳米级孔的石墨板。这种石墨板制备工艺复杂耗时，费用高，不宜批量生产。目前批量生产的带流场的石墨双极板大都采用模铸法制备。此法是将石墨粉与热塑性树脂(如乙烯基醚)均匀混合，在一定温度下冲压成型，此种方式可以将流场形状直接制作在模具上，可省去刻画流场的机械加工程序从而降低制作成本和时间。但加入的树脂未实现石墨化，因此双极板的内电阻较大，会影响燃料电池性能，需要对添加的树脂进行进一步改进。

金属双极板的最大优点是易于大量生产，而且厚度可以大幅降低(100～300μm)，因此电池组的比功率可以大幅提高。但在 PEMFC 工作条件下，一般金属材料作为双极板时，阳极侧会发生腐蚀而导致电极催化剂的活性降低，而阴极侧会因为金属氧化膜增厚而增加接触电阻。因此，作为 PEMFC 的金属双极板都要经过表面改性处理。比如在金属板上电镀或化学镀贵金属或其具有良好导电性能的金属氧化物(如银、锡等)，磁控溅射贵金属(如 Pt、Ag 等)或导电化合物 (如 TiN 等) 等。

以金属薄片作为双极板的中间分隔板，并以压模成型的方法制作多孔石墨板作为流场板，采用注塑成型的方法制作碳酸盐聚合物边框，然后将流场板与边框粘接于金属隔板而形成的复合双极板也可以作为 PEMFC 的双极板。

流场的功能是引导反应气流动方向，确保反应气均匀分配到电极的各处，经电极扩散层到达催化层并参与电化学反应。PEMFC 流场设计必须确保电极各处都能充分获得反应气体，特别是对大面积的电极尤为重要，因此，流场必须能够增强气体对流与扩散能力。其次，流场沟槽面积和电极总面积之比应该有一个最优选择，比率过高会造成电极与双极板之间的接触电阻过大而增加燃料电池的欧姆极化损失；而该比率过低时，会降低电极上电催化剂的利用率，也会增加反应气体的流动阻力，进而需要更多气体通入。一般而言，各种流场的开孔率在 40%～50%之间，通常沟槽的宽度在 1mm 左右，脊的宽度在 1～2mm 之间。同时流场要控制气体阻力的下降，保证气体能够足够通入各个单电池中。通常沟槽的深度由沟槽总长度和反应气流经流场的总压降决定，一般控制在 0.5～1mm 之间。图 4-6 展示了几种常见 PEMFC 双极板流场设计。

由膜电极组合并与双极板、流场组合起来的单电池，可以用于考核各种关键材料的性能和寿命等，并测试各种动力学的参数。组装好的单电池按压滤机方式组装，经过多个单元的重复，采用共用管道形式，经过密封、增湿、散热等技术处理之后，再组装成电池组即可作为电源，提供所需要的电能。

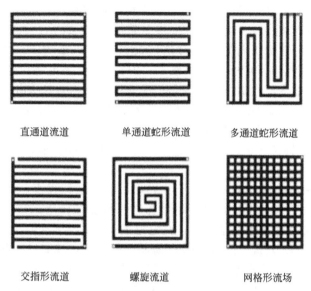

直通道流道　　　　　单通道蛇形流道　　　　　多通道蛇形流道

交指形流道　　　　　螺旋流道　　　　　网格形流场

图 4-6　常见 PEMFC 双极板流场设计

4.3 熔融碳酸盐燃料电池材料

熔融碳酸盐燃料电池(Molten Carbonate Fuel Cell, MCFC)通常被称为第二代燃料电池, 被认为是继磷酸燃料电池之后商品化的燃料电池。与其他燃料电池相比, MCFC 的工作温度在 $600\sim700℃$ 之间, 因而不需要昂贵的贵金属催化剂。MCFC 具有内重整能力, 可以采用天然气、煤气和柴油等烃类为燃料, MCFC 反应的余热, 可以被回收利用。

MCFC 采用碱金属(Li, Na, K)的碳酸盐作为电解质隔膜、Ni-Cr/Ni-Al 合金为阳极、 NiO 为阴极, 在其工作温度 $600\sim700℃$ 下, 电解质呈熔融状态, 导电离子为碳酸根离子 (CO_3^{2-}); 同时, 以氢气为燃料, 氧气或空气和二氧化碳为氧化剂。阴极上氧气和二氧化碳与从外电路导入的电子结合生成 CO_3^{2-}, 阳极上的氢气与从电解质传递过来的 CO_3^{2-} 结合生成二氧化碳和水, 同时将电子输送到外电路, 其电化学反应式如下。

阳极(燃料极):　　　　$H_2 + CO_3^{2-} \longrightarrow CO_2 + H_2O + 2e^-$　　　　　　(4-41)

阴极 (空气极):　　　　$\frac{1}{2}O_2 + CO_2 + 2e^- \longrightarrow CO_3^{2-}$　　　　　　(4-42)

总反应:　　　　$2H_2 + O_2 + CO_2 \longrightarrow 2CO_2 + 2H_2O$　　　　　　(4-43)

4.3.1 电极材料

MCFC 工作时, 在阳极发生氢的氧化反应, 阴极发生氧的还原反应。由于其工作温度高, 并且有电解质(CO_3^{2-})的参与, 故要求电极材料有很高的耐腐蚀性和电导率。MCFC 的电极催化活性高, 通常使用非贵金属 Ni 作为 MCFC 的电极材料。由于燃料和氧化剂均为气体, 因此电极均为多孔气体扩散结构, 而且要确保电解液在隔膜和电极之间的良好分配, 增大电化学反应面积, 减少电池的活化与浓差极化。

4.3.1.1 阳极

MCFC 的阳极早先采用多孔烧结的纯 Ni 板, 但在高温和电池组装压力下, 纯 Ni 阳极容易发生蠕变，即金属晶体结构产生微形变，导致阳极结构被破坏，电解质储存量减少，电极性能衰减。为了克服这一问题，多采用在 Ni 中掺杂其他元素（如 Cr、Al、Cu 等），在还原气氛中形成合金作为 MCFC 的阳极材料。通常这些元素的加入量为 10%（摩尔分数）左右，如 Ni/Cr 合金中 Cr 的存在减少了阳极蠕变的概率，但是 Cr 会被电解质锂化而消耗碳酸盐电解质。Ni/Al 合金具有抗蠕变能力的主要原因是铝酸锂的生成，电解质损失也较小。

镍基阳极的成本较高，因此为了降低 MCFC 的成本，许多研究都集中在阳极镍合金替代材料的开发上。其中 Cu 是阳极的理想候选材料之一，但 Cu 的蠕变比 Ni 更严重。根据研究表明摩尔分数 45%Cu+50%Ni+5%Al 的合金具有长时间抗蠕变性能。

4.3.1.2 阴极

MCFC 的阴极材料必须具有良好的电子传导率与高的结构强度，而且在熔融碳酸盐中具有低的溶解率。目前对于 NiO 阴极，其导电性和结构强度都合适，其制作方法是将镍电极由镍粉于 $700 \sim 800 ℃$ 在氮气保护下烧结而成，在电池工作时就地氧化。为了提高 NiO 的导电性，通常在 NiO 中掺杂部分 Li 元素，但 NiO 在电解质中可溶解，沉淀导致电池性能降低，寿命缩短。特别是在加压运行时，阴极溶解是影响 MCFC 寿命的主要因素。在高温熔盐的长期作用下，NiO 中的镍逐步被溶解析出，进入熔融盐中并在电场作用下向阳极迁移，并被阳极中渗透过来的氢气还原为金属镍。金属镍不断沉积而加速镍离子的产生与扩散，进一步促进阴极的溶解，导致电解质板中的接通，造成内部短路。镍溶解的程度受到电解质组成、CO_2 分压、水分压和温度等影响。

为了解决阴极溶解问题以提高阴极的性能和长期稳定性，可以在 NiO 阴极中加入少量 Co、Ge 等，如添加质量分数 0.3% Ge 到 NiO 中，可使 NiO 的溶解速率降低一个数量级。改变操作条件，如降低反应气 CO_2 分压，或在电解质中加入碱土类如碳酸盐 $BaCO_3$、$CaCO_3$ 等以抑制 NiO 的溶解，或开发新型材料以代替 NiO 材料。

4.3.1.3 电极制备方法

MCFC 的电极用带铸法制备，是将电催化剂粉料、偏钴酸锂粉料或 Ni-Cr 合金粉料与一定比例的黏结剂、增塑剂和分散剂混合，并用正丁醇和乙醇的混合物作为溶剂，配成浆料，在焙烧炉中焙烧制备多孔电极。这种方法制得的阳极厚度为 $0.3 \sim 0.5mm$，孔隙率为 $60\% \sim 70\%$，平均孔径在 $5\mu m$ 左右；而阴极厚度为 $0.3 \sim 0.7mm$，孔隙率为 $60\% \sim 70\%$，平均孔径为 $7\mu m$ 左右。MCFC 多孔气体扩散点集中无憎水剂，电解质在隔膜、电极间的分配依靠毛细力来实现平衡。电解质隔膜的平均半径最小，以实现电解液充满隔膜；而为了减少阴极极化，促进阴极内氧的传递，阴极的孔道半径应该最大，而阳极孔半径居中。

4.3.2 电解质

MCFC 中的电解质通常包含 60%（质量分数）的碳酸盐。富锂电解质的离子电导率高，欧姆极化低。如 Li_2CO_3 的离子电导率比 Na_2CO_3 和 K_2CO_3 高，因此在电解质中增加 Li 的比例有利于提高电导率，但在 Li_2CO_3 中气体溶解度小，扩散系数低，腐蚀速率快。因此，为了缓解阴极溶解，创造较为温和的电池环境，通常向电解质中加入能够增加其碱性的添加剂。但是，添加剂量不能过大，否则会影响电池性能。用 Li-Na 的二元酸盐代替 Li-K 熔盐是有效的办法之一。

4.3.3 电池隔膜

电解质隔膜是 MCFC 的核心部件，直接影响到电池的优劣。隔膜是陶瓷颗粒混合物，形成毛细网络容纳电解质，为电解质提供支撑结构，而不参加电化学过程。电解质的物理性质在很大程度上受隔膜材料控制，如隔膜材料的颗粒尺寸、形状及分布和孔隙率、孔分布等，进而决定电解质的欧姆电阻等性质。电解质隔膜应该满足：①作为碳酸盐电解质的载体，为离子CO_3^{2-}提供传导通道，在工作状态下，电解液必须充满隔膜孔道；②为隔离电池阳极与阴极的电子绝缘体；③为隔绝气体的不透层；④具有物理及化学的稳定性；⑤有较高的机械强度，无裂缝或大孔。

早期采用MgO作为隔膜材料，但是MgO在熔盐中有微弱的溶解现象，所制备的隔膜易于破裂。目前普遍采用铝酸锂（$LiAlO_2$）来制作隔膜。铝酸锂结构强度高且具有抗碳酸盐腐蚀的能力。铝酸锂有六方(α)，单斜(β)和四方(γ)三种不同的晶态，分别呈球状、针状和片状外形。$\gamma\text{-}LiAlO_2$在高温（>650℃）下在化学上最稳定，在此温度下α和β的铝酸锂都转变为$\gamma\text{-}LiAlO_2$。$\gamma\text{-}LiAlO_2$具有高的比表面积（$9\sim20m^2/g$）；平均颗粒尺寸为$2\mu m$，制得的隔膜具有理想的高孔隙率（60%～70%），同时还具有小的平均孔径（$<0.2\mu m$）和窄的孔径分布，有利于电解质的保存，阻止气体穿透并防止隔膜在反复热循环后产生裂缝。在$\gamma\text{-}LiAlO_2$中加入Al_2O_3纤维可以进一步提高抗张强度和抗弯强度，因此普遍采用$\gamma\text{-}LiAlO_2$作为MCFC的隔膜材料。$LiAlO_2$是由Al_2O_3和Li_2CO_3混合（物质的量比1∶1），去离子水为介质，长时间充分球磨后经$600\sim700$℃高温焙烧制得。

为了在MCFC中建立一个稳定的电解质-反应气体界面，主要依靠毛细管的压力平衡来建立电解质接触面边界。隔膜孔径越大，填充的电解质越少。因此，隔膜的孔径应尽可能小，使其完全充满。欧姆电阻受到电解质隔膜的厚度影响，厚度越大，电阻越大。因此，MCFC中隔膜$LiAlO_2$的厚度通常为$0.5\sim0.8mm$，孔隙率达到50%～60%，平均孔径为$0.3\sim0.8\mu m$。

制备电解质隔膜有多种方法。早期采用热压法，是将铝酸锂与碱金属碳酸盐混合物（液态体积比1∶1）在3.5MPa于略低于碳酸盐熔点的温度下热压成型。但这种结构厚度较大为$1\sim2mm$，受限于热压机的热压面积无法制作大面积的隔膜；孔积率小（低于5%），微观结构不均匀，欧姆电阻大，机械强度低。因此，为了克服这些缺点，发展了其他工艺如带铸法、电泳沉积法等。其中带铸法是将陶瓷粉料分散于溶剂里配置浆料，其中有黏结剂、增塑剂、分散剂等，然后把浆料经过带铸机成膜，制备过程中用刮刀控制膜厚，并控制有机溶剂的挥发速率，以确保多孔结构的均匀性。膜干燥后用烧结法移除有机溶剂，最后将制得的薄膜叠合，再在$100\sim150$℃和$1\sim3MPa$压力下，热压$2\sim5min$，制成厚度为$500\sim600\mu m$的隔膜。由此而得的隔膜，其体积密度在$1.75\sim1.85g/cm^3$之间。在MCFC运行前，要先将电解质隔膜完全浸润在熔融碳酸盐中，使电解质占满多孔结构中的空孔。MCFC的隔膜在高温和电解质中经过长期烧结，导致比表面积下降，颗粒变粗，隔膜孔径比变大，孔隙率下降，保持电解质能力也下降。可以通过添加如ZrO_2和$SrTiO_3$等改变隔膜组分或者控制操作条件，延缓隔膜的烧结作用。

4.3.4 熔融碳酸盐燃料电池需要解决的关键技术问题

提高MCFC电池的性能和可靠性，延长其工作寿命以及降低成本是人们需要努力的目标，主要涉及以下几个方面的工作。

① 阴极溶解。NiO溶解是影响MCFC寿命的主要原因之一，随着电极的长期工作运行，阴极溶解产生的Ni^{2+}扩散进入到电池隔膜中，被渗透的H_2还原为金属Ni，沉积在隔膜中，导致其短路，其机理如下：

$$NiO+CO_2 \longrightarrow Ni^{2+} + CO_3^{2-}$$

$$Ni^{2+} + CO_3^{2-} + H_2 \longrightarrow Ni+CO_2+H_2O \tag{4-44}$$

在62%的Li_2CO_3和38%的K_2CO_3电解质中0.1MPa下NiO溶解速率为$2\sim20~\mu g/(cm^2 \cdot h)$，因此电极每工作1000h，NiO质量和厚度损失3%，电池寿命为25000h。当压力达到0.7MPa时，寿

命只有 3500h。为解决这个问题，需要寻找新的、可替代的阳极材料如 $LiCoO_2$，$LiMnO_3$ 等或降低气体压力。其中采用 $LiCoO_2$ 作为阴极材料的，其使用寿命在 0.1MPa 和 0.7MPa 下分别可达 150000h 和 90000h。

②阳极蠕变。在 MCFC 工作温度下，Ni 容易发生蠕变，从而影响电池性能和电池密封。为了提高其抗蠕变性能和力学强度，通常向 Ni 阳极中加入 Al、Cr 等元素形成合金或非金属氧化物。也可以对镍电极进行表面修饰，如镀钨、钇等。

③电解质组分的选择。解决 NiO 溶解问题的另一个途径是在电解质中添加碱土金属(Mg、Ca、Ba)氧化物或碱土金属碳酸盐。在碳酸锂-碳酸钾体系中，加入 5%(摩尔分数)的 $BaCO_3$，NiO 的溶解度可以下降 30%以上。

④电池耐腐蚀性能。腐蚀和电解质损失是影响 MCFC 寿命的又一个主要因素。熔融电解质流失主要是由于阴阳极腐蚀、双极板的腐蚀以及壳体、隔板和其他组成部分的腐蚀。另外，熔融电解质蒸发和迁移也会导致流失。目前采用双极性集流板的双金属复合板，阳极一侧为纯镍，抗腐蚀性能较好。但阴极一侧为不锈钢，在高温熔盐和氧化气氛中不能长期耐腐蚀。腐蚀不仅使电解液损失，并且在不锈钢表面上生成电阻很大的氧化膜。双极板的腐蚀导致电解质损失，使电池内阻增加，电极极化升高。因此，除了研制更加耐腐蚀的合金材料，也可在不锈钢表面进行预先氧化，以获得较高的导电性及延缓腐蚀速率的表面氧化层。

⑤膜和电极制备工艺。膜和电极的制备方法影响了膜和电极的接触电阻和电池性能。现在普遍采用的带铸法，厚度较薄，易于工业化生产，但在工艺过程中使用的有机毒性溶剂会造成污染，所以目前正在研究水溶剂体系。

⑥MCFC 还需要进行研究的问题还包括如长寿命耐热循环的电解质载体，多孔电极在负载下的润湿性和毛细管行为与气体组成的关系，密封引起的旁路电流及电解质迁移，管道与电池组之间的密封技术，电池组变形和热膨胀引起的气体泄漏，杂质对电池性能与寿命的影响等。

4.4 固体氧化物燃料电池材料

固体氧化物燃料电池(SOFC)适用于大型发电厂及工业应用，其工作温度为 800～1100℃，在所有燃料电池中其工作温度和转化效率最高。SOFC 以固体氧化物为电解质，在高温下具有传递 O^{2-} 离子和分离空气、燃料的作用。在阴极(空气电极)上，氧分子得到电子被还原成氧离子：

$$O_2 + 4e^- \longrightarrow 2O^{2-} \tag{4-45}$$

氧离子在电极两侧氧浓度差驱动力的作用下，通过电解质中的氧空位定向跃迁，迁移到阳极(燃料电极)上，与燃料气(除氢气外，一氧化碳，甲烷等也可作为 SOFC 的燃料)进行氧化反应生成产物和电子，电子通过外电路的用电器做功，并形成回路。

H_2 作为燃料：
$$2O^{2-} + 2H_2 \longrightarrow 2H_2O + 4e^- \tag{4-46}$$

CO 作为燃料：
$$2O^{2-} + 2CO \longrightarrow 2CO_2 + 4e^- \tag{4-47}$$

CH_4 作为燃料：
$$2O^{2-} + \frac{1}{2}CH_4 \longrightarrow H_2O + \frac{1}{2}CO_2 + 4e^- \tag{4-48}$$

电池的总反应是：

$$O_2 + 2H_2 \longrightarrow 2H_2O \tag{4-49}$$

或
$$O_2 + 2CO \longrightarrow 2CO_2 \tag{4-50}$$

或
$$2O_2 + CH_4 \longrightarrow 2H_2O + CO_2 \tag{4-51}$$

相较于其他燃料电池,SOFC 具有以下特点。

① SOFC 的工作温度高达 1000℃,能量转换效率高。在此温度下进行的电化学反应,无需使用贵金属催化剂,而且其本身具有内重整能力,耐受硫化物的能力也非常高,因此可以直接采用天然气、煤气或其他烃类作为燃料,燃料利用率高,不需要二氧化碳循环,简化了电池系统。

② 电解质是固体,没有电解质蒸发和泄漏的问题,电极也不存在腐蚀的问题,运转寿命长。由于构成电池壳体的材料全部为固体,电池外形设计具有弹性。

③ SOFC 排出的余热以及未使用的燃料气体可以与燃气轮机或汽轮机等构成复合发电系统,可有效提高总的发电效率,而且还能减少对环境的污染。

但在高温下 SOFC 对电池材料要求较高,价格较贵,SOFC 所有元件在高温时必须具备稳定的物化特性。相较于 MCFC,SOFC 由于自由能损失,其开路电压较低,这一部分的损失可由回收余热来补偿。SOFC 的关键材料主要是传导离子或质子,用于隔绝燃料和氧化剂气体的电解质和传导电子,以及提供电化学反应场所的电极。

4.4.1 固体氧化物电解质

固体电解质是 SOFC 最核心的部件。其性能直接影响电池的工作温度及转换效率,还决定了所需要与之相配的电极材料及其制备技术的选择。通常来说 SOFC 的电解质必须具备以下条件。

① 高的质子电导率和可以忽略的电子电导率。

② 在 SOFC 工作状态下具有良好的稳定性。

③ 能够形成致密的薄膜,阻隔燃料气体和氧化剂气体。

④ 在高温下能够与其他电池材料化学上相容,热膨胀系数相匹配。

⑤ 具有足够的机械强度,易加工和较低的价格等。

SOFC 的固体电解质通常为具有立方萤石结构的氧化物。常用的电解质是 Y_2O_3、CaO 等掺杂 ZrO_2、ThO_2、CeO_2、Bi_2O_3 等氧化物形成的固溶体。部分电解质的电导率如图 4-7 所示。CeO_2、Bi_2O_3 等虽然具有较高的质子电导率,但在低氧分压下易被还原,不利于氧化物的形成,容易产生电子电导。

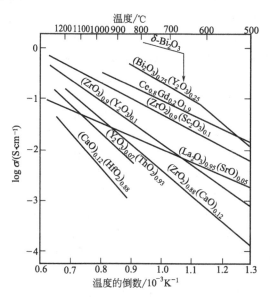

图 4-7 固体氧化物电解质材料的电导率

目前最被广泛应用的电解质材料是氧化钇稳定氧化锆(YSZ)。ZrO_2 是萤石型结构,如图

4-8 所示，Zr^{4+} 构成面心立方点阵，O^{2-} 占据面心立方点阵的 8 个四面体空隙。纯的 ZrO_2 是绝缘体，当 Y_2O_3 与 ZrO_2 混合后，晶格中一部分 Zr^{4+} 被 Y^{3+} 取代。每 2 个 Zr^{4+} 离子被取代后，就有 3 个氧离子代替 4 个氧离子，引入一个氧空位，导致氧离子导电。Y_2O_3 掺杂度较小时，缺陷复合体间的平均距离过大，每一个氧空位均被束缚在缺陷复合体中，迁移比较困难，离子导电性较差。随着 Y_2O_3 掺杂量的增加，缺陷复合体互相交叠，载流子的有效浓度和跃迁路径增加，电导率逐渐增大。进一步增加 Y_2O_3 含量缺陷二重复合，有效载流子浓度降低，氧离子的有效迁移路径减少，从而使电导率下降。因此，电导率有一个最大值，通常是能使 ZrO_2 立方萤石相得到完全稳定的掺杂剂浓度最小的体系。Y_2O_3 掺杂量约为 8%（摩尔分数）。

　　虽然 YSZ 的电导率低于 CeO_2、Bi_2O_3 等，但是其在很宽的氧分压范围内都呈现氧离子导电特性，电子和空穴导电只在很高的氧分压下，其使用寿命较长而且价格便宜，因此 YSZ 是具有实用价值的 SOFC 电解质材料。Sc 和 Yb 掺杂的 ZrO_2 电导率较高，其他性质与 YSZ 接近，但是由于 Sc 和 Yb 价格较昂贵，其实用价值受到限制。

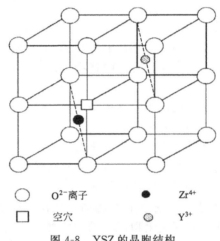

| ○ | O^{2-} 离子 | ● | Zr^{4+} |
| □ | 空穴 | ◎ | Y^{3+} |

图 4-8　YSZ 的晶胞结构

　　YSZ 作为电解质时由于电导率较低，使其必须在 900℃ 以上工作时才能获得较高的功率密度，这样就给电极板和高温密封胶的材料选择和电池组装带来了困难。因此，开发中温（800℃左右）SOFC 成为现在研究的热点。中温 SOFC 可以使用相对便宜的合金材料作为连接板，对密封材料的要求也有所降低，使用寿命大幅度增加。钙钛矿结构（ABO_3）的新型电解质材料 Sr、Mg 掺杂的 $LaGaO_3$（LSGM）具有较高的离子电导率，且在氧化还原气氛下稳定，不产生电子导电。LSGM 在 800℃ 具有和 YSZ 在 1000℃ 下相似的效率，适合作为中温 SOFC 的电解质膜。在 $LaGaO_3$ 的 A 位掺入碱土金属时电导率会显著增加，其中 Sr 掺杂的电导率最高，但 Sr 在 $LaGaO_3$ 中固溶度有限，当超过 10%（摩尔分数）时会产生杂相 $SrGaO_3$ 等。B 位掺杂也可以提高 $LaGaO_3$ 电导率。常用的是 Mg，掺杂量可以达到 20%（摩尔分数），并且 Mg 的掺入，提高了 Sr 在 A 位的固溶度。迄今为止，电导率最高的组分是 $La_{0.8}Sr_{0.2}Ga_{0.8}Mg_{0.2}O_3$，其电导率在 750℃ 下接近 0.1 S/cm。但这种结构的材料制备时，很容易出现杂相，导致电导率降低，同时其在高温下的化学稳定性不好，因此只适用于在 800℃ 以下长时间工作。其他类型的钙钛矿结构电解质也在进行研究。降低电池工作温度的另外一个途径就是减少 YSZ 厚度，制备负载 YSZ 薄膜。如在 YSZ 中添加氧化铝、氧化锆等有利于提高电解质的强度，使电解质能做得更薄，以减少电阻。用电化学沉积法、带铸法以及其他陶瓷加工工艺制备的 SOFC 电解质厚度可以达到 $40\mu m$。但是由于 YSZ 材料脆性较大，强度较差，制备韧性电解质陶瓷膜也是未来研究的方向。

　　由于 SOFC 中的电解质电阻率高，因此将电解质薄膜化是未来 SOFC 发展的一个趋势。

SOFC 的薄膜技术是在多孔支撑管(1~2mm)上制作电极与电解质及双极连接板,使 SOFC 的总厚度只有 100~200μm。这种 SOFC 的电解质离子导电性好、效率高,电池的工作温度还可以适当降低。薄膜设计还具有制造成本低,适合于自动化生产等优点。制备电解质薄膜的方法主要有流延法、丝网印刷法、电泳沉积法、化学气相沉积法、溶胶-凝胶法、喷雾淀积、激光淀积等方法。流延法是在陶瓷粉料中添加溶剂、分散剂、黏结剂和增塑剂等成分粉末后,制得分散均匀的稳定浆料,在流延机上支撑具有一定厚度的膜,经过干燥烧结得到致密的膜。丝网印刷法是将高黏度浆料,用外力强行通过丝网开孔进行涂覆。

4.4.2 电极材料

4.4.2.1 阳极材料

SOFC 的阳极除了在薄膜化的 SOFC 中起到支撑体的作用,还为燃料的电化学氧化反应提供反应场所。对于 SOFC 的阳极有如下要求。

① 具有良好的电导率。阳极材料在还原气氛中具有足够高的电子电导率,以降低阳极的欧姆极化,同时还具备高的氧离子电导率,以实现电极立体化。

② 稳定性。在 SOFC 工作温度和燃料气氛中,阳极必须在化学、形貌和尺寸上保持稳定。此外,阳极材料不能在室温至制备温度的范围内产生引起较大摩尔体积变化的相变。

③ 催化活性。阳极材料必须对燃料的电化学氧化反应具有足够高的催化活性,即低的电化学极化过电位,并具有一定的杂质耐受能力。对于直接甲烷 SOFC,其阳极还必须能够催化甲烷的重整反应或直接氧化反应,并有效地避免积炭的产生。

④ 相容性和热膨胀系数匹配。阳极材料必须与其他电池材料化学上相容,在室温至工作温度范围内与热膨胀系数匹配,以避免在电池制备、操作和热循环过程中产生碎裂或剥离。

⑤ 孔隙率。阳极必须有足够高的孔隙率,以确保燃料的供应及反应产物的排出。孔隙率的上限根据电极材料的强度控制,而下限则是由电极上发生的传质过程予以确定。

⑥ SOFC 的阳极作为支撑材料,也必须具备一定的强度、韧性、易于加工、成本低的特点,以实现商业化。

在中、高温 SOFC 中,适合作为阳极催化剂的材料主要有金属、电子导电陶瓷和混合导体氧化物等。常用的阳极催化剂有 Co、Ni 等,其中 Co 具有比 Ni 更好的电导性能,且耐硫中毒的性能也比较好,但是 Co 的价格比较昂贵,很少在 SOFC 中使用。Ni 的活性较高,价格较低,适用于阳极催化剂。但是,Ni 在 1000℃时容易烧结,阻塞阳极的气孔结构,并且镍的膨胀系数和电解质 YSZ 差距较大,可能会导致阳极断裂或分层。所以,通常将 Ni 分散于 YSZ 中,制备成金属陶瓷电极:一方面增加了 Ni 电极的多孔性,防止烧结,增加了反应活性;另一方面,YSZ 的加入有效地调节 Ni 的热膨胀系数,使之与 YSZ 电解质热膨胀系数接近,保证电极与电解质更好接触。同时,YSZ 的加入增加了电解质-电极-气体的三相界面区域,增加电化学活性区域的有效面积及单位面积的电流密度。管式 SOFC 通常采用化学气相沉积-浆料涂覆法制备 Ni-YSZ 阳极,电解质自支撑平板式 SOFC 可采用丝网印刷、溅射、喷涂等方法制备阳极,而电极负载平板式 SOFC 的阳极制备采用流延法等。为了保证阳极的电子电导率,Ni 所占的 Ni-YSZ 的体积分数需要超过 30%,否则 Ni-YSZ 主要表现以 YSZ 的离子导电为主导。为了保证阳极的稳定性,在阳极中能形成连续的 YSZ 骨架结构,YSZ 的质量分数通常要高于 50%。

阳极材料也可使用混合导电氧化物,如 Ni-Sm_2O_3 掺杂的 CeO_2(SDC)和 Ni-Gd_2O_3 掺杂的 CeO_2(GDC)等。SDC、GDC 等比 YSZ 有更高的离子电导率,而且在还原气氛下产生一定的电子电导,因此将 SDC 等掺入 Ni 的催化剂中,可以使电极发生电化学反应的三相界面得以向电极内部扩展,从而提高电极反应活性。钙钛矿氧化物也被用于阳极催化剂研究,但是其功率密度较低，在低氧分压或高温时不稳定，仍需要进一步研究。

当以甲烷为燃料的时候 Ni-YSZ 会产生积炭反应，使电极的活性降低，造成电池输出的性能衰减，堵塞电池的燃料气通道，使电池系统不能正常进行。为了解决这一问题，可以在 Ni-YSZ 中掺杂钼或金等金属，能有效地增强阳极抵抗积炭的能力，增加甲烷的转化率以及阳极的稳定性。一些钙钛矿氧化物，如 $La_{0.8}Sr_{0.2}Cr_{0.95}O_3$ 等不仅具有较好的甲烷催化活性，而且没有积炭现象产生。

4.4.2.2 阴极材料

阴极的作用是为氧化剂的电化学还原提供场所。阴极材料作为催化剂必须在 SOFC 工作条件下具有良好的催化活性，降低电化学活化的极化过电位，提高电池的输出性能。阴极必须具有足够高的电子电导率和质子电导率，以降低 SOFC 操作过程中阴极的欧姆极化和利于氧还原产物(氧离子)向电介质隔膜的传递。阴极必须在氧化气氛中存有良好的化学稳定性，使电极的形貌、结构、尺寸等在长期运行过程中不发生明显变化。与阳极相似，阴极也是微孔结构，以使反应物气体和产物气体有很高的传质速度，保证反应活性位上氧气的供应。阴极的孔隙率越高，对降低在电极上的扩散影响越有利，但是也必须考虑电极的强度。过高的孔隙率会造成电极强度与尺寸稳定性的严重下降。阴极材料也需要与其他材料具有良好的相容性和匹配的热膨胀系数，避免电池发生碎裂等现象。同样，阴极材料也应尽可能采用价格低廉、具有一定强度、易于加工的材料。

SOFC 阴极材料广泛使用的是离子电子混合导电的钙钛矿型复合氧化物材料。$LaMnO_3$ 电导率很低，但是在 A 位和 B 位掺杂低价态的金属阳离子，会使材料的电导率得到大幅度提高。可用于掺杂的氧离子包括 Sr、Ca、Mg、Co、Cr、Ti、Ni、Yi 等。其中最广泛应用的是 Sr 掺杂的 $LaMnO_3$(LSM)，其具有良好的电子电导率($>100S/cm$)、催化活性和化学稳定性，而且与 YSZ 有相近的热膨胀系数。

LSM 粉体的合成可以通过固相反应法或液相法获得。固相法是将各种氧化物按化学计量比混合均匀，然后在高温下焙烧，研磨后得到 LSM 粉末。但这种方法制备的 LSM 颗粒较大，比表面积较低。而采用液相法可以将 LSM 成相温度大幅降低，获得高比表面积的 LSM 超细粉。其过程是按化学计量比配制 $La(NO_3)_3 \cdot 6H_2O$、$Sr(NO_3)_2$ 和 $Mn(NO_3)_2$ 的混合溶液，向混合溶液中加入柠檬酸和聚乙烯醇，将溶液中的水分逐渐蒸发至形成透明的无定型树脂，继续加热使树脂分解即可制成复合氧化物 LSM 的前驱体，将此前驱体焙烧即可制得 LSM 超细粉。

在 SOFC 中，电化学活性区位于电解质-电极-气相三相界面，为了得到好的电极活性，形成空间化的三相界面，往往在阴极材料中添加氧离子导电材料(如 YSZ)。制作上通常是利用网印或喷涂等方法将 LSM 与 YSZ 的混合浆料涂布在固态电解质膜上，最后再经高温(1300～1400℃)烧结制得厚度约为 $50\mu m$ 的固态氧化物燃料电池阴极。阴极材料的化学相容性和热膨胀系数的匹配问题必须得到重视。但是在高温下 LSM 中的 Mn 非常易于迁移，Mn 向电解质的扩散会改变电解质和电极的导电能力，还会引起电解和电解质结构的改变。Sr 掺杂量增加会提高 LSM 的电导率，但是其热膨胀系数也会增大，比较有效的方法是用较小的阳离子(如 Ca)替代 La。LSM 的氧扩散系数比较小，随着反应温度降低，其反应活性下降很快，因此 LSM 不宜用于中温 SOFC 的阴极材料。

具有离子电子混合导电性能的材料，其电化学活性区不仅局限于三相界面，整个电极表面都可以作为电化学活性区，因此电极性能较好，可用于中温 SOFC。常见混合导体为掺杂的钙钛矿结构氧化物 $A_{1-x}B_xCO_{3-\delta}$。A 位一般为 La 系稀土金属元素，B 位代表掺杂物种，一般为碱土金属元素，C 位一般为过渡金属或若干过渡元素的组合。Sr 掺杂的 $LaCoO_3$ 复合氧化物(LSC)的活性最好，电导率也最高，但是 LSC 的热膨胀系数比较高，Co 易挥发或扩散，因此电极的长期稳定性差。用适量的 Fe 取代 Co，形成 $La_{1-x}Sr_xCo_{1-y}Fe_yO_{3-\delta}$（LSCF）固溶体，在中温下也具有很好的阴极催化活性，同时由于 Fe 的加入，材料的化学稳定性提高，热膨胀系数降低，更适合在中温中使用。$Pr_{0.7}Sr_{0.3}MnO_3$ 和 $Nd_{0.7}Sr_{0.3}MnO_3$ 等具有良好的电导率，且在高温下具有很高化学相容性的材料也在被尝试作为阴极材料。

4.4.3 固体氧化物燃料电池需要解决的关键技术问题

由于 SOFC 的工作温度很高，能够有效地降低阴极上活性极化的影响，而 SOFC 的主要电压损失来自于电池组件以及电流连接装置的欧姆损失，如管式燃料电池的欧姆极化有约 45％来自阴极，18％来自阳极，12％来自电解质，25％来自互连接装置。因此，除了开发导电性能更高的电极和电解质材料，减少双极连接板的电阻也是 SOFC 需要解决的关键技术问题。双极连接板是指单体电池之间的阴极和阳极之间的双极连接物，它是单体电池连接成电池组不可或缺的组成部分。它必须具有足够高的电子电导率以减少串联电池的欧姆极化，并且具有化学稳定性和耐高温性能，与阴、阳极材料在化学上相容和相匹配的热膨胀系数，在氧化还原气氛中和 SOFC 工作电位下保持稳定，并具有足够高的致密度，防止燃料气和氧化剂气体的互窜。能够满足使用要求的连接材料不多，目前只有两类材料，Ca 或 Sr 掺杂的 $LaCrO_3$ 或 $LaMnO_3$ 钙钛矿材料，以及耐高温的 Cr-Ni 合金材料。中温 SOFC 的优势就是可以使用比较低廉的合金材料作为连接板，材料费用大幅度下降。

SOFC 的结构主要有管式结构和平板式结构两种。管式 SOFC 结构的优点是不需要进行阳极与阴极密封，然而采用的制作过程与工艺技术相当复杂，制作成本高昂，而且采用圆管设计使得电流通路路线较长，因此电池的欧姆极化较大。平板式 SOFC 的结构则相对简单，制作成本低，可以将阳极、电解质、阴极堆叠在一起进行烧结，然后用双极板分隔，薄层电极与电解质内的流通路径短且均匀、内电阻低、欧姆极化小，因此可以获得较高的功率密度；而且平板式 SOFC 的工作温度低，连接板也可以采用相对便宜的合金材料。但平板式 SOFC 的主要缺点是高温密封困难，导致热循环性能差。因此，高温无机密封材料是平板式 SOFC 的关键材料之一，用于组装电池时在膜电极组和双极连接板之间的密封。高温无机密封材料必须具备高温下密封好、稳定性高以及固态电解质和双极连接板材料的热膨胀兼容性好等特点，主要采用的是玻璃和陶瓷的复合密封材料。

低温化（<800℃）是实现 SOFC 长寿命运行和低成本的有效方式。其关键是在低温下减少 SOFC 电解质膜的电阻和提高电极的催化活性。为了缩短启动时间，需要研究、开发耐高速升温的电池组成和电极材料。实现 SOFC 的小型化是 SOFC 机动车应用方面的一大课题，实现高效率化必须有效利用高温余热，使得电池周边装置的绝热很重要，因此开发绝热性强的高性能绝热材料是其必须解决的关键技术。高温余热利用技术是提高 SOFC 系统的综合热效率的关键技术，使用降膜式蒸发器或开发高温中可以使用的高效率热电半导体元件及实现热电模块是十分必要的。降低成本、开发出高性能的材料，以达到商业使用的要求并且尽可能降低成本直至达到可接受的范围，仍然是 SOFC 实现商业化需要解决的关键问题。

4.5 直接甲醇燃料电池材料基础与应用 ‹‹‹

随着质子交换膜燃料电池（PEMFC）的发展，氢源问题成为制约其商业化的主要问题。氢气的储存和运输等技术都落后于 PEMFC 的发展。直接甲醇燃料电池（DMFC）是质子交换膜燃料电池的一种，其直接使用醇类和其他有机分子作为燃料而不用氢气作为燃料。甲醇是常温、常压下结构简单的一种液态有机化合物，其储存安全方便，可从石油、煤、天然气等制得；其来源丰富、价格便宜、具有较完整的生产销售网络。因此，DMFC 具有系统结构简单、体积能量密度高、启动时间短、运行可靠性高以及燃料补充方便等特点。DMFC 是将甲醇水溶液通入阳极表面进行电催化氧化反应，生成二氧化碳和氢质子并释放出电子，电子经过外电路导入阴极，氢质子通过质子交换膜扩散到阴极表面，与空气中的氧气以及通过外电路传导过来的电子结合成水，其电化学反应式如下：

$$\text{阳极：} \qquad CH_3OH + H_2O \longrightarrow CO_2 + 6H^+ + 6e^- \tag{4-52}$$

$$\text{阴极：} \qquad \frac{3}{2}O_2 + 6H^+ + 6e^- \longrightarrow 3H_2O \tag{4-53}$$

$$\text{总反应：} \qquad CH_3OH + \frac{3}{2}O_2 \longrightarrow CO_2 + 6H_2O \tag{4-54}$$

尽管 DMFC 的优势明显，但是目前 DMFC 的工作效率低，常温下燃料甲醇的电催化氧化速率慢，贵金属电催化剂易被 CO 类中间产物毒化，电流密度低，电池工作时甲醇从阳极至阴极的渗透率较高。相较于 PEMFC，甲醇在阳极的氧化反应比氢的氧化反应慢得多。因此，为了实现 DMFC 的商业化，仍然需要在材料和设计方面对 DMFC 进行改进。

能够满足甲醇催化条件的最佳催化剂仍然是铂，但甲醇的电催化氧化比较复杂，反应步骤多，中间产物多。除了主要产物以外，还会发生副反应，生成 CO、HCHO、CHOOH 等副产物，阻碍铂的催化效应，造成贵金属催化剂中毒，使阳极氧化效率降低。解决的办法是设法提供活性氧，以促成 CO 的氧化反应，也就是设法将铂催化剂表面上的 CO 氧化成 CO_2 后离开催化剂表面。可以在 Pt 催化剂中引入容易吸附含氧物质的金属，如 Ru、Sn、W 等，或引入带有富氧基团的金属氧化物，如 WO_3 等。这些引入的二元或多元催化剂能在较负的电位下以较快的速率提供活性含氧物质，以使 Pt 不易中毒。也可以采用在 Pt 表面修饰 Ru、Sn、W 等其他金属原子形成合金，采用掺入金属氧化物或将 Pt 分散到聚合物中等方法，还可以改变 Pt 的表面电子状态，使解离吸附产物产生的 CO 与 Pt 表面的键减弱，降低吸附强度，从而降低 Pt 中毒的可能性。

目前已知对甲醇电催化氧化活性有增强能力的合金催化剂有 Pt-Ru、Pt-Sn、Pt-Mo、Pt-W、Pt-Ni、Pt-Cr、Pt-Co、Pt-Ru-W、Pt-Ru-Os-Ir 等。Pt-Ru 是目前研究最广泛的体系。Ru 的作用主要是将部分 d 电子传递给 Pt，减弱 Pt 和 CO 之间相互作用，同时使吸附的含碳中间物中的 C 原子正电荷增加，使其更容易受到水分子的亲核攻击；其他方法包括增加催化剂表面含氧物质覆盖度。Pt-Ru 二元催化剂中的 Pt 主要是还原态的，而 Ru 主要是氧化态的。RuO_x，RuO_xH_y 对甲醇的催化作用已得到证实。Pt-Ru 复合催化剂的电催化性能随催化剂中 Pt-Ru 合金化程度增加而增加，但其合金化程度受到载体、热处理等的影响，Pt-Ru 催化剂的稳定性不太好。Pt-W 中 W 的加入能显著地增加—OH 的数量，有利于 CO 的氧化。除了二元催化剂之外，还可以在 Pt 中加入两种以上氧化活性高的金属而形成多元催化剂，如 Pt-Ru-Os、Pt-RU-Os-Ir 等都可以减少 CO 吸附区域，增加抗中毒能力。

DMFC 的阴极催化剂与 PEMFC 一样都是 Pt/C 催化剂，但 Pt 载量较高。DMFC 阴极电催化剂的研究，除了要考虑催化活性以外，还要考虑耐甲醇能力。甲醇透过质子膜从阳极渗透到阴极，在 Pt 催化下，与氧直接反应，导致阴极的去极化损失，降低电池的输出电压和甲醇的利用率。因此，要解决这一问题可以从催化剂和膜两个方面考虑。催化剂可以开发选择性的氧还原反应催化剂，即只对氧的还原有催化活性，对甲醇氧化没有催化活性；或是开发比 Pt 有更高交换电流密度的催化剂以提高阴极电势。如活性炭载 Pt 和磷钨酸的复合催化剂（PWA）对氧还原的电催化活性比 Pt/C 还要高，而且还具有很好的抗甲醇能力。因为 PWA 有富氧能力，对催化剂活性有所提高，而且 PWA 能有效阻止甲醇扩散的作用，使甲醇不易到达 Pt 粒子表面。过渡金属大环化合物对氧还原有很好的电催化性能，其中金属对电催化活性起到决定性的作用。例如在酞菁化合物中，过渡金属对氧还原的电催化活性影响顺序是 Fe＞Co＞Ni＞Cu≈Mn。经过高温热解后，氧电化学还原催化剂的活性与稳定性均提高。这类催化剂在 DMFC 中有一个突出的特点，就是对甲醇的氧化几乎没有活性，因此具有很好的耐甲醇特性，但是其制备比较困难，价格昂贵。Chevrel 催化剂是一个八面体金属簇化合物，通式为 M_6X_8（M 为高价过渡金属，如钼等；X 是硫族元素，如 S、Se 等）。由于其很高的电子离域作用，导致了具有很高的电子导电性。其对氧的还原也具有良好的电催化活性和耐甲醇性。

　　电解质膜也是 DMFC 的关键材料，同 PEMFC 一样，目前主要使用的仍然是杜邦公司的 Nafion®。这种膜在 PEMFC 中已介绍过，可以将其结构分为三个区域，即全氟化碳骨架、氟化醚支链和磺酸基团。磺酸基团具有较高的极性，大分子的甲醇传输依赖于这一区域，而且甲醇分子比水分子更容易穿过氟化醚支链。氟化碳主链不允许水的通过，但是允许少量甲醇分子透过。由于甲醇的渗透，导致在阴极产生混合电位，降低了 DMFC 开路电压，增加阴极极化和燃料消耗。膜的厚度对甲醇渗透有重要影响。甲醇的渗透速率与膜的厚度成反比，随着膜厚度的增加，甲醇渗透量减少；电流密度增加，阴极生成的水量增加的同时甲醇的利用率也提高，从而使甲醇渗透率降低。甲醇渗透性与 Nafion® 的结构也有关，离子交换基团越多，导电性能越高，但甲醇渗透率也越高。甲醇的渗透率还随着甲醇浓度的增加、温度的增加等相应提高。因此，为了解决甲醇的渗透问题，需要对膜进行研究。

　　一种是对 Nafion® 进行改性，如将一些无机化合物的纳米粒子修饰到 Nafion® 膜中，如 SiO_3、Al_2O_3 等。无机物的加入既可以阻止甲醇的渗透，同时又具有较好的吸水性，能在较高温度的 DMFC 工作条件下保持 Nafion® 膜的湿润性。在 Nafion® 膜上修饰上一层聚合物膜，如将磺化后的聚苯并咪唑附加在 Nafion® 膜上制成复合膜，既保持较高的电导率，又降低了甲醇渗透率；将聚醚醚酮（PEEK）、聚醚砜（PES）、聚砜（PS）等具有良好热稳定性和机械强度的聚合物，通过磺化引入磺酸根基团，也可用于 DMFC 的电解质膜。

　　在 DMFC 中 MEA 的制备工艺也与 PEMFC 近似，但由于甲醇水溶液为燃料，阴极排水量大于电化学反应生成水及受膜溶胀因素的影响，会导致欧姆极化增加，电池性能降低。因此，一般在催化层表面植被一层微米级的 Nafion 层，或先将 Nafion® 膜和薄催化层内的 Nafion 树脂转化为 Na^+ 型，再进行热压以增加亲水催化层与 Nafion® 膜的结合强度。由于 DMFC 燃料液的供给可与电池排热相结合，所以 DMFC 的双极板结构比 PEMFC 简单，可省去 PEMFC 双极板的排热腔。这一简化避免了由双极板排热腔带来的接触电阻，有利于减少电池的欧姆极化而提高电池性能。为了减少甲醇的渗透，也在尝试使用渗透率低的醇代替甲醇，如乙醇、丙醇、丙二醇、丁醇、叔丁醇等。其中乙醇没有毒性，来源丰富，渗透率远低于甲醇，价格和甲醇相近，是现在研究的热点。

　　近年来 DMFC 的研究发展很快，DMFC 系统作为车用动力源主要有两个难关：一是催化剂的用量远高于 PEMFC，导致电池成本高，而且从长远来看资源问题比 PEMFC 更严重；另一个是电池组长时间运行的稳定性问题，所以目前 DMFC 在性能和成本上还与 PEMFC 有所差距。因此，近期内用来代替 PEMFC 作为电动车的动力源仍有较大困难，但是由于 DMFC 结构更加简单，燃料更加易得，其作为小功率便携式电源有较多优点。目前东芝公司已经展出了以 DMFC 为电力的笔记本电脑。随着 DMFC 技术进步，集成式的微型 DMFC 将逐步在单兵电源、笔记本电脑电源、摄像机电源等方面逐步获得应用。

4.6 其他类型的燃料电池材料 <<<

4.6.1 碱性燃料电池

碱性燃料电池(AFC)是最早发展的燃料电池之一,1960年其应用于阿波罗宇宙飞船从而掀起了研究燃料电池的热潮。与其他燃料电池相比,AFC具有较高的能量转化效率,可以使用非贵金属催化剂,可以采用镍或镀镍金属板作为双极板,瞬间启动快且工作范围广,其反应式如下:

阳极: $$H_2 + 2OH^- \longrightarrow 2H_2O + 2e^- \tag{4-55}$$

阴极: $$\frac{1}{2}O_2 + H_2O + 2e^- \longrightarrow 2OH^- \tag{4-56}$$

总反应: $$H_2 + \frac{1}{2}O_2 \longrightarrow H_2O \tag{4-57}$$

然而AFC的电解质为碱性,易与二氧化碳生成K_2CO_3、Na_2CO_3等碳酸盐,严重影响电池性能,所以必须除去二氧化碳,大幅度增加了发电系统的成本。同时,由于电解质为液体,电化学反应生成的水必须及时排出,以维持其浓度,因此排水系统及控制增加了燃料电池的复杂程度。

低温AFC所使用的催化剂可以是铂、钯、金等贵金属,而在高温工作时也可以采用镍、钴、锰等过渡金属作为催化剂。此外,贵金属与贵金属或贵金属与过渡金属的合金,如Pt-Pd,Pt-Au,Pt-Ni,Ni-Mn等也可以作为催化剂。不同的催化剂使AFC的电极结构不同。一般而言,贵金属催化剂采用疏水剂黏结性电极,即将铂类催化剂负载到高比表面积与高电导性的载体上和一定黏结能力的疏水剂(如聚四氟乙烯乳液),按比例混合,再将其涂布于气体扩散层上,形成催化剂-电解质-气体的三相界面。而以过渡金属作为催化剂的电极普遍采用烧结型或雷尼金属结构的双孔结构电极。双孔电极结构由孔径不同的粗孔层和细孔层两层构成。在气体扩散电极一侧为粗孔层,电解液一侧为细孔层,电解液就可以依靠毛细力保持在孔径较小的细孔层中而不进入粗孔层堵塞气体通道。通常采用的制备方式有两种:一种是将不同粒度的镍粉烧结成不同空孔大小的双层多孔结构,这种多孔电极成功应用在阿波罗登月飞船中;另外一种是先将作为催化剂的主金属(如镍)与非活性的次金属(如铝)混合,将此混合金属加入强碱中而将次金属除掉,如此,会留下面积比极高的空孔区域。这种工艺不需要烧结镍粉,可以通过改变两种金属的比例来调节孔隙率。

AFC的电解质通常为30%~45%的KOH溶液,电解质为液态,通常采用石棉吸附。饱浸碱液的石棉隔膜起到传导OH^-和阻隔氧化剂与还原剂的作用。石棉隔膜的制作方式和传统造纸方式类似,石棉纤维主要成分是氧化镁和氧化硅,其分子式为$3MgO \cdot 2SiO_2 \cdot 2H_2O$。在碱性电解液中,石棉中的酸性成分会与碱液反应生成微溶性的硅酸钾,所以一般会对石棉纤维在制膜前用强碱处理,或者在碱中加入少量的硅酸钾。为提高AFC电池寿命,新的电解质隔膜如钛酸钾已经开发成功。

石墨和镍作为AFC的双极板材料具有化学稳定性,在碱性环境中不易被腐蚀,价格也较便宜,但是石墨由于质地较脆,作为双极板往往厚度较大,而镍的密度较大,质量比功率会降低。还可以采用密度小的金属(如铝、镁)作为双极板材料,但是要在其表面进行改性处理,如镀镍或镀金等避免腐蚀发生。

4.6.2　磷酸燃料电池

磷酸燃料电池（PAFC）是最早商业化的燃料电池。与 AFC 及 PEMFC 等低温燃料电池相比，具有耐燃料及空气中二氧化碳的能力，而与 MCFC、SOFC 等比较，PAFC 构成材料易选，启动时间短，稳定性良好，余热利用率高，其适用于热电合并发电站及商业用电源。其反应式如下：

$$阳极：\qquad H_2 \longrightarrow 2H^+ + 2e^- \qquad\qquad (4-58)$$

$$阴极：\qquad \frac{1}{2}O_2 + 2H^+ + 2e^- \longrightarrow H_2O \qquad\qquad (4-59)$$

$$总反应：\qquad H_2 + \frac{1}{2}O_2 \longrightarrow H_2O \qquad\qquad (4-60)$$

但 PAFC 同 PEMFC 一样，必须使用贵金属催化剂，易被燃料气中的 CO 毒化，对燃料气的净化处理要求高。磷酸电解质具有一定腐蚀性，电解质为液体，组装较为困难，容易发生电解液的流失。PAFC 的工作条件如下。

① 工作温度为 $180 \sim 210$℃。这是根据磷酸的蒸气压，材料的耐腐蚀性，电催化剂的耐 CO 能力及电池特性决定的，工作温度越高，PAFC 电池组的效率越高。

② 工作压力对小容量电池堆采用常压，大容量电池堆则采用数百千帕。在高压下，PAFC 反应速率加快，发电效率提高。

③ 冷却方式通常采用空气、水和绝缘油冷却三种方式。

④ 燃料利用率通常为 $70\% \sim 80\%$。

⑤ 氧化剂利用率通常为空气中氧含量的 $50\% \sim 60\%$。

⑥ 反应气主要是由 80% 氢气、20% 二氧化碳及少量的甲烷、一氧化碳、硫化物等组成。

目前 PAFC 电极采用疏水剂黏结型气体扩散电极设计，结构上分为扩散层、整平层与催化层三层。扩散层通常为疏水处理后的炭纸或炭布，扩散层承担传导产生的电子和确保气体顺利扩散进入电极的功能，因此扩散层要经过疏水处理，即将炭纸多次浸入聚四氟乙烯溶液中再烘干。整平层是在扩散层表面涂覆一层碳粉与疏水剂的混合物，并予以整平，通常厚度为 $1 \sim 2\mu m$，使得催化剂能够平整地被覆在扩散层上。催化层是电化学反应的场所，是电极的核心。目前使用的催化剂是将铂分散在高导电率、抗腐蚀、高比表面、低密度的炭黑上而形成的 Pt/C 电极。催化剂与聚四氟乙烯、异丙醇、水按一定比例混合后利用浆涂、喷印、网印等方法，将催化剂浆料均匀涂布到经疏水处理后的炭纸上，再进行烘干处理。

PAFC 中电解质磷酸的浓度通常为 $98\% \sim 99\%$，过高的浓度（$>100\%$），导致离子电导率过低，质子在电解质内迁移内阻大，但过低的磷酸浓度（$<95\%$），磷酸对电池材料的腐蚀急剧增加。运行过程中磷酸的流失也是影响电池性能的重要因素，其流失程度取决于工作温度、反应气体流速以及磷酸在隔膜内的保留能力。PAFC 采用具有化学和电化学稳定性的碳化硅（SiC）粉末与聚四氟乙烯（PTFE）来制作电解质载体。SiC 隔膜与多孔气体扩散电极构成膜电极组合。饱浸磷酸的 SiC 隔膜具有良好的质子传导性能，为减少电阻隔膜需要尽可能大的孔隙率，但考虑到隔膜的强度，孔隙率通常为 $50\% \sim 60\%$。SiC 隔膜的孔径应远小于气体扩散电极的孔径，以确保电解质隔膜内的孔隙充满磷酸电解质，从而有效地阻隔氢气和氧气。

PAFC 的双极板基本采用两种不同粒度的石墨，加入一定量的树脂，在一定温度和压力下模铸成型，再经高温焙烧，使其进一步石墨化。但这种双极板电阻较大，为了减小电阻，可以在后期处理时提高焙烧温度至 2700℃，但这样的成本太高。还可以采用复合双极板，即以两侧的多孔碳材料流场板夹住中间一层分隔气体的无孔薄板。

4.6.3　直接碳燃料电池

　　直接碳燃料电池（DCFC）是唯一使用固体作为燃料的燃料电池，DCFC 直接将煤作为阳极，氧气/空气作为阴极，直接反应转化成电而不需要经过燃烧，减少了污染，碳的体积能量密度高，电池效率高。但是由于 CO_2 在碱性电解质中溶解生成碳酸盐，其阳极动力学性能太低，产生固体燃料在电池中很难均匀分配等问题。DCFC 技术仍未成熟。

　　正在研究的燃料电池还包括超强酸电解质燃料电池、再生式燃料电池、锌-空气燃料电池、不使用氧气的混合型燃料电池等。随着燃料电池种类的增加和技术的发展，燃料电池将会成为可靠、高效、价格低廉的能源供应装置，被应用在民用、军事、航天等各个领域。

参 考 文 献

[1] 衣宝廉. 燃料电池-原理·技术·应用. 北京：化学工业出版社，2003.7.

[2] 毛宗强. 燃料电池. 北京：化学工业出版社，2005.3.

[3] 刘凤军. 高效环保的燃料电池发电系统及其应用. 北京：机械工业出版社，2005.10.

[4] 王林山，李瑛. 燃料电池（第二版）. 北京：冶金工业出版社，2008.8.

[5] Bard, A. J. , Electrochemical methods：fundamental and applications, second edition, John Wiley & Sons Inc. , 2001, US, ISBN：0471043729.

[6] 黄镇江著，刘凤君改编. 燃料电池及其应用. 北京，电子工业出版社，2005.8.

[7] 雷永泉. 新能源材料. 天津：天津大学出版社，2000.12.

[8] Fuel Cell Section of the Program's Multi-Year Research, Development, and Demonstration Plan, 2011.

[9] Watanable M, Uchida M, Motoo S. J Electroanal Chem, 1987, 229, 395.

[10] Amine K, Mizuhata M, Oguro K et al. J Chem Soc. Faraday Trans, 1995, 91, 4451.

[11] Kinoshita K, Stonehart P, J. Catal, 1973, 31, 325.

[12] Lin S, Hsiao T, Chang J, Lin A. J Phy Chem B, 1999, 103, 97.

[13] Dubau L, Hahn F Coutanceau C, Leger J, Lamy C. J Electroanal Chem, 2003, 407, 554-555.

[14] Escribano S, Aklebert P, Pineri M. Electrochim Acta, 1998, 43, 2195-2202.

[15] Nakamura O, Ogino I, Kodama T. Solid State Inoics, 1981, 3-4, 347.

[16] Alberti G, Casciola M, Palombari R, J Membr Sci, 2000, 172, 233.

[17] V. Ramani, H R Kunz, J M Fenton, Electrochimica Acta, 2005, 50, 1181-1187.

[18] Watannabe M, Uchida H, Emori M. J Electrochem Soc, 1996, 143, 3847.

[19] Wei J, Stone C. Steck A E. WO 95/08581, 1995.

[20] Kerres D, Cui W, Reichle S J Polymer Science, Part A, 1996, 34, 2421.

[21] Ise M, Kreuer K D, Maier, Solid State Ionics, 1999, 125, 213.

[22] Rikukawa M, Sanui K, Progress in Polymer Science, 2000, 25, 1463.

[23] Li Q, Jensen J. Membranes for Energy conversion, volume 2, Chapter 3, Edited by Klaus-Viktor Peninemann and Suzana Pereira Nunes, Wiley-VCH publishing, Germany, 2008.

[24] Li Q, Hjuler H A, Bjerrum N J J Appl Electrochem, 2001, 31, 773.

[25] Kuk Seung Taek, Song Young Seck, Kim Keon. J Power Sources, 1999, 83, 1-2, 50.

[26] Daza L, Rangel C M, Baranda J, J Power Sources, 2000, 86, 329.

[27] Kazumi T, Yoshinoli M, Masahiro Y. J Power Sources, 1992, 39, 285.

[28] 李乃朝，衣宝廉，林化新等. 熔融碳酸盐燃料电池隔膜用 $LiAlO_2$ 制备，无机材料学报，1997，12 (2)，211.

[29] Hideaki Inaba, Hiroaki Tagawa. Solid State Ionics, 1996, 83, 1-16.

[30] 江义，李文钊，王世忠. 化学进展，1997，9 (4)，387.

[31] Tastsumi I, Hideaki M, Yusaku T J Am Chem Soc, 1994, 116, 3801-3803.

[32] Kreuer K. D, Annu Rev Mater Res, 2003, 33, 333-359.

[33] Reeve R W, Christensen P A, Hamnett A, et al. J. Electrochem Soc, 1998, 145, 3463-3471.

第5章

生物质能材料

5.1 生物质能概述

生物质直接或间接来自于植物。广义地讲，生物质是一切直接或间接利用绿色植物进行光合作用而形成的有机物质，它包括世界上所有的动物、植物和微生物，以及由这些生物产生的排泄物和代谢物；狭义地说，生物质是指来源于草本植物、藻类、树木和农作物的有机物质。而生物质能是地球上唯一一种既可储存又可运输的可再生资源，是太阳能的一种廉价储存方式，它可以在较短的时间周期内重新生成。从生物学的角度来看，木质纤维素生物质的构成是木质素、纤维素和半纤维素。而从物理和化学角度来看，生物质是由可燃质、无机物和水组成，主要含有 C、H、O 及极少量的 N、S 等元素，并含有灰分和水分。

5.1.1 生物质能的特点

生物质能是太阳能以化学能形式蕴藏在生物质中的一种能量形式，它直接或间接地来源于植物的光合作用，是以生物质为载体的能量，其作用过程如下：

$$x CO_2 + y H_2O \xrightarrow{\text{植物光合作用}} C_x(H_2O)_y + x O_2$$

煤、石油和天然气等化石能源也是由生物质能转变而来的。相比化石燃料而言，生物质能具有以下特点。

① 物质利用过程中具有二氧化碳零排放特性。由于生物质在生长时需要的 CO_2 相当于它排放的 CO_2 量，因而对大气的 CO_2 净排放量近似为零，可有效降低温室效应。

② 生物质硫、氮含量都较低，灰分含量也很少，燃烧后 SO_x、NO_x 和灰尘排放量比化石燃料小得多，是一种清洁的燃料。

③ 生物质资源分布广、产量大，转化方式多种多样。

④ 生物质单位质量热值较低，而且一般生物质中水分含量大而影响了生物质的燃烧和热裂解特性。

⑤ 生物质的分布比较分散，收集运输和预处理的成本较高。

⑥ 可再生性。生物质通过植物的光合作用可以再生，与风能、太阳能同属可再生能源，资源丰富，可保证能源的永续利用。

在世界能源消耗中，生物质能约则占 14％，在不发达地区则占 60％以上。生物质能的优点是燃烧容易，污染少，灰分较低；缺点是热值及热效率低，体积大而不易运输。生物质直接燃烧的热效率仅为 10％～30％，随着现代科技的发展，已有能力发挥生物质的潜力，通过对包括农作物、树木和其他植物及其残体、畜禽粪便、有机废弃物以及边缘性土地种植能源植物的加工，不仅能开发出燃料乙醇、生物柴油等清洁能源，还能制造出生物塑料、聚乳酸等多种精细化工产品。世界上生物质能蕴藏量极大，仅地球上植物每年的生物质能产量就相当于目前人类消耗矿物能的 20 倍。生物质能既是可再生能源，又是无污染或低污染的清洁能源，因此，开发利用生物质能已成为解决全球能源问题和改善生态环境不可缺少的重要途径。

5.1.2　生物质能的分类

依据来源的不同，可以将适合于能源利用的生物质分为林业资源、农业资源、生活污水和工业有机废水、城市固体废弃物和畜禽粪便五大类。

① 林业资源。林业生物质资源是指森林生长和林业生产过程中提供的生物质能源，包括薪炭林、在森林抚育和间伐作业中的零散木材、残留的树枝、树叶和木屑等；木材采运和加工过程中的枝丫、锯末、木屑、梢头、板皮和截头等；林业副产品的废弃物，如果壳和果核等。

② 农业资源。农业生物质资源是指农业作物（包括能源作物）；农业生产过程中的废弃物，如农作物收获时残留在农田内的农作物秸秆（玉米秸、高粱秸、麦秸、稻草、豆秸和棉秆等）；农业加工业的废弃物，如农业生产过程中剩余的稻壳等。能源植物泛指各种用于提供能源的植物，通常包括草本能源作物、油料作物、制取烃类植物和水生植物等几类。

③ 生活污水和工业有机废水。生活污水主要由城镇居民生活、商业和服务业的各种排水组成，如冷却水、洗浴排水、盥洗排水、洗衣排水、厨房排水、粪便污水等。工业有机废水主要是乙醇、酿酒、制糖、食品、制药、造纸及屠宰等行业生产过程中排出的废水等，其中都富含有机物。

④ 城市固体废弃物。城市固体废弃物主要是由城镇居民生活垃圾，商业、服务业垃圾和少量建筑业垃圾等固体废物构成。其组成成分比较复杂，受到当地居民的平均生活水平、能源消费结构、城镇建设、自然条件、传统习惯以及季节变化等因素影响。

⑤ 畜禽粪便。畜禽粪便是畜禽排泄物的总称，它是其他形态生物质（主要是粮食、农作物秸秆和牧草等）的转化形式，包括畜禽排出的粪便、尿及其与垫草的混合物。

5.1.3　生物质能利用的主要技术

生物质能一直是人类赖以生存的重要能源，它是仅次于煤炭、石油和天然气而居于世界能源消费总量第四位的能源，在整个能源系统中占有重要地位。有关专家估计，生物质能极有可能成为未来可持续能源系统的组成部分，到 21 世纪中叶，采用新技术生产的各种生物质替代燃料将占全球总能耗的 40％以上。

目前人类对生物质能的利用，包括直接用于燃料的有农作物的秸秆、薪柴等；间接作为燃料的有农林废弃物、动物粪便、垃圾及藻类等，它们通过微生物作用生成沼气或采用热解法制造液体和气体燃料，也可制造生物炭。生物质能是世界上最为广泛的可再生能源之一。据估计，每年地球上仅通过光合作用生成的生物质总量（干重）就达 1440 亿吨～1800 亿吨，其能量约相当于 20 世纪 90 年代初全世界总能耗的 3～8 倍。但是其尚未被人们合理利用，多半直接当薪柴使用，效率低，影响生态环境。现代生物质能的利用是通过生物质的厌氧发酵制取甲烷，用热解法生成燃料气、生物油和生物炭，用生物质制造乙醇和甲醇燃料，以及利用生物工程技术培育能源植物，发展能源农场。生物质能的利用主要有：直接燃烧，生物质气化，液体生物燃料，沼气，生物制氢，生物质发电技术等。

（1）直接燃烧

生物质的直接燃烧和固化成型技术的研究开发主要着重于专用燃烧设备的设计和生物质成型物的应用。现已成功开发的成型技术，按成型物形状主要分为三类：以日本为代表开发的螺旋挤压生产棒状成型物技术，欧洲各国开发的活塞式挤压制圆柱块状成型技术，以及美国开发研究的内压滚筒颗粒状成型技术和设备。

（2）生物质气化

生物质气化技术是将固体生物质置于气化炉内加热，同时通入空气、氧气或水蒸气，来产生品质较高的可燃气体。它的特点是气化率可达 70％以上，热效率也可达 85％。生物质气化生成的可燃气经过处理可用于合成、取暖、发电等不同用途，这对于生物质原料丰富的偏远山区意义十分重大，不仅能改变人们的生活质量，而且也能够提高用能效率，节约能源。

（3）液体生物燃料

由生物质制成的液体燃料叫做生物燃料。生物燃料主要包括生物乙醇、生物丁醇、生物柴油、生物甲醇等。虽然利用生物质制成液体燃料起步较早，但发展比较缓慢，由于受世界石油资源、价格、环保和全球气候变化的影响，20 世纪 70 年代以来，许多国家日益重视生物燃料的发展并取得了显著成效。

（4）沼气

沼气是各种有机物质在隔绝空气（还原条件），并且在适宜温度、湿度条件下，经过微生物的发酵作用产生的一种可燃气体。沼气的主要成分甲烷，类似于天然气，是一种理想的气体燃料，它无色无味，与适量空气混合后即可燃烧，其应用技术主要如下。

① 沼气的传统利用和综合利用技术。我国是世界上开发沼气资源较多的国家，最初主要是农村的户用沼气池，以解决秸秆焚烧和燃料供应不足的问题，后来的大中型沼气工程始于 1936 年，此后，大中型废水、养殖业污水、村镇生物质废弃物、城市垃圾沼气工程的建立拓宽了沼气的生产和使用范围。

②沼气发电技术。沼气燃烧发电是随着大型沼气池建设和沼气综合利用的不断发展而出现的一项沼气利用技术，它将厌氧发酵处理产生的沼气用于发动机上并装有综合发电装置，以产生电能和热能。沼气发电具有高效、节能、安全和环保等特点，是一种分布广泛且价廉的分布式能源。沼气发电在发达国家已受到广泛重视和积极推广。生物质能发电并网电量在西欧一些国家占能源总量的 10％左右。

③ 沼气燃料电池技术。沼气燃料电池就是用沼气（主要成分为 CH_4）作为燃料的电池，与氧化剂 O_2 反应生成 CO_2 和 H_2O，反应中得失电子就可产生电流从而发电。美国科学家设计以甲烷等烃类为燃烧的新型电池，其成本大大低于以氢为燃料的传统燃料电池。燃料电池使用气体燃料和氧气直接反应产生电能，其效率高、污染低，是一种很有前途的能源利用。

（5）生物制氢

氢气是一种清洁、高效的能源，有着广泛的工业用途，潜力巨大，近年来生物制氢的研究逐渐成为人们关注的热点，但将其他物质转化为氢气并不容易。生物制氢过程可分为厌氧光合制氢和厌氧发酵制氢两大类。

（6）生物质发电技术

生物质发电技术是将生物质能源转化为电能的一种技术，主要包括农林废物发电、垃圾发电和沼气发电等。作为一种可再生能源，生物质能发电在国际上越来越受到重视，在我国也越来越受到政府的关注。

生物质发电将废弃的农林剩余物收集、加工整理，形成商品及防止秸秆在田间焚烧造成的环境污染，又改变了农村的村容、村貌，是我国建设生态文明、实现可持续发展的能源战略选择之一。如果我国生物质能利用量达到 5 亿吨标准煤，就可解决目前我国能源消费量的 20% 以上，每年可减少排放二氧化碳中的碳量近 3.5 亿吨，二氧化硫、氮氧化物、烟尘减排量近 2500 万吨，将产生巨大的环境效益。尤为重要的是，我国的生物质能资源主要集中在农村，大力开发并利用农村丰富的生物质能资源，可促进农村生产发展，显著改善农村的村貌和居民生活条件，将对建设社会主义新农村产生积极而深远的影响。

5.1.4　生物质能开发利用的现状和前景

5.1.4.1　生物质能开发利用的现状

自 20 世纪 90 年代开始，世界各国在积极减少能源消耗、发掘不可再生能源替代品的同时，纷纷把目光投向了可再生生物质能源并制定国家战略和采取行动。

美国是目前世界上第一大能源生产国和消费国。美国能源部早在 1991 年就提出了生物质发电计划，而美国能源部的区域生物质能源计划的第一个实行区域早在 1979 年就已划定。如今，在美国利用生物质发电已成为大量工业生产用电的选择。目前美国有 350 座生物质发电站，主要分布在纸浆、纸产品加工和其他林产品加工方面，同时也提供了约 6.6 万个工作岗位。美国纽约的垃圾处理站投资 2000 万美元，采用湿法处理垃圾，回收沼气，并用于发电，同时生产肥料。目前生物质能占美国能量供给的 3%，成为最大的可再生能量来源。在美国一次能源消费中，可再生能源占 6%，其中生物质能占 47%。发电能源消耗中可再生能源约占 9.1%，其中生物质发电占 67%。美国计划 2020 年使生物质能源和生物质基产品较 2000 年增加 20 倍，达到能源总消费量的 25%。2050 年达到 50%，实现每年减少碳排放量 1 亿吨和增加农民收入 200 亿美元的宏大目标。美国开发出利用纤维生产乙醇技术，建立了 1000kW 的稻壳发电示范工程，年产乙醇 2500t。燃料乙醇产量的增加将使生物质能占美国运输燃料消费总量的比例，由 2001 年的 0.5% 上升到 2010 年的 4%、2020 年的 10%、2030 年的 20%。

欧盟自 20 世纪 90 年代初开始，陆续出台了多项能源发展计划，将可再生能源研究列为欧盟第六框架计划中的一项重要内容。按照欧盟的要求，到 2010 年可再生能源在电力市场上占有率增长 1 倍，达到 12%。到 2020 年生物质燃料在传统的燃料市场中占有 20% 的比例。为此，欧盟发布了两项新的指令以推进生物质燃料在汽车燃料市场上的应用。目前，在欧洲生产生物柴油可享受到政府的税收政策优惠，导致其零售价低于普通柴油。欧盟出台了鼓励开发和使用生物柴油的新规定，如对生物柴油免征增值税，规定了机动车使用生物动力燃料占动力燃料营业总额的最低份额，从 2004 年的 2% 提高到 2010 年的 5.75%。新规定的出台不仅有助于欧盟生物柴油市场的稳定，而且使生物柴油营业额从 2000 年的 5.035 亿美元猛增至 2004 年的 24 亿美元，欧盟推广生物柴油的目标是到 2010 年产量达 830 万吨。

德国政府多年来一直重视生物质能的开发和利用。2001 年，德国通过了《生物质能条例》。到 2002 年底，生物质能利用已达德国整个供热量的 3.4%、供电量的 0.8% 和燃料使用量的 0.8%。全国有约 100 个生物质能热力厂，总功率约达 400MW。法国从 2005 年 1 月起开始实施一项雄心勃勃的促进生物质能开发的新计划，目标是成为欧洲生物质燃料生产的第一大国。该计划具体内容是：建设 4 家新一代生物质能源的工厂，平均年生产能力要达到 20 万吨。丹麦积极推行秸秆等生物质发电技术。目前已建立 15 家大型生物质发电厂，年耗农林废弃物约 150 万吨，供全国 5% 的电力供应。丹麦率先研发的农林生物质高效直燃发电技术被联合国列为重点推广项目，秸秆焚烧发电机组已在欧盟许多国家投产运行多年。芬兰的生物质发电也很成功，目前生物质发电量占该国发电量的 11%。奥地利成功推行了建立燃烧木材剩余物的区域供电站计划，生物质能在总能耗中的比例增加到 25%。

日本尽管生物质资源匮乏，但在生物质利用技术研究方面所取得的专利已占世界的 52%，其中生物能源领域的专利占了 81%。日本每年家禽排泄物为 9100 万吨，食品废弃物为 2000 万吨。根据有关法律，从 2004 年 11 月起，家禽排泄物禁止露天堆放，同时对产生的垃圾有义务进行循环利用。生物质发电在日本已悄然兴起，2003 年 4 月，日本岩手县第一座牛粪便发电厂开始运转。此外，还计划利用牛粪便发酵后产生的沼气制造燃料电池。2004 年 4 月，东京地区动工兴建了一座日本国内最大的生鲜垃圾发电厂，主要依靠回收的生活垃圾进行发酵，产生沼气发电。该电厂设计的垃圾处理能力为每天 110 吨，产生的电力可供 2 千多户居民使用。

巴西政府从第一次世界石油危机起，就做出了重大能源战略决策，选择资源充足的甘蔗为原料，开发燃料乙醇。经过近 30 年的努力，巴西使用乙醇汽油（在汽油中添加一定比例的无水乙醇）燃料的汽车有 1550 万辆，完全用乙醇作为燃料的汽车达 220 万辆，巴西已成为世界上唯一不供应纯汽油的国家。由于甘蔗种植、乙醇生产等劳动力密集型行业的兴起和拓展，全国约有近 100 万人从事甘蔗种植和加工产业，以甘蔗为原料的乙醇燃料已成为新兴的行业。

印度在德国专家的指导下，2003 年开始试种麻疯树，利用麻疯果生产生物柴油，果实含油量高达 80%。这种油几乎在各个方面都明显胜过传统的柴油，特别是它的硫含量非常低，燃烧时无气味，并且不产生炭黑。另外，由于麻疯树自身有毒，可以免受害虫和动物的侵害，尤其是可以种植在其他植物不易生长的土地上。印度总理称，如果能成功实施"麻疯果计划"，就有可能为 3600 万人提供就业机会，使 3300 万公顷贫瘠干旱的土地变成"油田"。

中国有丰富的生物质资源，年产农作物秸秆约 7 亿吨。2006 年年底全国生物质能发电累计装机容量 220 万千瓦，完成生物质气化及垃圾发电 3 万千瓦，在建的还有 9 万千瓦，已建农村户用沼气池 1870 万口，为近 8000 万农村人口提供优质生活燃气。2006 年陆续出台了相应的发展生物质能的配套措施，明确了可再生能源包括生物质能在现代能源中的地位，并在政策上给予优惠和支持；同时希望通过实行可持续发展的能源战略，保证我国到 2020 年实现经济发展目标，即一次能源需求少于 25 亿吨标准煤，节能达到 8 亿吨标准煤，煤炭消费比例控制在 60% 左右，可再生能源利用达到 5.25 亿吨标准煤，其中可再生能源发电达 1 亿千瓦，石油进口依存度控制在 60% 左右，主要污染物的削减率为 45%～60%。

5.1.4.2 生物质能开发利用的前景

中国是人口大国，又是经济迅速发展的国家，21 世纪将面临经济增长和环境保护的双重压力。因此，改变能源生产和消费方式，开发利用生物质能等可再生的清洁能源资源对建立可持续的能源系统，促进国民经济发展和环境保护具有重大意义。其中，开发利用生物质能对中国农村更具特殊意义。中国约 80% 人口生活在农村，秸秆和薪柴等生物质能是农村的主要生活燃料。尽管煤炭等商品能源在农村的使用迅速增加，但生物质能仍占有重要地位。因此，发展生物质能技术，为农村地区提供生活和生产用能，是帮助这些地区脱贫致富，实现小康目标的一项重要任务。随着农村经济发展和农民生活水平的提高，农村对于优质燃料的需求日益迫切。传统能源利用方式已经难以满足农村现代化需求，生物质能优质化转换与利用势在必行。

生物质能高新转换技术不仅能够大大加快村镇居民实现能源现代化进程，满足农民富裕后对优质能源的迫切需求，同时也可在乡镇企业等生产领域中得到应用。由于中国人口众多，常规能源不可能完全满足广大农村日益增长的需求，而且由于国际上正在制定各种有关环境问题的公约，限制二氧化碳等温室气体排放，这对以煤炭为主的我国也是很不利的。因此，立足于农村现有的生物质资源，研究新型转换技术，开发新型装备既是农村发展的迫切需要，又是减少排放、保护环境、实施可持续发展战略的需要。

生物质能源发展前景广阔，具有很大的发展空间，虽面临一些机会，但也面临挑战。投资生物质能的风险主要在于技术、政策、原料来源、资金及行业竞争。因此，要对存在的风险进行监测，制定相关预警措施并予以防范；在投资生物质能的同时，也要注意把握其发展方向和趋势，以争取最大的投资回报率。我国具有大规模开发包括生物质能在内的可再生能源的资源条件和技术潜力，可以为未来社会和经济发展开辟新的能源保障途径。根据我国社会经济发展趋势、能源供需形势、国内外发展背景、可再生能源资源和技术条件，人们可以对未来几十年我国可再生能源开发利用前景做出初步判断，2020年前，可再生能源还不能起到替代作用，但可以起到一定的补充作用。2030年左右，尽管化石能源仍可能是能源的主体，但可再生能源已经开始发挥明显的替代作用。2040年以后，伴随着化石能源资源的不断减少，可再生能源利用比例将不断提高，将有望发挥其主体能源的作用。

5.2 生物质能转化技术

作为生物质能的载体，生物质是以实物形式存在的，相对于风能、水能、太阳能、潮汐能，生物质是唯一可存储和运输的可再生能源。生物质能的组织结构与常规的化石燃料相似，它的利用方式也与化石燃料相似。常规能源的利用技术不必做大幅度的改动，就可以应用于生物质能。生物质能的转化利用途径主要包括物理转化、化学转化、生物转化等，可以转化的二次能源分别为热能或电力、固体燃料、液体燃料和气体燃料等。图5-1为目前生物质的主要转化方式。

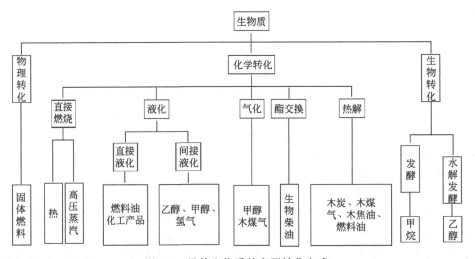

图 5-1   目前生物质的主要转化方式

5.2.1 物理转化技术

物理转化主要是指生物质的固化，生物质固化是生物质能利用技术的一个重要方面。生物质固化就是将生物质粉碎至一定的平均粒径，不添加黏结剂，在高压条件下，挤压成一定形状。其黏结力主要是靠挤压过程所产生的热量，使得生物质中木质素产生塑化与黏性，成型物再进一步炭化制成木炭。物理转化解决了生物质形状各异、堆积密度小且较松散、运输和储存使用不方便等问题，提高了生物质的使用效率，但固体在运输方面不如气体、液体方便。另外，该技术要真正达到商品化阶段，尚存在机组可靠性较差、生产能力与能耗、原料粒度与水分、包装与设备配套等方面的问题。

5.2.2 化学转化技术

生物质化学转化技术主要包括以下几个方面：直接燃烧、热解、气化、液化、酯交换等。

① 直接燃烧。利用生物质原料生产热能的传统办法是直接燃烧，燃烧过程中产生的能量可被用来产生电能或供热。在生物质燃烧用于烧饭、加热房间的过程中，能量的利用效率极低，只能达到10%～30%。而在高效率的燃烧装置中，生物质能的利用效率可获得较大幅度的提高，接近石化能源的利用效率。供热厂的设备主要由生物质原料干燥器、锅炉和热能交换器等组成。早期开发应用的炉栅式锅炉和旋风锅炉，由于大量热能不可避免地从烟道丢失，其热能转换效率小于26%。芬兰于1970年开始开发流化床锅炉技术，现在这项技术已经成熟，并成为燃烧供热电工艺的基本技术。欧美一些国家基本都使用热电联合生产技术来解决生物质原料燃烧用于单一供电或供热在经济上不合算的问题。根据生物质原料的不同特点，研究者又开发了沸腾流化床技术(BFB)和循环流化床技术(CFB)。BWE公司于1990年设计并生产出单程栅式重型锅炉，特别适用于结构松散、能量密度和容积密度较小的生物质原料燃烧。

② 热解。生物质的热解是将生物质转化为更为有用的燃料，是热化学转化方法之一。在热解过程中，生物质经过在无氧条件下加热或在缺氧条件下不完全燃烧后，最终可以转化成高能量密度的气体、液体和固体产物。热解技术很早就为人们所掌握，人们通过这一方法将木材转化为高热值的木炭和其他有用产物。在这一转化过程中，随着反应温度的升高，作为原料的木材会在不同温度区域发生不同反应。当热解温度达到200℃时，木材开始分解，此时，木材的表面开始脱水，同时放出水蒸气、二氧化碳、甲酸、乙酸和乙二醛。当温度升至200～250℃时，木材将进一步分解，释放出水蒸气、二氧化碳、甲酸、乙酸、乙二醛和少量一氧化碳气体，反应为吸热反应，木材开始焦化。若温度进一步升高，达到262～502℃时，热裂解反应开始发生，反应为放热反应。在这一反应条件下，木材会释放出大量可燃的气态产物，如一氧化碳、甲烷、甲醛、甲酸、乙酸、甲醇和氢气并最终形成木炭。通过改变反应条件，人们可以控制不同形态热解产物的产量：降低反应温度、提高加热速率、减少停留时间，可获得较多的液态产物；降低反应温度和加热速率可获得较多的固体产物；提高反应温度、降低加热速率、延长停留时间可获得较多的气体产物。由于液体产品容易运输和储存，国际上近来很重视这类技术。最近国外又开发了快速热解技术，即瞬时裂解，制取液体燃料油（液化油产率以干物质计）可得70%以上。该方法是一种很有开发前景的生物质应用技术。

③ 气化。生物质的气化是以氧气(空气、富氧或纯氧)、水蒸气或氢气作为气化剂，在高温下通过热化学反应将生物质的可燃部分转化为可燃气(主要为一氧化碳、氢气和甲烷以及富氢化合物的混合物，还含有少量二氧化碳和氮气)。通过气化，原先的固体生物质被转化为更便于使用的气体燃料，可用来供热、加热水蒸气或直接供给燃气机以产生电能，并且能量转换效率比固态生物质的直接燃烧有较大提高。气化技术是目前生物质能转化利用技术研究的重要方向之一。

生物质气化时，随着温度的不断升高，物料中的大分子吸收大量能量，纤维素、半纤维素、木质素发生一系列并行且连续的化学变化并析出气体。半纤维素热分解温度较低，在低于350℃的温度区域内就开始大量分解。纤维素主要热分解温度区域在250～500℃，热解后碳含量较少，热解速率很快。而木质素在较高的温度下才开始热分解。从微观角度可将热分解过程分为四个区域：100℃以下是含水物料中的水分蒸发区；100～350℃之间主要是半纤维素和纤维素热分解区；350～600℃之间是纤维素和木质素的热解区；大于600℃是剩余木质素的热分解区。

④ 液化。生物质的液化是在高温、高压条件下进行的生物质热化学转化过程，通过液化可将生物质转化成高热值的液体产物。生物质液化是将固态的大分子有机聚合物转化为液态的小分子有机物的过程。其过程主要由三个阶段构成：首先是破坏生物质的宏观结构，使其分解为大分子化合物；其次是将大分子链状有机物解聚，使之能被反应介质溶解；最后在高温、高压作用下经水解或溶解以获得液态小分子有机物。各种生物质由于其化学组成不同，在相同反

应条件下的液化程度也不同，但各种生物质液化产物的类别则基本相同，主要为生物质粗油和残留物(包括固态和气态)。为了提高液化产率，获得更多生物质粗油，可在反应体系中加入金属碳酸盐等催化剂，或充入氢气和一氧化碳。根据化学加工过程的不同，液化又可以分为直接液化和间接液化。直接液化通常是把固体生物质在高压和一定温度下与氢气发生加成反应(加氢)，与热解相比，直接液化可以生产出物理稳定性和化学稳定性都较好的产品。间接液化是指先将生物质气化得到的合成气($CO+H_2$)，后经催化合成为液体燃料(甲醇或二甲醚等)。生物质间接液化主要有两条技术路线：一条是合成气-甲醇-汽油的 Mobil 工艺路线；另一条是合成气费托(Fischer-Tropsch)合成工艺路线。

⑤ 酯交换。酯交换是将植物油与甲醇或乙醇等短链醇在催化剂或者在无催化剂超临界甲醇状态下进行反应，生成生物柴油(脂肪酸甲酯)，并获得副产物甘油。生物柴油可以单独使用以替代柴油，又可以一定的比例与柴油混合使用。除了为公共交通车、卡车等柴油车辆提供替代燃料外，又可以为海洋运输业、采矿业、发电厂等具有非移动式内燃机行业提供燃料。

5.2.3　生物转化技术

生物质的生物转化是利用生物化学过程将生物质原料转变为气态和液态燃料的过程，通常分为厌氧消化技术和发酵生产乙醇工艺技术。

① 厌氧消化技术。厌氧消化是指富含碳水化合物、蛋白质和脂肪的生物质在厌氧条件下，依靠厌氧微生物的协同作用转化成甲烷、二氧化碳、氢及其他产物的过程。整个转化过程可分为三个步骤，首先将不可溶复合有机物转化成可溶化合物，然后可溶化合物再转化成短链酸与乙醇，最后经各种厌氧菌作用转化成气体(沼气)。一般最后的产物含有 50%～80% 的甲烷，最典型产物为含 65% 的甲烷与 35% 的二氧化碳，热值达 $20MJ/m^3$，是一种优良的气体燃料。厌氧消化技术又依据规模的大小设计为小型的沼气池技术和大中型集中的禽畜粪便或者工业有机废水的厌氧消化技术。

② 发酵生产乙醇工艺技术。生产乙醇的发酵工艺依据原料的不同分为两类：一类是富含糖类的作物直接发酵转化为乙醇；另一类是以含纤维素的生物质原料作为发酵物，必须先经过酸解转化为可发酵糖分，再经发酵生产乙醇。

5.2.4　生物柴油

5.2.4.1　生物柴油概述

化石能源如石油和天然气是当今世界的主要能源，然而，化石能源储量十分有限，根据国外能源机构预测，全世界石油可采资源的总量大约为 4100 亿吨。现已累计探明石油可采储量 2400 多亿吨，剩余石油可采储量为 1400 多亿吨。中国目前已探明石油可采储量约 65.1 亿吨，人均占有石油可采储量仅为世界平均水平的 1/6。自 1993 年起中国成为石油净进口国之后，我国石油对外依存度从 1995 年的 7.6% 增加到 2003 年的 34.5%。预计到 2020 年，石油的对外依存度则可能接近 60%。随着未来经济的快速发展和能源结构的调整，中国对石油的需求还会继续增大。另外，化石能源燃烧后产生的二氧化碳、氧化氮、氧化硫以及排放的黑烟等导致了严重的环境污染问题，如温室效应、全球气候变暖等。严重的能源危机和环境问题促使人们进行石油替代能源的研究和开发。

柴油作为一种重要的石油炼制产品，在各国燃料结构中占有较高的份额。柴油具有动力大的特点，可以作为许多大型动力车辆(卡车、内燃机车及农用汽车如拖拉机等)发动机的主要燃料。柴油应用中存在的主要问题是燃烧效率较低，对空气污染严重，容易产生大量颗粒粉尘等。因此，国内外开始研究用可再生的生物柴油代替柴油。

柴油分子是由约 15 个碳原子组成的烃类，而植物油分子中的脂肪酸一般由 14～18 个碳原子组成，与柴油分子的碳原子数相近。1983 年，美国科学家 Graham Quick 首先将亚麻子油经甲酯化用于柴油发动机，并将可再生的脂肪酸单酯定义为生物柴油（Biodiesel）。

发动机的发明者鲁道夫·狄塞尔在最初发明发动机的时候，其实就是设想使用植物油作为发动机的燃料。随着 20 世纪 70 和 90 年代出现的两次石油危机，这一设想在世界许多国家变成了现实，生物柴油（由油脂转化获得的脂肪酸甲酯混合物）成为了实用产品，直接应用在柴油发动机上并体现出较好的环境友好性。生物柴油的性能与 0# 柴油相近，但是燃烧生物柴油时发动机排放出的尾气所含有害物比燃烧普通柴油大幅度减少。

在 20 世纪 70 年代爆发第一次石油危机后，美国从自身战略及国家安全的角度出发，率先启动了开发生物柴油的国家计划。随后，法国、德国、意大利等西方国家和日本、韩国等亚洲国家也相继成立了专门的生物柴油研究机构，投入大量人力与物力。

中国柴油需求量很大，但是柴油的供应量严重不足，靠进口来平衡市场的供需矛盾。随着世界范围内汽车柴油化趋势的加快以及我国西部开发中国民经济重大基础项目的相继启动，柴油缺口将进一步扩大。近年来，生物柴油的开发与使用引起了我国政府及相关部门的高度重视。生物柴油产业已被列为国家产业重点发展方向之一。

5.2.4.2 生物柴油的特点及其意义

生物柴油是柴油的优良替代品，它适用于任何柴油车辆，可以与普通柴油以任意比例混合，制成生物柴油混合燃料，比如 B5（5% 的生物柴油与 95% 的普通柴油混合）、B20（20% 的生物柴油与 80% 的普通柴油混合）等。

表 5-1 生物柴油和普通柴油的对比

性能参数	单位	生物柴油（DIN E 51606）	0# 柴油（GB 252—2000）
密度（15℃）	kg/m³	875~900	实测
运动黏度	mm²/s	3.5~5.0（40℃）	3.0~8.0（20℃）
闪点	℃	≥110	≥55
硫含量	%	≤0.01	≤0.2
十六烷值		≥49	≥45
氧含量	%	10.9	0
热值	MJ/L	32	35
燃烧功效（柴油=100）	%	104	100

表 5-1 对比了生物柴油和普通柴油的性能。数据表明，生物柴油的燃烧性能完全可以满足柴油机的需要。与柴油相比，生物柴油还具有以下优点：

① 以可再生动植物油脂为原料，可减少对化石燃料的需求量和进口量；

② 环境友好，无硫化物排放，生物柴油十六烷值和含氧量高，燃烧更充分，尾气中有毒物排放量均大大低于普通柴油，并且生物降解性高，是典型的"绿色能源"；

③ 生物柴油的闪点远远高于普通柴油，不容易意外失火，因此使用、运输、处理和储存都更加安全。

生产和推广、应用生物柴油的优越性是显而易见的，特别是对于我国这样一个能源进口大国和农业大国，发展生物柴油更是具有十分重要的意义。

① 今后我国将长期大量进口石油。面对严峻的挑战，立足于本国油脂原料，大规模生产替代液体燃料，是保障我国石油安全的重要途径之一。发展生物柴油代替柴油，近期可以缓解柴油供应紧张的状况，长期则可减少进口、节省外汇，这将对我国石油安全做出重大贡献。

② 生物柴油是一种可降解环保型清洁能源，可以显著减少污染物排放，减轻意外泄漏时

对环境的污染。利用废弃食用油脂生产生物柴油，可以减少受污染的、含有毒物质的废油排入环境或重新进入食用油系统。在适宜的地区种植油料作物，为制备生物柴油提供充足油脂原料的同时，可以起到保护生态、减少水土流失等作用。因此，生物柴油的发展具有重要的环保意义。

③ 我国是一个农业大国，解决好"三农"问题尤为重要。通过结构调整将退耕还林和发展木本油料植物结合起来，开发种植特色高产工业油料作物，将农产品向工业品转化，这无疑是一条强农业富农民的可行途径。另外，由于分散生产和就地使用等特点，生物柴油的开发对改善区域经济和解决农村剩余劳动力也有十分重要的意义。

5.2.4.3　生物柴油的制备技术

最早出现的从油脂制备的生物柴油并不是现在所定义的长链脂肪酸单酯。从生物柴油的发展历史来看，它的制备方法经历了以下四个阶段。

① 直接混合。1900 年鲁道夫·狄塞尔最早直接将植物油用在他所发明的柴油发动机中。为了降低植物油的黏度，Adams 等在 1983 年将脱乳大豆油和柴油混合作为柴油机燃料油。但是植物油的高黏度以及在储存和燃烧过程中，因氧化和聚合而形成的凝胶、碳沉积并导致润滑油黏度增大等都是不可避免的严重问题。实践证明，以植物油直接替代柴油或将植物油与普通柴油混合并直接使用到柴油机上是不太实际的。

② 微乳液法。为解决油脂的高黏度问题，可使用甲醇、乙醇和 1-丁醇进行微乳化，形成微乳液。微乳液是由水、油、表面活性剂等成分以适当比例自发形成的透明、半透明稳定体系，其分散相颗粒极小，一般在 $0.01 \sim 0.2 \mu m$ 之间。微乳化能使燃烧更加充分，提高燃烧率。但在实验室规模的耐久性试验中，发现注射器针经常出现被堵住，积炭严重，燃烧不完全，润滑油黏度增加等问题。

③ 热裂解。热裂解是在热或热和催化剂共同作用下，使一种物质转化为另一种物质的过程。由于反应途径和反应产物的多样性，热裂解反应很难被量化。甘油三酯热裂解可生成一系列混合物，包括烷烃、烯烃、二烯烃、芳烃和羧酸等。该工艺的特点是过程简单，不产生任何污染，但是裂解设备昂贵，过程很难控制且难以达到产品质量要求。例如，当裂解混合物中硫、水、沉淀物及铜片腐蚀值在规定范围内时，其灰分、炭渣和浊点就超出了规定值。

④ 转酯化。这种方法是以长链脂肪酸单酯作为目的产物，也是目前生产生物柴油的主要方法。动植物油脂在催化剂的作用下，与以甲醇为代表的短链醇发生转酯化反应，生成长链脂肪酸单酯(生物柴油)，同时生成副产物甘油(如图 5-2 所示)。

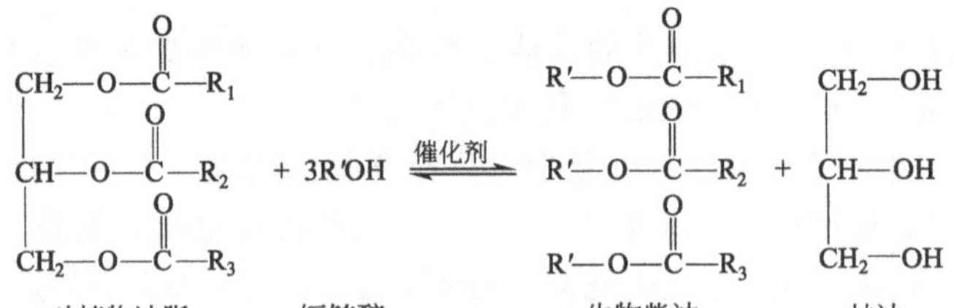

图 5-2　转酯化制备生物柴油

根据所使用的催化剂不同，通常把转酯化法分为化学法和生物法两类。化学法是指以酸或碱作为催化剂。生物法则是以脂肪酶或者微生物细胞作为催化剂。

5.2.4.4　制备生物柴油的油脂原料

植物油脂、动物油脂以及废弃油脂等都可以用来制备生物柴油。植物油脂是最为丰富的生物柴油原料资源，可分为草本植物油和木本植物油，占油脂总量的 70% 以上。

在油脂供应有保障的前提下，油脂的供应价格对生物柴油生产的经济性是至关重要的。一般来说，油脂成本占生物柴油生产成本的 70%～80%。

我国具有丰富的生物柴油原料资源，北部盛产大豆油、玉米油、葵花子油，南部盛产菜子油、棕榈油、椰子油，西部盛产棉子油，废弃食用油脂和下水道泔脚油的数量也相当可观。因地制宜，选择合适的生物柴油生产原料和合理的税收政策是我国生物柴油推广应用过程中的关键。

目前中国生物柴油的原料来源主要包括酸化油和一些废弃食用油脂。为了长远发展生物柴油产业，必须考虑到油脂原料的可持续供应。木本油料和油料农作物具有很大的发展优势。

① 酸化油。2004 年中国食用油消费量接近 2000 万吨，以 20% 的废油产生率计算，有近 400 万吨的原料可以生产生物柴油，可部分缓解中国柴油供应紧张的状况。酸化油是榨油厂酸碱精制后的废弃垃圾，但酸化油收集较难，而且价格波动较大。

② 废弃食用油脂。废弃食用油脂分以下部分：剩饭菜里的中性油；宾馆和饭店洗碗碟时，随水进入隔油池的垃圾；麦当劳、肯德基等快餐业排出的煎炸废油；皮革厂加工时，从牛皮、羊皮上剥下来的一层油脂。这些废弃油脂收购价格差别比较大，量也非常有限。

③ 木本、草本类油脂原料。在木本油料中，我国的黄连木、乌桕、油桐、麻疯树等资源十分丰富，但现有的资源没有得到充分开发和利用。它们具有野生性、耐旱、耐贫瘠，不与粮食生产争地，在约占我国国土总面积 69% 的山地、高原和丘陵等地域都能很好地生长，而且其采集需要大量劳动力，合乎我国国情。结合我国西部退耕还林生态工程，大面积营造生物柴油资源林，提供廉价的生物柴油原料，可变荒山劣势为优势，同时为我国农民和林业工人增收，这将是中国发展生物柴油的重要特色。此外，我国也有丰富的油料作物资源，如大豆、棉花、菜子等，它们的亩产油量比野生木本植物高，更利于大量提供生物柴油原料。但是，这类原料价格高，必须综合利用以降低生产成本；还要与粮食生产结合，不与粮食争地。以菜子油来发展生物柴油为例，要采用优质品种，如低芥酸、低硫甙、高油收率的品种，提供优质生物柴油原料和动物饲料蛋白；要与农作物生产结合，组织起油菜种植、加工一体化生物柴油生产基地来实现。除国内资源外，也可以从国外进口大豆油、菜子油、棕榈油等为原料，这也相当于代替一部分进口原油和柴油，关键是原料和成品价格能否与石油竞争。

④ 微生物油脂原料。微生物油脂也可能是未来生物柴油的重要油源。国外学者曾报道了产油微生物转化五碳糖为油脂的研究。产油微生物的这一特性尤其适用于木质纤维素全糖利用，如图 5-3 所示。因此，微生物油脂是具有广阔前景的新型油脂资源，在未来的生物柴油产业中将发挥重要作用。

图 5-3　从木质纤维素原料经微生物油脂制备生物柴油的技术路线

木质纤维素具有来源丰富、品种多、再生时间短的优点。我国纤维素可再生资源非常丰富，如农作物秸秆，除部分用于造纸、建筑、纺织等行业外，大部分未能被有效利用，有些还造成环境污染。木质纤维素的主要成分为纤维素、半纤维素和木质素，其中纤维素和半纤维素含量超过 65%。由于木质纤维素氧含量高，能量密度低，不能直接用于高品质能源产品。如干燥秸秆资源总碳氢氧元素组成比约为 1∶1.4∶0.6，而化石能源含氧量均很低。生物能源产品以生物柴油为例，碳氢氧元素组成比大约为 1∶1.9∶0.1，可见生物质资源转化为能源产品的化学本质是"深度脱氧"，并代谢得到含氧量低的产品。

随着现代生物技术的发展，将可能获得更多的微生物资源。如通过对野生菌进行诱变、细胞融合和定向进化等手段能获得具有更高产油能力或其油脂组成中富含稀有脂肪酸的突变株，提高产油微生物的应用效率。最近希腊学者 Papanikolaou 等报道了利用 M. isabellia（深黄被孢霉）进行高浓度糖发酵（初始糖浓度达 100g/L），油脂含量达到 18.1g/L，显示出很好的应用前景。中国的里伟、沈琚琚、墨玉欣等也研究了利用木质纤维素水解液制备微生物油脂。结果表明，微生物可同时利用半纤维素和纤维素水解产物进行油脂的生产。此外，武敏敏等还研究了 ^{60}Co 诱变技术，以获得高产油的微生物菌株。随着现代分子生物学、化学生物学、生物化工技术的发展，通过加快对产油微生物菌种筛选、改良、代谢调控和发酵工程等方面的深入研究，微生物油脂有望为生物柴油的可持续发展提供新的油脂原料来源。

5.2.5　生物质制氢

5.2.5.1　生物质制氢概述

目前全球能源主要依靠石油、煤炭、天然气这些化石能源，随着化石能源的枯竭最终会导致能源危机，并且因其燃烧产生的 CO_2 及其他有害气体造成严重的环境污染，导致全球气候发生变化。氢气是一种清洁的可再生能源，具有对环境友好、能量密度高、热转化效率高等诸多优点，被认为是理想的化石燃料的替代能源之一。

目前，世界上氢的年产量在 3600 万吨以上。其中 4% 由电解水的方法制取，90% 以上是用化学法从石油、煤炭和天然气等化石燃料或工厂副产气转化制成。这些制备氢气的方法能耗大、成本高，对环境也有一定污染。而生物制氢以其原料来源丰富、可再生、低能耗、反应条件温和等特点得到了人们的关注，是具有广泛应用前景的一种制氢方法。

5.2.5.2　氢能的特点

氢位于元素周期表之首，它的原子序数为 1，在常温、常压下为气态，在超低温与高压下可以成为液态。作为能源，氢能有以下特点：

① 在所有元素中，氢重量最轻。在标准状态下，它的密度为 0.0899g/L；在 $-252.7℃$ 时，可成为液态；若将压力增大到数百个大气压，液氢就可变为固态氢；

② 在所有气体中，氢能的导热性最好，比大多数气体的热导率高出 10 倍，因此在能源工业中氢是极好的传热载体；

③ 氢是自然界存在最普遍的元素，据估计它构成了宇宙质量的 75%，存储量大。除空气中含有氢气外，它主要以化合物的形态储存于水中，而水是地球上最普遍的物质。据推算，如果把海中的氢全部提取出来，它所产生的总热量比地球上所有化石燃料放出的热量还高 9000 倍；

④ 氢的发热值高，除核燃料外，氢的发热值是所有化石燃料、化工燃料和生物燃料中最高的，为 142351kJ/kg，是汽油发热值的 3 倍；

⑤ 氢燃烧性能好，点燃快，与空气混合时可燃范围广，3%～97% 范围内均可燃，而且燃点高、燃烧速率快；

⑥ 氢本身无毒，与其他燃料相比，氢燃烧时最清洁，除生成水和少量氮化氢外，不会产生诸如一氧化碳、二氧化碳、烃类、铅化物和粉尘颗粒等对环境有害的污染物质。少量的氮化氢经过适当处理，也不会污染环境；

⑦ 氢循环使用性好，燃烧反应生成的水可再用来制备氢，循环使用；

⑧ 氢能利用形式多，既可以通过燃烧产生热能，在热力发动机中产生机械功，又可以作为能源材料用于燃料电池，或转换成固态氢用于结构材料。用氢代替煤和石油，不需要对现有的技术装备进行重大改造，将现在的内燃机稍加改装即可使用；

⑨ 氢可以以气态、液态或固态的金属氢化物形式存在，能适应储运及各种应用环境的不同要求；

⑩ 氢可以减轻燃料自重，可以增加运载工具的有效载荷，从而降低运输成本；从全程效益考虑，其社会总效益优于其他能源；

⑪ 氢取代化石燃料能最大限度地减弱温室效应。

总之，氢能在 21 世纪有可能成为一种举足轻重的二次能源。

5.2.5.3　生物制氢技术

生物制氢目前正处于起步阶段，进展迅速，制氢过程的能量消耗量少，而且也可以把生物制氢与环境治理相结合，达到既能制取氢能，又能改善环境的目的。不足之处是产氢量较小，产氢速率缓慢。如果能克服这些不足，生物制氢无疑将成为未来制氢的主要方法之一。生物制氢是生物体在常温、常压下，利用生物体特有的酶催化而产生 H_2。生物制氢与生物体的物质和能量代谢密切相关，生物体放氢是其能量代谢过程的副产物之一。也就是说，生物体利用太阳能或分解有机物获得的能量，分解烃类，释放 H_2。生物制氢耗能小，且可以和有机污染物的分解相结合。虽然目前生物制氢的产量不高，但随着现代生物技术的飞速发展，其产氢能力可以通过遗传改造和过程控制等手段得到提高，特别是生物制氢可以与有机废物的处理过程相结合，达到制氢和环保的双重目的，因而这也将成为未来氢能的主要发展方向。

5.2.5.4　生物制氢微生物

产氢微生物是指一些具有产氢能力的微生物。微生物产氢是一种广泛存在的自然现象，大量的微生物存在于沼泽、污水、土壤、热泉甚至动物胃里，它们有的可以直接利用太阳能放出 H_2，有的可以分解有机物放出 H_2。产氢生物不仅包括原核生物，还包括许多真核生物，如一些绿藻也具有产氢能力，产氢微生物主要包括发酵产氢微生物和光合产氢微生物两大类。

（1）发酵产氢微生物

发酵产氢微生物主要是一些不需要光照，以分解有机物为产氢提供能量的一些细菌。发酵产氢微生物主要包括严格厌氧发酵产氢菌、兼性厌氧发酵产氢菌和好氧发酵产氢菌。

① 严格厌氧发酵产氢菌。分子氧对严格厌氧微生物有毒，即使短期接触空气也会抑制严格厌氧微生物的生长甚至致死，其生命活动所需能量通过发酵、无氧呼吸或磷酸化等过程提供。严格厌氧发酵产氢菌主要包括产氢梭菌（*Clostridia*）、产氢瘤胃细菌（*Rumen bacteria*）、嗜热产氢菌（*Thermophiles*）、产甲烷产氢细菌（*Methanogens*）等。不同严格厌氧菌株具有不同的产氢能力，如丁酸梭菌（*C. butyricum*）产氢量达 416mL/L，阴沟肠杆菌 ITT2BT08（*Enterobacter cloacae* ITT2BT08）产氢量达 212mL/L，类腐败梭菌（*C. paraputrificum*）、巴氏梭菌（*C. pasteurianum*）等也都具有一定的产氢能力。这些严格厌氧发酵菌可以用于单独产氢，也可以进行混合产氢。它们能够分解利用多种有机质产氢，如可以利用木糖、树胶醛糖、半乳糖、纤维二糖、蔗糖和果糖等小分子糖类，也能利用纤维素和半纤维素等大分子糖类产氢。

纤维素在自然界中广泛存在，如果用纤维素类物质作为产氢的原料，可望大规模生产 H_2。瘤胃细菌生存于动物的瘤胃中，利用动物未完全消化的有机物作为产氢的底物，如白色瘤胃球菌（*Ruminococcus albus*）可以分解糖类产生 H_2。嗜热菌也具有产氢的能力，如嗜热厌氧菌（*Thermoanaerobacter*）。许多嗜热菌的产氢量很高，但一般葡萄糖利用率很低。产甲烷细菌在厌氧的情况下有一定的产氢能力，在正常情况下，其主要产物仍然是甲烷，但在甲烷生成受到抑制的时候，巴氏甲烷八叠球菌（*Methanosarcina barkeri*）可以利用 CO 和 H_2O，生成 H_2 和 CO_2。

② 兼性厌氧发酵产氢菌。兼性厌氧发酵产氢菌在有氧或无氧条件下均能生长，但在有氧情况下生长得更好。具有产氢能力的兼性厌氧发酵菌，如大肠杆菌（*E. coli*）和柠檬酸杆菌（*Citrobacter*）等。大肠杆菌在厌氧的情况下可以分解利用多种有机物放出 H_2 和 CO_2，大肠杆菌有极高的生长率并能够利用多种碳源，而且产氢能力不受高浓度 H_2 的抑制，但其缺点是产氢量比较低。一些柠檬酸杆菌，如 *Citrobacter sp.* Y19 可以在厌氧条件下利用 CO 和 H_2O 产生 H_2。

③ 好氧发酵产氢菌。好氧发酵产氢菌只能在有氧的条件下才能生长，有完整的呼吸链，

以 O_2 作为最终氢受体。需氧产氢微生物主要包括有芽孢杆菌($Bacillus$)、脱硫弧菌($Desulfovibrio$)和粪产碱菌($Alcaligenes$)等。

发酵型细菌能够分解多种底物制取 H_2，如甲酸、乳酸、丙酮酸及各种短链脂肪酸、葡萄糖、淀粉、纤维素二糖等。O_2 的存在会抑制与产氢相关的酶的合成与活性，甚至会使产氢过程完全受到抑制。在发酵型细菌中一般巴氏梭菌($Clostridium\ pasteurianum$)，丁酸梭菌($C.butyricum$)和拜氏梭菌($C.beijerinckii$)是高产氢细菌，而丙酸梭菌($C.propionicum$)、大肠杆菌($E.coli$)和蜂房哈夫尼菌($Hafnia\ alvei$)的产氢量较低。

(2) 光合产氢微生物

光合产氢微生物产氢按照其分解底物的不同，又可分为藻类和光合细菌两大类。其中藻类(如蓝藻和绿藻)主要依靠分解水来产生 H_2，而光合细菌主要依靠分解有机质来产生 H_2，光合微生物能够利用太阳能产生 H_2。

① 藻类。藻类中的原核和真核藻具有产氢能力(蓝藻和绿藻)。蓝藻(又称蓝细菌)是一种原核生物，它可以利用太阳能还原质子产生 H_2，如多变鱼腥藻($Anabaena\ variabili$)、柱孢鱼腥藻($A.cylindrica$)，球胞鱼腥藻($A.sphaerica$)、满江红鱼腥藻($A.azollae$)、钝顶螺旋藻($Spirulina\ platensis$)、珊藻($Scenedesmus$)、聚球藻($Synechococcus$)、沼泽颤藻($Oscillatoria\ limnetica$)、点形念珠藻($Nostoc\ punctiforme$)等。

② 光合细菌。光合细菌是一群没有形成芽孢能力的革兰阴性菌，具有固氮能力，它们的共同特点是能在厌氧和光照条件下进行不产氧的光合作用。产氢光合细菌主要集中于红假单胞菌属($Rhodopseudomonas$)、外硫红螺菌属($Ectothiorhodospira$)、红微菌属($Rhodomicrobium$)、红细菌属($Rhodobacter$)、小红卵菌属($Rhodovulum$)等。

5.2.5.5 生物制氢机制

(1) 光合作用产氢

① 直接生物光解制氢系统。产氢藻类可通过光合作用分解水产氢，同时伴随氧气的产生，其生物过程按以下反应进行：

$$2H_2O \longrightarrow 2H_2 + O_2$$

这一过程包括光吸收的两个连续的系统：光系统 I(PS I)和裂解水及释放氧的光系统 II(PS II)。光合作用进行时，吸收的光能传递到 PS II 反应中心后分解水，释放出质子、电子和氧气，电子在 PS I 进行一系列传递后传递给铁氧还蛋白(Fd)。可逆氢化酶接受还原态铁氧还蛋白传递的电子并释放出氢气。

$$H_2O \longrightarrow PS\ II \longrightarrow PS\ I \longrightarrow Fd \longrightarrow 氢化酶 \longrightarrow H_2$$
$$\downarrow$$
$$O_2$$

这一产氢系统的代表微生物为绿藻类的斜生栅藻($Scenedesmus\ obliquus$)，早在 70 多年前就有研究。厌氧是绿藻产氢的先决条件，当环境中氧气浓度接近 1.5% 时，脱氢酶会迅速失活，产氢反应立即停止，因此，O_2 的积累对 H_2 的持续生产有很大的抑制作用。

② 间接生物光解制氢系统。蓝细菌可以通过两步光合作用生产氢气，其反应如下：

$$12H_2O + 6CO_2 \longrightarrow C_6H_{12}O_6 + 6O_2$$

$$C_6H_{12}O_6 + 12H_2O \longrightarrow 12H_2 + 6CO_2$$

蓝细菌(或称蓝藻)属革兰阳性菌，具有和高等植物同一类型的光合系统，被称为固氮细菌，能够进行光合作用将水分解为氢气和氧气。蓝细菌的产氢分为固氮酶催化产氢和氢化酶催化产氢，两者之间的产氢关系如图 5-4 所示。

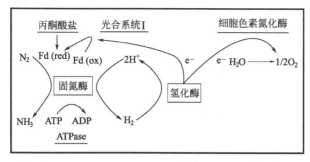

图 5-4 蓝细菌中固氮酶催化产氢和氢化酶催化产氢

间接生物光解制氢系统的主要障碍是产氢过程中产生的氧气对固氮酶的抑制，这直接影响到氢气的持续生产。

③ 光发酵制氢系统。光发酵的所有生物化学途径都可以表示为：

$$(CH_2O) \longrightarrow Fd \longrightarrow 固氮酶 \longrightarrow H_2$$
$$\uparrow \qquad \uparrow$$
$$ATP \qquad ATP$$

属光营养细菌的紫色非硫细菌可在厌氧且缺氮条件下以有机酸为底物生成氢气。

CO 同样可以作为唯一碳源由光合细菌产生氢气：

$$CO + H_2O \longrightarrow CO_2 + H_2 。$$

光合细菌发酵产氢的主要优点为：理论转化率高，可利用光谱范围较宽，无氧的抑制作用，可利用多种有机废弃物作为原料。

当然，这一制氢系统也同样存在一些缺点，如固氮酶自身需要大量能量，太阳能转化率低，厌氧反应器占地面积较大。

（2）厌氧暗发酵生物产氢

厌氧暗发酵生物产氢是异养型厌氧细菌利用碳水化合物等有机物，在暗环境中发酵产生氢气。发酵法生物制氢主要包括丁酸型发酵产氢、丙酸型发酵产氢和乙醇型发酵产氢三种类型。

① 丁酸型发酵产氢途径。碳水化合物经过三羧酸循环形成的丙酮酸首先在丙酮酸脱氢酶作用下脱羧，形成 TPP(焦磷酸硫胺素)-酶的复合物，同时将电子转移给铁氧还蛋白，还原的铁氧还蛋白被铁氧还蛋白氢化酶重氧化，释放出 H_2。其代表菌属为梭状芽孢杆菌属。

② 丙酸型发酵产氢途径。辅酶 I 的氧化与还原平衡调节产氢，经糖酵解或己糖二磷酸途径（EMP）产生的 $NADH + H^+$ 通过与一定比例的丙酸、丁酸、乙醇和乳酸等发酵过程相偶联而氧化为 NAD^+，来保证代谢过程中的 $NADH/NAD^+$ 的平衡。发酵细菌通过释放 H_2 的方式将过量的 $NADH + H^+$ 氧化，其代表菌属为丙酸杆菌属。

③ 乙醇型发酵产氢途径。葡萄糖经糖酵解后形成丙酮酸，在丙酮酸脱酸酶的作用下，以 TPP 为辅酶，脱羧生成乙醛，随后在醇脱氢酶作用下形成乙醇。此过程中还原型铁氧还蛋白在氢化酶的作用下被还原，同时释放出 H_2。

暗发酵产氢系统在工业产氢方面具有一定的优势，如发酵产氢菌种的产氢能力高于光合产氢菌种，而且发酵产氢细菌的生长速率一般比光合产氢生物要快；可以与不同有机物为底物连续产氢；可以将能生物降解的工农业有机废料为底物，来源广泛且成本低廉。

（3）光合生物与发酵细菌混合培养产氢

混合培养产氢系统由光合细菌和厌氧细菌混合发酵产氢（见图 5-5），能提高氢气的产量。碳水化合物（葡萄糖）首先由厌氧细菌厌氧消化降解为有机酸、氢气和 CO_2。由于有机酸产氢的自由能是增加的，厌氧细菌不能继续降解有机酸，同时可获取能量和电子合成氢气。而利用光能的光合细菌可以利用这一自由能增加的反应，降解有机酸合成氢气。这种光合生物和厌氧细菌混合培养产氢的方式，不仅能降低光合细菌对光能的消耗，而且能提高底物利用率，提高产氢量。

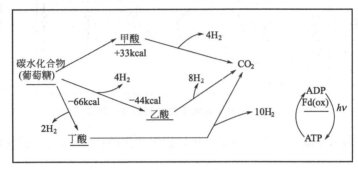

图 5-5   光合生物与厌氧细菌混合培养产氢系统碳水化合物（葡萄糖）消耗途径

(1kcal＝4.184kJ)

5.2.5.6   生物制氢相关酶

产氢酶催化的产氢反应是十分简单的，其化学反应式为 $2H^+ + 2e^- \longrightarrow H_2$。但是目前所知的与生物产氢相关的酶都含有复杂的金属簇作为催化活性中心，同时也具有许多辅助因子。产氢相关的酶有多种，其中最主要的是固氮酶和氢酶，见表 5-2。

表 5-2   产氢生物和主要催化酶

产氢生物类型	主要产氢酶	产氢生物种类	细菌的代表种属	电子供体
发酵放氢微生物	氢酶	严格厌氧菌	羧菌属（Clostridium）	有机物
		兼性厌氧菌	甲烷杆菌属（M ethanobacterium）	有机物
			埃希氏菌属（Escherichia）	有机物
			肠杆菌（Enterobacter）	有机物
	固氮酶	严格厌氧菌	固氮菌属（Azotobacter）	有机物
			羧菌属（Clostridium）	有机物
		兼性厌氧菌	克雷伯菌（Klebsiella）	有机物
光合生物	氢酶	绿藻	衣藻属（Chlamydomonas）	水
			小球藻（Chlorella）	水
		蓝细菌	项圈藻属（Anabaena）	水
			颤藻（Oscillatoria）	水
	固氮酶	光合细菌	红细菌（Rhodobacter）	有机酸
			红假单胞菌（Rhodopseudomonas）	有机酸
			红螺菌（Rhodospirillum）	有机酸
			着色菌（Chromatium）	硫酸盐
			荚硫菌（Thiocapsa）	硫酸盐

（1）固氮酶

固氮酶是和生物产氢联系最紧密的一种酶，也是一种多功能的氧化还原酶。主要成分是钼铁蛋白和铁蛋白，存在于能够发生固氮作用的原核生物（如固氮菌、光合细菌和藻类等）中，能够把空气中的 N_2 转化生成 NH_4^+ 或氨基酸。O_2 对固氮酶的活性有强烈的抑制作用。铵和铵盐的存在既抑制固氮酶的活性，又抑制固氮酶的合成。固氮酶对氧极其敏感，主要由两个蛋白亚基组成：固氮酶（*Dinitrogenase*，MoFe$_2$ 蛋白或蛋白Ⅰ）和固氮酶还原酶（*Dinitrogenase reductase*，Fe 蛋白或蛋白Ⅱ）。

① 固氮酶是一个 $\alpha_2\beta_2$ 异源四聚体，称为 MoFe$_2$ 蛋白，在整个固氮催化的过程中，以连二亚硫酸盐为还原剂，α-亚基和 β-亚基分别由 nifD 和 nifK 编码，光合细菌的固氮酶是一种铁硫蛋白。大亚基含有 2 个钼、20～30 个铁以及 20～30 个硫。分子量为 130kDa，固氮菌和蓝藻的分子量大约为220～240kDa。

② 固氮酶还原酶由 nifH 编码，是一个同源二聚体，主要调节电子从电子供体（铁氧化还原蛋白或黄素氧化还原蛋白）向双向固氮酶还原酶传递。光合细菌的固氮酶还原酶含有 4 个铁和 4 个硫，分子量为 3315kDa 左右。而蓝藻的分子量大约为 60～70kDa。固氮酶所催化的 H$_2$ 生成过程是一个高度吸收能量的反应，需要大量 ATP。其所催化的反应式为：

$$N_2+8H^++8e^-+16ATP \longrightarrow 2NH_3+H_2+16ADP+16Pi$$

（2）氢酶

氢酶存在于多种微生物中，如产甲烷细菌、产酸细菌、固氮菌、光合细菌和硫还原细菌中。氢酶主要含有两个亚基，大亚基含有 Ni-Fe 活性中心，通过 CO 基团和 CN 基团与铁原子连接；而小亚基含有 3 个铁硫簇，在催化过程中，铁原子主要与还原活性有关。根据不同的分类方法，氢酶有多种分类。根据氢酶的催化特性，氢酶可以分为吸氢酶（Uptake Hydrogenase）、放氢酶和双向氢酶（Reversible Hydrogenase）三类。在一定的条件下，放氢酶主要表现催化产氢反应，吸氢酶主要表现催化吸氢反应，这会使产氢生物放出的 H$_2$ 在吸氢酶的作用下又被吸收利用，不利于 H$_2$ 的生成。而双向氢酶表现出的催化性质则依氢酶所处的环境而定，既能催化吸氢反应，又能催化产氢反应。当外界环境中的 H$_2$ 分压很小时，双向氢酶就会倾向于催化产氢。当 H$_2$ 分压很大时，双向氢酶就会倾向于催化吸氢。根据是否与膜结合，氢酶可以分为膜结合态氢酶和可溶性氢酶两类。氢酶的产氢活性也受到氧的强烈抑制，但是藻类的氢酶通过在培养基中培养 2～3d 而消耗掉 O$_2$，为藻类产氢提供了厌氧的环境。根据氢酶所含的金属，氢酶又可分为［Ni-Fe］氢酶、［Fe］氢酶和无金属离子的氢酶，在细菌中的大部分氢酶都是［Ni-Fe］氢酶。

5.2.5.7 生物制氢的意义和展望

随着人类工业化进程的加快，能源短缺和环境污染的局势日益严重。氢能源由于高能量密度以及相对于化石能源的无污染性，一直被认为是未来能源。只有系统地研究生物制氢技术所面临的各种问题，提高产氢速率和效率、大幅度降低生产成本、加快生物制氢的工业化进程，才是解决能源和环境问题的重要途径。因此，人们需要开发一些成本低、效率高的工艺来获得大量氢气。生物制氢相对于物理、化学方法制氢而言，最显著的优势在于这种方法能在比较温和的条件下进行，而且有特定的转化。然而，生物制氢的原料成本将是这种新方法发展最大的制约因素。生物制氢可利用一些烃含量高的原料、含纤维素淀粉的固体废物以及一些食品工业的废水作为生物制氢的原料以降低生产成本。因此，随着生物制氢技术的提高，生物制氢必将在制氢领域发挥重要作用。

5.2.6 生物燃料乙醇

纤维质原料是地球上可再生的生物质资源。我国的纤维质原料非常丰富，仅农作物秸秆和皮壳，每年产量就达 7 亿多吨，其中玉米秸秆（35％）、小麦秸秆（21％）和稻草（19％）是我国的三大木质纤维质原料。另外，林业副产品、城市垃圾和工业废物数量也很可观。我国大部分地区以秸秆和林副产品作为燃料，或将秸秆在田间直接焚烧，这不仅破坏生态平衡，还污染环境，而且由于秸秆燃烧的能量利用率低，造成资源严重浪费。

自 20 世纪以来，随着世界人口的增加及更多国家的工业化，能源消耗也日趋增加。面对即将到来的能源危机，世界许多国家的研究机构，已深入开展纤维质可再生资源转化生产乙醇等产品的研究工作。美国、日本等国家都已进行了万吨级以上纤维质原料生产乙醇工厂的初步工程设计，但至今尚未工业化规模生产。

我国政府也已将纤维质原料发酵生产乙醇技术引入国家发展计划。2000 年 9 月国务院正式批准了在国内发展燃料乙醇试点。纤维质原料制乙醇的工艺流程如图 5-6 所示。

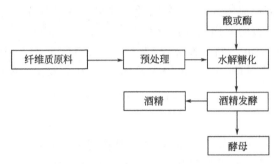

图 5-6 纤维质原料制乙醇的工艺流程

5.2.6.1 纤维质原料的化学组分

纤维质原料是丰富的有机资源。在木材、树枝、木材加工剩余的碎木和锯末中，纤维素含量一般为 40％～60％（以干基计），半纤维素为 20％～40％，木质素为 10％～25％；还有少量其他化学成分。木质素是由苯丙烷单体构成的酚类高分子聚合物，可以和其他不能转化为乙醇的残渣一起作为再沸器的燃料使用。纤维素是由脱水葡萄糖单元经 β-D-1，4-葡萄糖苷键连接而成的直链高分子多糖，通用化学式为 $(C_6H_{10}O_5)_n$，呈微元纤束状态，具有很强的结晶性。纤维素大约由 500～10000 个葡萄糖单元组成。纤维素分子中的羟基易与分子内或相邻纤维素分子上的含氧基团形成氢键，这些氢键使很多纤维素分子共同组成结晶结构，并进而组成复杂的微纤维、结晶区和无定型区等纤维素聚合物。X 射线衍射的实验结果显示，对于纤维素大分子的聚集，一部分排列比较整齐、有规则，呈现清晰的 X 射线衍射图，这部分称之为结晶区；另一部分的分子链排列不整齐、较松弛，但其取向大致与纤维主轴平行，这部分称之为无定型区。结晶结构使纤维素聚合物显示出刚性和高度水不溶性。纤维素分子不能为微生物细胞直接利用，需要通过降解，才能被微生物吸收利用。因此，高效利用纤维素的关键在于破坏纤维素的结晶结构，疏松纤维素结构，使酶水解或化学水解更容易进行。半纤维素是一种无定型的非同源分子糖的聚合物，它围绕在纤维素纤维周围，并通过纤维素中的孔部位伸入到纤维素内部。木糖、阿拉伯糖、甘露糖、葡萄糖、葡萄糖醛和半乳糖是主要的糖残基。半纤维素的分子结构是一种类型的糖重复形成的长线性分子骨架，周围有较短的醋酸酯和糖组成的分支链。半纤维素的组成随着木材种类不同而有所差异，特别是软木和硬木之间差别很大。

5.2.6.2 纤维质原料的糖化

（1）酸法糖化

酸法糖化反应的产物有糖、醛、酚类物质，生产成本较高。该工艺对设备有腐蚀作用，所需条件苛刻。在一般条件下，半纤维素很容易被稀酸水解，但如果要水解纤维素，则需要严格的条件。稀酸水解的优点是酸没有明显的损失。稀酸水解需要有较高的温度和压力等反应条件，但纤维素生成葡萄糖的产率降低，从而使乙醇的产率降低。为达到较高的产率，就要使用高浓度酸，但需要更换设备并设计酸的回收流程。稀酸水解过程需要高温（160℃）和高压（1MPa），酸的浓度大概为 2％～5％。浓酸（10％～30％）水解所需的温度和压力稍低。浓酸水解需要长的反应停留时间，可以得到比稀酸更高的乙醇产率。酸水解的糖转化率取决于酸的浓度和滤液的加热时间。

① 浓酸水解法。浓酸水解在 19 世纪就已提出，它的原理是结晶纤维素在较低温度下可完全溶解在硫酸中，转化成含几个葡萄糖单元的低聚糖。把此溶液加水稀释并加热，经一定时间后就可把低聚糖水解为葡萄糖。浓酸水解的优点是糖的回收率高，可达 90% 以上，可处理不同原料，时间总共为 10～12h 且极少降解。但对设备要求高，且酸必须回收。

William A. Farone 等提出的浓酸水解工艺：将生物质原料干燥至含水量约 10%，并粉碎到粒径约 3～5mm；再与 70%～77% 的硫酸混合，以破坏纤维素的晶体结构，最佳酸液和固体质量比为 1.25∶1，糖的水解收率达到 90% 左右。浓酸对水解反应器的腐蚀作用是一个重要问题，近年来在浓酸水解反应器中利用加衬耐酸的高分子材料或陶瓷材料解决了浓酸对设备的腐蚀问题。浓酸法糖化率高，约有 80%～90% 纤维素能被糖化，糖液浓度高，但采用了大量硫酸，需要回收，重复利用。对于硫酸回收，一种方法是利用阴离子交换膜透析回收，硫酸回收率约 80%，浓度为 20%～25%，浓缩后重复使用。该方法操作稳定，适于大规模生产，但投资巨大、耗电量高、膜易被有机物污染。

② 稀酸水解法。稀酸水解工艺较简单，是利用木质纤维素原料生产乙醇最古老的方法，也是较为成熟的方法。较新的稀酸水解工艺采用两步法：即第一步在较低的温度下进行，半纤维素非常容易被水解得到五碳糖，分离出液体（酸液和糖液）；第二步在较高的温度下进行，重新加酸水解残留固体（主要为纤维素结晶结构），得到水解产物葡萄糖。

该法主要工艺为木质纤维原料被粉碎到粒径约 2.5cm，然后用稀酸浸泡处理，将原料转入一级水解反应器，温度 190℃，0.7% 硫酸水解 3min，可把约 20% 的纤维素和 80% 的半纤维素水解。水解糖化液经过闪蒸器后，用石灰中和处理，调 pH 值后得到第一级酸水解的糖化液。将剩余的固体残渣转入二级水解反应器中，在 220℃、1.6% 硫酸中处理 3min，可将剩余纤维素中约 70% 转化为葡萄糖，30% 转化为羟基糠醛等。经过闪蒸器后，中和得到第二级水解糖液。合并两部分糖化液，转入发酵罐，经发酵生产得到乙醇等产品。

在稀酸水解中添加金属离子可以提高糖化收率，金属离子的作用主要是加快水解速率，减少水解副产物的发生。近年来，Fe 离子的助催化作用的研究令人关注，Quang A. Nguyen 等详细研究了 Fe 离子的催化效果，华东理工大学等单位也对二价 Fe 离子的催化效果进行了详细研究。总之，稀酸水解工艺糖的产率较低，一般为 50% 左右，而且水解过程中会生成对发酵有害的副产品。清华大学针对传统脱毒工艺中渣类废物产生多、还原糖损失较大等情况，提出了用电渗析技术对水解液进行脱毒并回收水解液中的酸工艺，使脱毒过程基本不产生废物，环境影响大大降低。

（2）酶法糖化

有很多种酶可以催化水解纤维素生成葡萄糖，但以 1956 年发现的 *Trichoderma* 真菌菌种最佳。这种菌种分泌的纤维素酶是三种酶的混合体，包括内切葡聚糖酶（ED）、纤维二糖水解酶（CBH）和 β-葡萄糖苷酶（GL）。三种酶协同作用共同催化水解纤维素，ED 先作用于纤维素分子非结晶区，打开缺口，形成大量非还原性末端，然后 CBH 作用于非还原性末端形成纤维素二糖，再由 GL 将纤维素二糖转变为葡萄糖。这些酶对结晶状的纤维素催化速率非常慢，酶解木质纤维素的阻力可能来源于其溶解度。糖化过程中积累的许多可溶性产物（葡萄糖、纤维二糖、纤维三糖等）也抑制了各种酶的水解。

纤维素分子是具有异构体结构的聚合物，具有酶解困难的特点，酶解速率较淀粉类物质慢，并且对纤维素酶有很强的吸附作用；对酶的重复利用及固定化技术难以应用，使酶解糖化工艺中酶的消耗量大。而纤维素酶的合成需要不溶性纤维素诱导，生产周期长、生产效率低，因而纤维素酶的费用占糖化总成本的 60%。清华大学针对传统纤维素酶发酵方式中酶活性不高的现象，采用微波预处理，并利用电磁场强化固态发酵方式，以及添加惰性载体固态发酵纤维素酶的方式，取得了一定的效果。同时，针对固态发酵中传热、传质效果不佳的问题对反应器进行了有针对性改进。对乙醇发酵过程中产物对酶解过程的抑制现象，采用 CO_2 循环在线气提工艺，结果表明最终乙醇浓度与生产强度都有显著提高。对纤维乙醇生产过程副产物木质素的利用也进行了木质素产品的研究开发。此外，清华大学还基于木质纤维生物质三组分的结构特点，通过三组分分离及生物量全利用，利用纤维素发酵制备纤维素酶，并水解纤维素，进而发酵制备纤维乙醇等。利用半纤维素水解液发酵制备乙醇、2,3-丁二醇、木糖醇等。利用木质素作为燃料时的热能，制备木质素土壤改良剂、驱油剂等木质素产品，对木质素进行液化制备生物油和化工产品等；对生物乙醇还可进行催化脱水制备生物乙烯。生物乙烯可作为下游许多化工产品的原料。通过这些技术集成，形成以木质纤维可再生生物质为原料的生物能源和生物炼制的生物质化工产业链。

5.2.6.3　纤维素发酵生成乙醇

纤维素发酵生产乙醇有直接发酵法、间接发酵法、混合菌种发酵法、SSF 法（连续糖化发酵法）、固定化细胞发酵法等。直接发酵法的特点是基于纤维分解细菌直接发酵纤维素生产乙醇，不需要经过酸解或酶解前处理。该工艺设备简单、成本低廉，但乙醇产率不高，会产生有机酸等副产物。间接发酵法是先用纤维素酶水解纤维素，酶解后的糖液作为发酵碳源，此法中乙醇产物的形成受末端产物、低浓度细胞以及基质的抑制，需要改良生产工艺来减少抑制作用。固定化细胞发酵法能使发酵器内细胞浓度提高，细胞可连续使用，使最终发酵液的乙醇浓度得以提高。固定化细胞发酵法的发展方向是混合固定细胞发酵，如酵母与纤维二糖一起固定化，将纤维二糖基质转化为乙醇。此法是纤维素生产乙醇的重要手段。

与普通淀粉质为原料的乙醇发酵相比，采用纤维素为原料的乙醇发酵过程其最终乙醇浓度相对较低，低的乙醇浓度将导致后提取工艺能耗明显增加。因此，如何提高纤维素作底物的发酵中乙醇浓度也是纤维乙醇生产链中的一项重要技术。

葡萄糖发酵乙醇已经是非常成熟的工艺，但木质纤维素类原料制乙醇工艺中的发酵和以淀粉或糖为原料的发酵有很大不同。纤维质原料经过糖化作用后，产生的还原糖主要为六碳糖和五碳糖（六碳糖：五碳糖约为 2：1）。五碳糖的高效率发酵转化是实现纤维质产业化的一大瓶颈。通常五碳糖不能被酿酒酵母发酵成乙醇。20 世纪 80 年代起，人们开始重视五碳糖的发酵。研究者通过三个不同途径进行了探索，并都取得了一定进展。

第一种方法是用木糖异构酶将木糖异构成木酮糖，而木酮糖能被普通酵母所利用。已筛选出不少适用于木酮糖发酵的酵母，乙醇产率（乙醇/木糖）可达 $0.41 \sim 0.47 g/g$，研究者开发提出了使木糖异构化和木酮糖发酵一起完成的工艺。由于一般木糖异构酶在 pH＝7～9 时活性最强，而木酮糖发酵适于在酸性条件下进行，还有研究者筛选出了特殊的菌种，其产生的木糖异构酶在 pH 值为 5 的环境中也有活性。不过总体而言，这种方法的效率还不够高。

第二种方法是寻找和驯化能发酵五碳糖的天然微生物。人们已发现某些天然生长的酵母，如 *P. stipitis*、*C. shehatae* 和 *P. tannophilus* 等都具有同时发酵五碳糖和六碳糖的能力。其中，*P. stipitis* 还显示了一定的工业应用前景，因为它不但能发酵五碳糖和六碳糖，还能发酵纤维二糖，且培养时不需要加维生素，乙醇收率也较高。但这些微生物往往不能满足工艺上其他方面的要求，如生产强度低、浓度的耐受力低，据报道，最好的木糖发酵酵母的生产率也只有酿酒酵母发酵葡萄糖生产率的 1/5；而且，天然酵母对发酵液中溶解氧的控制要求很高，难以适应大规模工业应用。

目前最有希望的是第三种方法，即用基因工程技术开发能发酵五碳糖的微生物。天然的 *Z. mobilis* 对葡萄糖有很强的发酵能力，但它对木糖不起作用。自然界存在的几种大肠杆菌（*E. coli*）不但能利用葡萄糖，也能利用木糖，但它们的代谢产物除了乙醇和 CO_2 外，还包括大量的乙酸、乳酸、琥珀酸和氢。为此美国国家能源部可再生能源实验室（NREL）的 Zhang

等于1995年把 *E. coli* 同化木糖的基因转移在原来只能发酵葡萄糖的 *Z. mobilis* 中，使后者获得了几种必要的酶，而具备了代谢木糖的能力。这样，该转基因 *Z. mobilis* 既能发酵葡萄糖，也能发酵木糖。与此相类似，佛罗里达大学的 Ingram 等也把 *Z. mobilis* 的有关基因移植在 *E. coli* 中，改变了 *E. coli* 代谢木糖和葡萄糖的途径，使其代谢产物仅限于乙醇和 CO_2，从而大幅度提高了乙醇的转化率。

早期的基因工程菌是通过穿梭质粒改造成的，质粒容易脱落，从而存在遗传性能不稳定的问题。在 Zhang 等于2001年进行的研究中，把戊糖发酵基因整合到 *Z. mobilis* 的染色体上，整合后的菌株显示出良好的稳定性。发酵试验表明，菌株经过40代的培养后仍能保持基因的稳定性。在由4%木糖和2%阿拉伯糖组成的培养基中，乙醇产率为理论值的83%。

目前重组基因的 *Z. mobilis* 和 *E. coli* 都被广泛应用于生物质制乙醇的工艺中。此外，人们还尝试了对产酸克雷伯菌（*K. oxytoca*）和菊欧文氏菌（*Erwinia chrysanthemi*）的改造。克雷伯菌和菊欧文氏菌自身不但能够代谢广泛的碳源，而且还能产生某些纤维素水解酶，有利于转化纤维素。但和大肠杆菌相似，它们的乙醇发酵能力都很低，需要对其改造才能用于乙醇的工业发酵生产。对各菌株的改造方案，随微生物的代谢特点不同而不同，但总的原则是扬长补短，用一种微生物的优势弥补另一种微生物的欠缺；同时，为了增加工程菌种的稳定性，目的基因最后常常需要从质粒整合到染色体上。

随着对菌种的改进，木糖的发酵效率已经接近葡萄糖。能同时发酵葡萄糖和阿拉伯糖的转基因 *Z. mobilis* 和 *E. coli* 菌种也已开发成功，但其效率还不太高。已开发的生物质制乙醇的工艺流程有如下几种。

生物质制乙醇的浓酸水解工艺仅有 Arkenol 工艺。稀酸水解工艺的变化也比较少，为了减少单糖的分解，实际的稀酸水解常分两步进行：第一步是用较低温度分解半纤维素，产物以木糖为主；第二步是用较高温度分解纤维素，产物主要是葡萄糖。图5-7为 Celunol 公司开发的二级稀酸水解工艺。

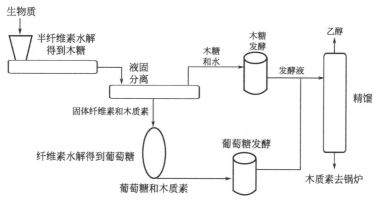

图5-7　二级稀酸水解工艺

酶水解工艺的流程变化较多，它们基本上可以分为两类：在第一类工艺中，纤维素的水解和糖液的发酵在不同反应器内进行，因此被称为分别水解和发酵工艺，简称 SHF；第二类工艺中，纤维素的水解和糖液的发酵在同一个反应器内进行。由于酶水解的过程又被称为糖化反应，故被称为同时糖化和发酵工艺，简称 SSF。图5-8～图5-12显示了几种酶水解的工艺，其中的预处理工段是酶水解所特有的。其目的是使生物质原料的结构变得比较疏松，便于酶到达纤维素的表面。在预处理过程中，半纤维素一般能被水解为单糖。

在图5-8所示的 SHF-1 工艺中，预处理得到的含木糖的溶液和酶水解得到的含葡萄糖的溶液混合后首先进入第一台发酵罐，在该发酵罐内用第一种微生物把混合液中的葡萄糖发酵为

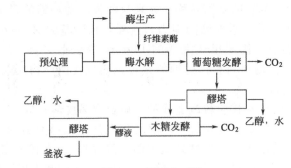

图 5-8　SHF-1 工艺

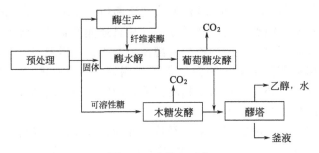

图 5-9　SHF-2 工艺

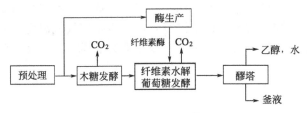

图 5-10　SSF 工艺

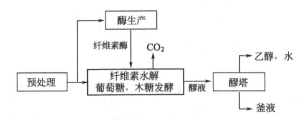

图 5-11　SSCF 工艺

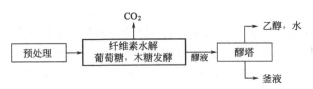

图 5-12　CBF 流程

乙醇。随后在所得的醪液中蒸出乙醇，留下未转化的木糖进入第二台发酵罐中，在那里木糖被第二种微生物发酵为乙醇，所得醪液再次被蒸馏。这样安排是考虑到在预处理时得到的糖液中也有相当量的葡萄糖存在，而任何微生物在同时有葡萄糖和木糖存在时，总是优先利用葡萄糖，但流程中第二种微生物对葡萄糖的发酵效率比较低，故这样安排有利于提高木糖的发酵效率，但增加了设备成本。

在图 5-9 所示的 SHF-2 工艺中，预处理得到的含木糖溶液和酶水解得到的含葡萄糖的溶液分别在不同的反应器发酵，所得的醪液混合后一起蒸馏。和前一流程相比，它少了一个醪塔，有利于降低成本。当所用微生物发酵木糖和葡萄糖的能力提高后，这样的流程安排比较合理。

在图 5-10 所示的 SSF 工艺中，纤维素的水解和糖液的发酵在同一个反应器内进行。与SHF 相比，它不但简化了流程，而且可消除葡萄糖对水解的抑制作用，是很受关注的一种工艺。但由于水解和发酵的条件不容易匹配，目前问题还未能完全解决。

在上面的几个流程中，木糖的发酵和葡萄糖的发酵在不同反应器内进行，当然也可采用不同的发酵微生物。图 5-11 所示的 SSCF 工艺中，预处理得到的糖液和处理过的纤维素放在同一个反应器中处理，就进一步简化了流程，当然对于发酵的微生物要求也更高。

图 5-12 所示的联合生物加工工艺（简称 CBF 工艺）可谓是生物质转化技术进化中的逻辑终点，它可把纤维素酶的生产、纤维素水解、葡萄糖发酵和木糖发酵结合在一个反应器内完成。到目前为止，能完全满足 CBF 工艺要求的微生物尚未开发成功，故对其研究仅限于实验室规模。

5.2.7 航空生物燃料

航空生物燃料是指以动植物油脂或农林废弃物等生物质作为原料生产的航空燃料。其性质与传统石油基燃料相当，部分指标甚至优于传统航空煤油，或单独与化石航空煤油调和后可满足航空器动力性能和安全要求，且无须制造商重新设计发动机或飞机，航空公司和机场也无须开发新的燃料运输系统。航空生物燃料可直接用于航空涡轮发动机，但目前主要是作为调和组分以 1%～50%的体积份与传统化石航空煤油调和后使用。

5.2.7.1 航空生物燃料技术发展背景

（1）石油资源日趋短缺，呼唤航空生物燃料的发展

随着人类化石能源的逐渐耗尽，寻找新的可再生能源，维持人类生存和社会可持续发展势在必行。相对于化石能源，全世界生物质资源更加丰富。地球每年经光合作用产生的生物质有1730 亿吨，其中蕴含的能量相当于目前全世界能源消耗总量的 10 倍，但目前的利用率还不到3%。生物燃料既有助于促进能源多样化，帮助人类摆脱对传统化石能源的严重依赖，又能减少温室气体排放，缓解对环境的压力，代表着能源工业的发展趋势。

航空生物燃料是对传统化石航空燃料的有益补充。近年来，我国航空喷气燃料产量平稳增长，2000～2008 年平均增幅 7.2%。但由于国内航空喷气燃料的产能未能充分发挥及价格等原因，民航用煤油约有 40%依靠进口。2009 年，我国进口了大约 610 万吨航空喷气燃料。2011年，国内航空喷气燃料实际消费为 1700 万吨，预计 2015 年和 2020 年航空喷气燃料需求量分别约为 2800 万吨和 4000 万吨。虽然我国航空喷气燃料产能也将按计划相应增加，但缺口依然长时间存在。因此，生产航空生物燃料可补充市场对航空燃料的需要，节约宝贵的石油资源。

（2）环保法规日趋严格，催生航空生物燃料的发展

2010 年，全球民用航空运输业消耗了约 2 亿多吨航空喷气燃料，航空业温室气体排放量达到 6.23 亿吨～6.77 亿吨，占全球 CO_2 排放量 2%～3%。但因航空喷气燃料在飞行器中燃烧产生的温室气体 CO_2 基本排放在大气的平流层，所产生温室效应的能力及危害远远大于其他行业，因此航空业减排已成为全球应对气候变化的焦点之一。为此，国际航协（全称为国际航空运输协会）代表整个航空业向国际民航组织提出了"2009～2020 年，平均每年燃油效率提高 1.5%；2020 年实现碳排放零增长；2050 年碳排放量比 2005 年减少 50%"的三大承诺目

标。但是，在现有燃油机制下很难实现该目标，使用航空生物燃料将是航空业通过替代燃料实现温室气体减排的最为现实的选择。2012 年，欧盟开始实施其"绿色天空"计划，将中国、美国和俄罗斯等全球的很多航空公司纳入其碳排放交易体系(ETS)。我国作为全球最大的飞机消费市场，2011 年航空燃料消费量已达到 1700 万吨，预计到 2015 年将突破 2800 万吨，航空燃料成本已占到航空业总成本的近 40%。据测算，如果欧盟碳排放交易体系顺利实施，我国仅 2012 年就需要支付近 8 亿元人民币，2020 年则超过 30 亿元人民币，9 年累计支出约 176 亿元人民币，我国航空业将面临严峻的减排形势与成本挑战。

在过去 40 年里，由于发动机技术的不断提高，飞机发动机的燃烧效率已经提高了 70%，但仍无法实现国际航协上述减排承诺，也无法从根本上实现碳减排。要达到减排目标，开发可替代传统燃料的航空生物燃料成为航空业减排的重要途径。航空生物燃料的组成结构和石油基航空喷气燃料相似，性能十分接近，可满足航空器动力性能和安全要求，不需更换发动机和燃油系统。研究表明，全生命周期的温室气体排放量明显低于化石航空喷气燃料，温室气体可减排 50% 以上。

(3) 工艺技术日趋成熟，支撑航空生物燃料的发展

目前，国外有关公司已经开发出多种航空生物燃料生产工艺路线，主要包括天然油脂加氢脱氧-加氢裂化/异构技术路线(加氢法)、生物质液化-加氢提质技术路线、生物质热裂解(TDP)和催化裂解(CDP)技术路线、生物异丁醇转化为航空燃料技术路线等。其中，加氢法和气化-费托合成法航空生物燃料制备技术发展迅速。同时，多家石油公司已经或正在计划建立航空生物燃料的生产装置。

芬兰耐斯特油品公司(Neste)于 2003 年最先提出了通过脂肪酸加氢脱氧和临氢异构化制备生物柴油的方法，开发了一项称为第二代可再生柴油生产工艺的技术，命名为 NExBTL(Next Generation Biomass To Liquid)工艺，即采用最大量生产绿色柴油联产 15% 的航空生物燃料工艺。2007~2011 年，该公司已建成 4 套装置，每年可联产航空生物燃料 30 万吨。

美国环球油品公司(UOP)在成功开发 Ecofining 技术的基础上，又开发出高产的航空生物燃料的可再生喷气燃料工艺(Renewable Jet Process)，2008 年在休斯敦合作建设了一套加工能力为每年 8000t 的示范装置，已成功生产出多批次满足 ASTM D-7566 标准要求的航空生物燃料，为多家航空公司和美国空军提供了试飞燃料。目前，UOP 公司正在为 Tesoro 石油公司产能为 30 万吨/年的 Anacortes 生物炼油厂进行工业装置设计。除 UOP 公司以外，Darling 公司与 Valero 公司合作建设的 30 万吨/年加氢法生物燃料装置(可联产航空生物燃料)预计于 2014 年建成。Dow 化学公司也在 2012 年 5 月宣布，将使用 UOP/Eni 技术建设 24 万吨/年加氢法生物燃料装置。

美国 Solena 集团公司将与英国航空公司合作，以农林废弃物为原料，采用气化-费托合成工艺制备航空生物燃料，并计划在伦敦东部建设欧洲第一套生物质合成航空生物燃料装置，将于 2014 年投运。

德国伍德公司和 5 家法国合作伙伴将联合推进生物质制油 BioTfueL 工艺，将生物质制油(BTL)产业链的各技术段进行组合，旨在开发和使各段 BTL 工艺链进行组合，以便将组合技术推向市场，其涉及生物质的干燥和压碎、烘焙、气化、合成气的提纯，以及采用费托合成最终使其转化成第二代生物燃料。同时，计划 2013 年在法国建成 2 套中型装置，基于生物质气化来生产生物柴油和航空生物燃料。

(4) 减排需求迫切，航空生物燃料市场潜力巨大

国际航空运输协会(IATA)最新发布的报告称，航空生物燃料已于 2012 年开始在航空运输业正式商用，2015 年将占航空喷气燃料的 1%，并且使用量将逐年递增，2020 年将达到 10%，2040 年将达到总燃料量的 40%~50%。Neste 石油公司和 UOP 公司在内的生物燃料生

产商和包括波音公司、空中客车、荷兰皇家航空公司、英国航空公司和德国汉莎航空公司在内的多家航空公司都对这一目标充满信心。届时航空业有望大幅减少对化石航空燃料的依赖，将为航空业的发展带来了新的曙光。

我国航空业温室气体减排压力巨大，因此航空生物燃料在我国航空业具有广阔的应用前景。2011年，我国航空喷气燃料消费量约为1700万吨，预计2015年将达到2800万吨，2020年达到4000万吨。根据IATA航空生物燃料替代计划预测，2015年我国航空生物燃料需求量为28万吨，2020年需求量将达到400万吨。

5.2.7.2　航空生物燃料应用现状

全球经济环境变化、石油价格上涨乃至环境和气候的改变都会给航空运输业带来很大的影响和损失。从长远看，寻找可大规模应用于商业开发的生物航空燃料已成为全球航空业的当务之急，也使得包括飞机制造商、航空公司、发动机生产商在内的航空产业链上的成员们以及能源和学术界领导者进行通力合作，努力开发民用飞机可使用的航空生物燃料，实现绿色飞行和可持续发展。

（1）航空生物燃料试飞情况

航空生物燃料技术的发展给航空业带来巨大的发展潜力，目前国际上已经有多家航空公司使用航空生物燃料进行试飞。

2008年2月，在英国维京大西洋航空公司G-VWOW号波音747-400型客机进行了一次由生物燃料提供部分动力的飞行试验。这架客机当天中午从英国伦敦希思罗机场起飞，大约1.5h后安全降落于荷兰阿姆斯特丹的斯希普霍尔机场，飞机上没有乘客。这架客机共有4个主燃料箱，其中一个油箱使用了由普通燃料和航空生物燃料组成（航空生物燃料占20%）的混合燃料。航空生物燃料由西雅图的Imperium Renewables公司提供，采用棕榈油和椰子油混合原料生产。虽然这次试飞中航空生物燃料只为一台发动机提供20%的动能，但仍被认为是航空业环保科技的重大突破。从此，航空生物燃料试飞与应用的序幕在全球拉开。

截至目前，全球已进行了27次航空生物燃料试验飞行（不包括部分美军海军战斗机的试飞），所用燃料均是以动植物油或藻类油为原料，采用加氢工艺生产。

2011年10月28日，中国石油、中国国航、中国航油、美国波音（Boeing）公司和Honeywell UOP公司在北京首都国际机场进行了中国首次可持续航空生物燃料的验证飞行，试飞持续了58min。通过本次波音747-400型客机的试飞结果表明，航空生物燃料完全满足大型客机飞行高度、加速性能和发动机重新启动等各项要求。本次试飞的航空燃料中，传统的航空喷气燃料与航空生物燃料按照50∶50的比例调和，试飞使用的航空喷气燃料与航空生物燃料均来自中国石油。中国此次飞行为全球第13次民用飞机试飞，也是全球唯一从原料种植、油品制备与加工及试飞评估在同一国家进行的航空生物燃料试验飞行。

（2）商业试运营情况

在经过多年的研发和试飞基础上，2011年7月，德国汉莎航空公司在全球第一个使用生物燃料的定期航班投入商业运营。该航班由一架配备IAE发动机的空中客车A321飞机执飞，每日4次往返于汉堡和法兰克福。该航班所使用的燃料由经过加氢处理的植物油和非食用动物脂肪与传统航空燃料以各占50%的比例混合而成。生物燃料由芬兰Neste Oil公司提供，原料来自麻疯树、亚麻荠和动物脂肪。芬兰Neste Oil公司和德国汉莎航空公司的航空生物燃料试验报告结果表明，初步统计CO_2的排放量因此减少了1471t，通过对比燃烧室、涡轮机和发动机燃料系统，发现飞机和发动机表现优异。在飞机的燃料系统中，没有检测到损坏或腐蚀的迹象，长期储存未显示对燃料质量有任何负面影响，而且与常规化石航空喷气燃料相比，可降低1%的燃料消耗。

5.2.7.3 航空生物燃料应用面临的主要问题

尽管航空生物燃料的研究获得了可喜成果，但航空生物燃料可广泛提供的商业燃料供应量及其价格竞争力成为航空公司最为关注的问题，这就需要航空生物燃料的生产技术继续取得突破，使其价格比传统燃料具有竞争力，并找到稳定的原料供给。

能否为航空生物燃料开发提供可持续的原料也是航空生物燃料利用的关键问题。原料供给是航空生物燃料最受关注的问题之一，第一代生物燃料因"与人争粮"而最终被放弃。因此，找到这些原料合适的种植地区，又不与耕地或林地形成竞争，是航空生物燃料开发必须考虑的问题。国际航空运输协会确定的第二代生物燃料原料见表5-3。

表5-3　第二代生物燃料原料

原料	技术成熟所需时间	主要问题
藻类	8～10年	需改造养殖、加工工艺，需降低生产成本
小桐子	2～5年	种植条件要求温暖气候，机械收割不成熟
盐土植物	2～5年	尚未进入中试，需改进农艺以降低成本
亚麻	已成熟	产量潜力受限

5.2.7.4 对航空生物燃料的展望

在高油价和CO_2减排压力日益增加的形势下，原料可再生的航空生物燃料已是全球航空业应对减排挑战、实现可持续发展的根本途径。目前，航空生物燃料开发应用虽然已经取得可喜进展，但仍面临一些重要问题需要解决：

① 进一步降低航空生物燃料生产成本，提高产品市场竞争力；
② 扩大航空生物燃料原料来源，确保适宜原料可持续足量供给；
③ 提高航空生物燃料装置生产规模，进一步扩大产量以替代更多的石油资源；
④ 加强航空生物燃料的推广应用，确保实现减排目标。

与世界其他国家一样，目前我国航空生物燃料发展正处于起步阶段，航空公司还没有大规模使用生物航空燃料，因此，航空公司和大型石油石化企业还有很多工作要做。今后，我国航空公司应继续与大型石油石化公司强强联合，进一步加大航空生物燃料的研发投入，不断降低航空生物燃料生产成本；同时，要为航空生物燃料开发寻找可持续的原料供给。现阶段可通过加大对麻疯树等已经具备一定产业化条件的原料发展力度来开发航空生物燃料，通过补贴等手段鼓励航空生物燃料的使用，并推进藻类生物燃料等的研发，同时加紧确定航空生物燃料产品标准，努力推动航空生物燃料的工业化生产与应用，为我国航空业的可持续发展和碳减排作出贡献。

5.3 生物质能发电技术 ◀◀◀

生物质能源利用方式多种多样，其中发电技术是目前应用最多、规模利用生物质能最有效方法之一。目前，生物质发电技术应用最多的是直接燃烧蒸汽发电和生物质气化发电两种。生物质直接燃烧发电技术在大规模下效率较高，但它要求废料集中、足够数量，适于现代化大农场或大型加工厂的废物处理等，对农业废弃物较分散的发展中国家和地区不适用。而生物质气化发电具有在中小规模下效率较高、使用灵活的特点。我国现阶段农业生产现代化水平较低、农业废弃物比较分散、收集运输手段落后，决定了我国生物质发电以中小规模的生物质气化高效发电技术为主要方向。

5.3.1　生物质直接燃烧发电

生物质直接燃烧发电技术基本成熟，目前已进入推广应用阶段，对生物质较分散的发展中国家不是很合适。生物质直接燃烧与煤燃烧相似，但从环境效益的角度考虑，生物质燃烧要比煤燃烧环境友好。生物质气化发电是更洁净的利用方式，它几乎不排放任何有害气体。小规模的生物质气化发电比较适合生物质的分散利用，投资较少，发电成本也较低，适于发展中国家应用，目前已进入商业化示范阶段。大规模的生物质气化发电一般采用生物质联合循环发电（IGCC）技术，适合于大规模开发利用生物质资源，能源效率高，是今后生物质工业化应用的主要方式，目前已进入工业示范阶段。

直接燃烧发电的过程是生物质与过量空气在锅炉中燃烧，产生的热烟气和锅炉的热交换部件换热，产生出的高温、高压蒸汽在蒸汽轮机中做膨胀功产生电能。从20世纪90年代起，丹麦、奥地利等欧洲国家开始对生物质能发电技术进行开发和研究，经过多年努力，已研制出用于木屑、秸秆、谷壳等发电的锅炉。

丹麦在生物质直燃发电方面成绩显著，丹麦的BWE公司率先研究开发了秸秆生物燃烧发电技术，迄今在这一领域仍是世界最高水平的保持者。在BWE公司技术的支持下，1988年丹麦建设了第一座秸秆生物质发电厂，从此生物质燃烧发电技术在丹麦得到了广泛应用。目前，丹麦已建立了130家秸秆发电厂，使生物质能成为了丹麦重要的能源。2002年，丹麦能源消费量约2800万吨标准煤，其中可再生能源为350万吨标准煤，占能源消费的12%，在可再生能源中生物质所占比例为81%。丹麦有不少燃煤供热厂改为了燃烧生物质的热电联产项目。

奥地利成功地推行了建立燃烧木材剩余物的区域供电站的计划，生物质能在总能耗中的比例由原来的3%增加到目前的25%，已拥有装机容量为1～2MW的区域供热站90座。瑞典也正在实施利用生物质进行热电联产的计划，使生物质能在转换为高品质电能的同时满足供热的需求，以大幅度提高其转换效率。

德国和意大利对生物质固体颗粒技术和直燃发电技术也非常重视，在生物质热电联产应用方面也很广泛。如德国2002年能源消费总量约5亿吨标准煤，其中可再生能源为1500万吨标准煤，约占能源消费总量的3%，在可再生能源消费中生物质能占68.5%，主要为区域热电联产和生物液体燃料。意大利2002年能源消费总量约为2.5亿吨标准煤，其中可再生能源约为1300万吨标准煤，占能源消费总量的5%，在可再生能源消费中生物质能占24%，主要是固体废弃物发电和生物液体燃料。

生物质气化的发电技术有以下三种方法：带有气体透平的生物质加压气化；带有透平或者是发动机的常压生物质气化；带有Rankine循环的传统生物质燃烧系统。传统的生物质气化联合发电技术（BIGCC）包括生物质气化、气体净化、燃气轮机发电及蒸汽轮机发电。由于生物质燃气热值低（约$5.02MJ/m^3$），炉子出口气体温度较高（800℃以上），要使BIGCC达到较高效率，必须具备两个条件：一是燃气进入燃气轮机之前不能降温；二是燃气必须是高压。这就要求系统必须采用生物质高压气化和燃气高温净化两种技术，才能使BIGCC的总体效率较高（40%）。目前，欧美一些国家正开展这方面研究，如美国的Battelle（63MW）项目和夏威夷（6MW）项目、英国（8MW）项目、瑞典（加压生物质气化发电4MW）项目、芬兰（6MW）项目以及欧盟建设的3个7～12MW生物质气化发电IGCC示范项目，其中一个是加压气化，两个是常压气化。但由于焦油处理技术与燃气轮机改造技术难度大，这些问题限制了其推广应用。以意大利12MW的BIGCC示范项目为例，发电效率约为31.7%，但建设成本高达25000元/kW，发电成本约1.2元/kW·h，实用性很差。近年来欧美开展了其他技术路线的研究，如比利时（2.5MW）项目和奥地利（6MW）项目开展的生物质气化与外燃式燃气轮机发电技术，美国的史特林循环发电等。但这些技术仍未成熟，成本较高。

美国在利用生物质能发电方面处于世界领先地位。美国建立的 Battelle 生物质气化发电示范工程代表了生物质能利用的世界先进水平，可生产中热值气体。这种大型生物质气化循环发电系统包括原料预处理、循环流化床气化、催化裂解净化、燃气轮机发电、蒸汽轮机发电等设备，适合于大规模处理农林废弃物。此工艺使用两个独立的反应器：气化反应器和燃烧反应器。在气化反应器中生物质转化成中热值气体和残炭，在燃烧反应器中燃烧残炭为气化反应器提供热量，两个反应器之间的热交换载体由气化炉和燃烧室之间的循环砂粒完成。

这种 Battelle 工艺与传统的气化工艺不同，不需要制氧装置，它充分利用了生物质原料固有的高反应特性，生物质的气化强度超过 $146t/(h \cdot m^2)$，而其他气化系统的气化强度通常小于 $1t/(h \cdot m^2)$。Battelle 气化工艺的商业规模示范建在佛蒙特州的柏林顿 McNeil 电站，该项目的一期工程采用 Battelle 技术建造日产 200t 燃料气的气化炉，在初始阶段生产的生物质气用于现有的 McNeil 电站锅炉。二期工程安装 1 台燃气轮机来接受从气化炉来的高温生物质气，组成联合循环。该气化设备于 1998 年完成安装并投入运行。

我国在 20 世纪 60 年代就开始了生物质气化发电的研究，研制出样机并进行了初步推广，后因经济条件限制和收益不高等原因停止了这方面的研究工作。近年来，随着乡镇企业的发展和人民生活水平的提高，一些缺电、少电的地方迫切需要电能。其次是由于环境问题，丢弃或焚烧农业废弃物将造成环境污染，生物质气化发电可以有效利用农业废弃物。所以，以农业废弃物为原料的生物质气化发电逐渐得到人们的重视。我国"九五"期间进行了 1MW 的生物质气化发电系统研究，旨在开发适合我国国情的中型生物质气化发电技术。1MW 的生物质气化发电系统已于 1998 年 10 月建成，采用一炉多机的形式，即 5 台 200kW 发电机组并联工作，2000 年 7 月通过中科院鉴定。由于受气化效率与内燃机效率的限制，简单的气化-内燃机发电循环系统效率低于 18%，单位电量的生物质消耗量一般大于 12kg/（kW·h）。中科院广州能源所承担了"十五"期间 863 项目 4MW 的生物质气化发电装置的研制。

另外，城市生活垃圾也是生物质能的重要来源之一，垃圾焚烧发电是开发出的一项新能源利用技术。目前，我国垃圾的历年堆存量已达到 60 亿吨，全国许多城市已陷入了垃圾围城之中，而且数量还在不断增长。在国内的一些大城市，如北京、上海，垃圾日产量已超过 12000吨。迄今为止，我国很多城市生活垃圾仍以露天堆放、填埋为主，这不仅占用了宝贵的土地资源，而且对环境造成了严重的二次污染。能否妥善解决垃圾问题，是关系到国计民生的一件大事。如果将我国城市生活垃圾量的 1/3 有效地用于发电，相当于每年节省煤炭 2100 万吨。垃圾焚烧发电方式将是城市处置生活垃圾的最佳方式之一。

目前，我国的生物质发电技术的最大装机容量与国外相比，还有很大差距。在现有条件下研究开发与国外相同技术路线的 BIGCC 系统，存在很大困难。利用现有技术研究开发经济上可行、效率较高的生物质气化发电系统是今后我国能否有效利用生物质的关键。

5.3.2　生物质气化发电

生物质气化发电技术是将生物质转化成可燃气，再使净化后的气体燃料直接进入锅炉、内燃发电机、燃气机的燃烧室中燃烧发电，其工艺流程如图 5-13 所示。生物质气化发电相对燃烧发电是更洁净的利用方式，它几乎不排放任何有害气体，小规模的生物质气化发电已开始进入商业示范阶段，它比较适合于生物质的分散利用，投资较少，发电成本也低，比较适合于发展中国家应用。

5.3.2.1　生物质气化发电技术分类

从发电规模上分，生物质气化发电系统可分为小型、中型、大型三种。小型气化发电系统多采用固定床气化设备，特别是下吸式气化炉，主要用于农村照明或作为中小企业的自备发电机组，一般发电功率小于 200kW。中型生物质气化发电系统以流化床气化为主，研究和应用

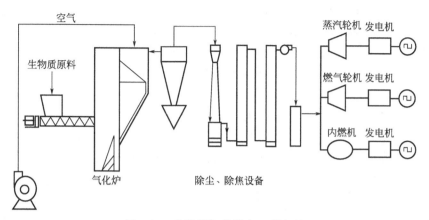

图 5-13　生物质气化发电工艺流程

最多的是循环流化床气化技术，主要作为大中型企业的自备电站或小型上网电站，发电功率一般为 500～3000kW，是当前生物质气化发电技术的主要方式。流化床气化技术中对生物质原料适应性强，也可混烧煤、重油等传统燃料，生产强度大、气化效率高。大型生物质气化发电系统主要作为上网电站，其适应的生物质较为广泛，所需的生物质数值巨大，必须配套专门的生物质供应中心和预处理中心，系统功率一般在 5000kW 以上。虽然与常规能源相比仍显得非常小，但在技术发展成熟后，将是今后替代常规能源电力的主要方式之一。一般来说，发电规模越大，单位发电量需要的成本就越低，也越有利于提高热效率和降低二次污染，如表 5-4 所示。

表 5-4　中国生物质气化发电系统主要参数对比

发电量/kW	200	1000
气化器	下吸式固定床	循环流化床
总效率/%	12.5	17
成本/(元/kW)	2750	3060
耗电成本/(元/kW)	0.35	0.27
国内已投入使用机组数	约 30	2

根据燃气发电过程的不同，生物质气化发电可分为内燃机发电系统、燃气轮机发电系统及燃气-蒸汽联合循环发电系统。

内燃机是一种动力机械，它是使燃料在机器内部燃烧，将燃料释放出的热能直接转化为动力的热力发电机。内燃机发电系统既可单独使用低热值燃气，又可以燃气、燃油两用。内燃机发电系统具有设备简单、技术成熟可靠、功率和转速范围宽、配套方便、机动性好、热效率高等特点。但是，内燃机对燃气的质量要求高，燃气必须经过净化及冷却处理。生物质燃气的热值低且杂质含量高，与天然气和煤气发电技术相比，其设备需要采用独特的设计。

燃气轮机发电系统在使用低热值生物质燃气发电时，必须进行相应改造，将热值较低的气化气增压，否则发电效率较低。另外，由于生物质燃气中的杂质较多，有可能腐蚀叶轮，因此燃气轮机对气化气质量要求高，并且需要有较高的自动化控制水平，所以单独采用燃气轮机的生物质气化发电系统较少。

燃气-蒸汽联合循环发电系统是在内燃机、燃气轮机发电的基础上增加余热蒸汽的联合循环，该系统可有效地提高发电效率。一般燃气-蒸汽联合循环的生物质气化发电系统采用的是燃气轮机发电设备，而且最好的气化方式是高压气化，构成的系统称为生物质整体气化联合循环(B IGCC)，它的效率一般可达 40% 以上，是大规模生物质气化发电系统的重点研究方向。

5.3.2.2 生物质整体气化联合循环

生物质整体气化联合循环发电系统主要包括生物质原料处理系统、加料系统、流化床气化炉、燃气净化系统、燃气轮机、蒸汽轮机、余热锅炉等部分。

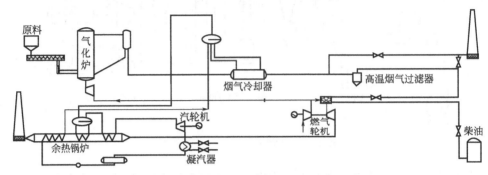

图 5-14 瑞典 Varnamo BIGCC 电厂系统流程

瑞典 Varnamo BIGCC 电厂由 SydkraftAB 公司投建，于 1993 年正式运行，是世界上首家以生物质为原料的整体气化联合循环发电厂，电厂装机容量为 6MW，供热容量为 9MW，发电效率为 32%（除自用电外），该系统流程如图 5-14 所示。生物质原料（主要是木屑和树皮）经过干燥粉碎后，在带有密闭阀门的上下料斗中加压后进入增压气化炉，操作温度为 950~1000℃，压力为 1.8MPa，从燃气轮机的压缩机抽出 10% 左右的空气作为气化剂，经二次压缩后由流化床底部布风板通入。产气经过旋风分离器分离后，进入烟气冷却器冷却至 350~400℃，然后通过高温陶瓷管式过滤器净化。净化燃气通过燃气轮机（4.2MW）发电，燃气透平排气进入余热锅炉，连同烟气冷却器一起产生蒸汽（4MPa，455℃），蒸汽进入汽轮机发电（1.8MW），同时供热（9MW）。该电厂从 1993 年开始运行，每年系统整体运行时间达 3600h，验证了生物质增压气化和高温烟气净化系统的可行性，得到了一些宝贵的运行经验。

除瑞典 Varnamo BIGCC 项目外，美国、英国、芬兰等国家都投建了 BIGCC 示范项目。但 BIGCC 技术尚未完全成熟，投资和运行成本都很高，目前其主要应用还只停留在示范和研究的阶段。

由于资金和技术问题，在中国现有条件下研究开发与国外相同技术路线的大型 BIGCC 系统是非常困难的。针对目前我国具体情况，采用内燃机代替燃气轮机，其他部分基本相同的生物质气化发电系统，是为解决我国生物质气化发电规模化发展的有效手段：一方面，采用气体内燃机可降低对气化气杂质的要求（焦油与杂质含量小于 $100mg/m^3$ 即可），因此可以大幅度减少技术难度；另一方面，避免了改造相当复杂的燃气轮机系统，从而大幅度降低了系统的成本。从技术性能上看，这种气化及联合循环发电系统在常压气化时，整体发电效率可达 28%~30%，只比传统的低压 BIGCC 技术降低 3%~5%。但由于该系统简单，技术难度小，单位投资和造价大大降低（约 5000 元/kW）。这种技术方案比较适合我国目前的工业水平，设备可以全部国产化，适合发展分散、独立的生物质能源利用体系。

5.3.3 沼气发电

沼气的应用在我国有近百年的历史，在 20 世纪 70 年代，由于农村生活燃料的缺乏，必须大力发展农村户用沼气。2000 年以来，政府加大了对农村沼气建设的资金投入，在较强的财政激励和投资补贴的推动下，农村小型户用沼气（池容 8~12m³）得到了迅速的发展。据 2009 年全国农村可再生能源统计资料，至 2008 年年底，全国农村户用沼气池已达 3048 户，年产沼气 114 亿立方米，相当于天然气消费量的 8.5%，超过 1 亿农村人口利用沼气进行炊事和照明。伴随农村户用沼气的发展，规模化、集约化、产业化的沼气工程也得到了迅猛发展，不仅应用于畜禽养殖、粪便处理，也应用于工业有机废水和城市生活污水、污泥的处理，并且沼气工程的技术水平、工程和设备质量及运用管理水平得到迅速提高。

5.3.3.1　沼气的基本原理

沼气发酵又称厌氧消化，是指在没有溶解氧、硝酸盐和硫酸盐存在的条件下，微生物将各种有机质进行分解并转化为甲烷、二氧化碳、微生物细胞以及无机营养物质等的过程。其生物化学过程主要包括分解、水解、产酸、产乙酸和产甲烷化5个步骤。各种复杂有机质，无论是颗粒性固体，还是溶解状态，无论是复杂有机质，还是成分相对单一的纯有机质，都可以经过该生物化学过程产生沼气。

当发酵系统中存在硫酸根且含有硫酸盐还原菌时，发酵系统会进行硫酸盐还原生成硫化氢。另外，含硫蛋白质降解也会产生硫化氢；当存在硝酸根且含有硝酸盐还原菌时，发酵系统会进行硝酸盐还原生成氨或氮。另外，参与产乙酸和产甲烷步骤的大部分微生物属于一氧化碳营养菌，该类细菌利用 CO_2/H_2 生成乙酸或甲烷以及乙酸氧化产 CO_2/H_2 的过程中会伴随中间产物一氧化碳的生成。因此，沼气通常含有少量的 H_2S、N_2、NH_3 和 CO。

5.3.3.2　沼气发电技术

从发酵罐中出来的沼气通常含有 H_2S、水蒸气等杂质，且流量不太稳定，不能直接用于发电机。要经过脱硫、脱水等净化处理，为调节峰值，需设储气柜。沼气的热值在 $20\sim23kJ/m^3$ 左右。根据经验，国产机组 $1m^3$ 沼气（CH_4 含量 $55\%\sim65\%$ 之间）可发电 $1.7kW\cdot h$ 左右，电效率在 $30\%\sim35\%$ 之间；国外机组可以达到 $2.0\sim2.2kW\cdot h$，电效率 $35\%\sim42\%$，总效率在 85% 以上。

（1）沼气发电的特点

① 可实现热电联产，发电机可回收利用的余热有缸套水冷却系统和烟气回收系统。另外，有些机组的润滑油冷却系统和中冷器也可实现余热回收。发电机组热效率可达 40% 以上。发电机组回收的热量冬季可用于发酵罐的增温保温，以保证罐内发酵温度。另外，多余热量可用于居民采暖或蔬菜大棚等的供暖，节省燃煤。在夏季，发电机组余热可以用于固态有机肥的干化处理，也可以与溴化锂吸收式制冷机连接，作为空调制冷。

② 由于沼气中 CO_2 的存在，它既能减缓火焰传播速度，又能在发动机高温、高压工作时，起到抑制爆炸倾向的作用。这是沼气较甲烷具有更好抗爆特性的原因。因此，可在高压缩比下平稳工作，同时使发动机获得较大效率。

③ 沼气发电机组对沼气有一定要求，具体见表5-5。

表 5-5　沼气发电机组对沼气品质的要求

沼气品质	数量	沼气品质	数量
甲烷含量/%	>50	杂质颗粒大小/μm	<0.15
最大甲烷含量变化速率/(%/min)	0.2	沼气的温度/℃	$10\sim40$
沼气杂质含量		允许最大温度变化梯度/(%/min)	1
H_2S/(mg/MJ)	<20	相对湿度/%	$10\sim50$
Cl/(mg/MJ)	<19	沼气的压力范围/kPa	$1.5\sim10$
NH_3/(mg/MJ)	<2.8	压力波动/kPa	±0.1
油分/(mg/MJ)	<1.2	沼气热值(标准状态)/(MJ/m^3)	>16
杂质/(mg/MJ)	<1.0		

（2）发电机组的组成

沼气发电是一个能量转换的过程。沼气经净化处理后进入燃气内燃机，燃气内燃机利用高压点火、涡轮增压、中冷器、稀薄燃烧等技术，将沼气中的化学能转化为机械能。沼气与空气进入混合器后，通过涡轮增压器增压，冷却器冷却后进入气缸内，通过火花塞高压点火，燃烧、膨胀推动活塞做功，带动曲轴转动，通过发电机送出电能。内燃机产生废气经排气管、换热装置、消声器、烟囱排到室外。构成沼气发电系统的主要设备有燃气发动机、发电机和余热回收装置。

① 燃气发动机。用沼气作为动力燃料的内燃机需根据动力机情况进行改装，当用柴油机改装沼气时，需要进行以下工作：a. 为降低压缩比及燃烧室形状所要求的机器改装；b. 设计沼气的进气系统和沼气-空气混合器结构；c. 设计气体调节系统及其调速器的联动机构；d. 设计点火系统。

根据燃气发动机压缩混合气体点火方式的不同，分为由火花点火的燃气发动机和由压缩点火的双燃料发动机。火花点火式燃气发动机是由电火花将燃气和空气混合气体点燃，其基本构造和点火装置等均与汽油发动机相同。这种发动机不需要引火燃烧，因此，不需设置燃油系统。如果沼气供给稳定，则运转是经济的。但当沼气量供应不足时，有时会使发电能力降低而达不到规定的输出功率。压燃式燃气发动机只是在点火时采用液体燃烧，在压缩程序结束时，喷出少量柴油并由燃气的压缩热将油点着，利用其燃烧使作为主要燃料的混合气体点燃、爆发。而少量的柴油仅起引火作用。

双燃料发动机是可烧两种燃料的发动机，它是采取压缩点火方式，机内装有燃气供给系统、供气量控制装置和沼气-柴油转换装置。双燃料发动机先由柴油启动，当负荷升高以后才转换为沼气运转。

根据德国沼气工程的经验，大型沼气发电机组均采用纯沼气的内燃发动机，中小型工程多采用双燃料的发动机。

② 发电机。发电机将发动机的输出转变为电力，而发电机有同步发电机和感应发电机两种。同步发电机能够自身发出电力作为励磁电源，因此，它可以单独工作。

③ 余热回收装置。发电机组可利用的余热有中冷器、润滑油、缸套水和烟道气等。有些余热利用系统只对两部分回收利用，有些则可实现上述四部分回收利用。经过一系列换热，可以从机组得到90℃的循环热水，供热用户使用。使用完后，循环水冷却至70℃左右，重新进入余热回收系统进行增温。

（3）沼气发电技术的现状以及应用前景

我国沼气发电研发有20多年的历史，目前国内0.8～5000kW各级容量的沼气发电机组均已先后鉴定和投产，主要产品为全部使用沼气的纯沼气发动机及部分使用沼气的双燃料沼气-柴油发动机。这些机组各具特色，各有技术上的突破和新颖结构，已在我国部分农村、有机废水处理场、垃圾填埋场的沼气工程上配套使用。近十几年由于实行农村家庭责任制，大中型的工厂化畜牧场的建立及环境保护等原因，我国的沼气机、沼气发电机组已向两极发展。农村主要采用3～10kW沼气机和沼气发电机组，而酒厂、糖厂、畜牧场、污水处理厂的大中型环保能源工程，主要采用单机容量为50～200kW的沼气发电机组。

能源是国民经济发展和社会活动的基础，随着全面建设小康社会步伐的加快，中国对能源生产和消费也提出了更高要求。可再生能源是中国实现可持续发展的重要能源，沼气发电是可再生能源的主要利用方式，合理有效利用好这一新型能源，其技术与产业化水平是关键。

沼气技术即厌氧消化技术，主要用于处理畜禽粪便和高浓度工业有机废水。我国经过几十年的研发，在全国兴建了大中型沼气工程2000多座，户用农村沼气池1060万户，数量位居世界第一。不论是厌氧消化工艺技术的积累，还是建造、运行管理等方面的经验，我国整体水平已进入国际先进行列。沼气发电在发达国家已受到广泛重视和积极推广，如美国的能源农场、德国的可再生能源促进法的颁布、日本的阳光工程、荷兰的"绿色能源"等。生物质能发电并网在西欧如德国、丹麦、奥地利、芬兰、法国、瑞典等一些国家的能源总量中所占的比例为

10%左右，并一直在持续增加。我国沼气发电研发工作有 20 多年的历史，在这一领域中，逐渐建立起一支科研能力强、水平高的骨干队伍，并建立了相应的科研、生产基地，积累了较多的成功经验，为沼气发电技术的应用研究及沼气发电的设备质量再上新台阶奠定了基础。在沼气发电设备方面，德国、丹麦、奥地利、美国的纯燃沼气发电机组比较先进，气耗率小于 $0.5m^3/(kW\cdot h)$（沼气热值大于 $25MJ/m^3$），价格在 $300\sim500$ 美元$/(kW\cdot h)$。我国在"九五"、"十五"期间研制出 $20\sim600kW$ 纯燃沼气发电机组系列产品，气耗率 $0.6\sim0.8m^3/(kW\cdot h)$，沼气热值大于 $21\ MJ/m^3$，价格在 $200\sim300$ 美元$/(kW\cdot h)$，其性价比有较大优势，适合我国经济发展状况。

5.3.4　生物质燃料电池

燃料电池技术为利用生物质发电提供了一条途径，如果将生物质技术与高效的燃料电池结合，不仅有利于岛屿、边远山区和农村地区的经济发展，而且可以带来可观的环境效益，在我国具有良好的发展前景。

生物质技术在燃料电池方面的应用主要基于生物质（主要是细菌、微生物和藻类）发电和生物制氢。

很早以来，科学家就在利用细胞的固定化技术来生产清洁能源，如通过固定化 Clostridium butyricum 细胞产氢，用固定化蓝绿藻光合产氢等。

生物燃料电池使用诸如氢化酶等的酶，氧化氢原子，从而产生电流。在生物燃料电池中，催化剂是微生物或者酶，从而不需要如铂之类的金属介质。酶可以固定在生产的固体表面（例如碳）。

5.3.4.1　利用有机物质能发酵产氢

这一过程可分两种情况（如图 5-15 所示）：在无光照的条件下，将有机废弃物（例如剩菜、剩肉等）利用酶进行发酵。那么除了产生氢气和二氧化碳以外，还会伴随甲烷的生成，可以将氢气和甲烷分离，氢气用于发电，即供给燃料电池，而甲烷用于燃烧后供热；在光照条件下，利用微生物来处理，使得这些有机废弃物全部处在发酵条件下，产生氢气和二氧化碳，再将氢气用于燃料电池的能量来源。

以上过程中，需要用到催化剂——氢化酶，其作用在于将氢离子结合，形成氢气释放出来。在无光照的情况下，有机物的发酵产氢，可对极端喜温菌和嗜热菌加以研究。

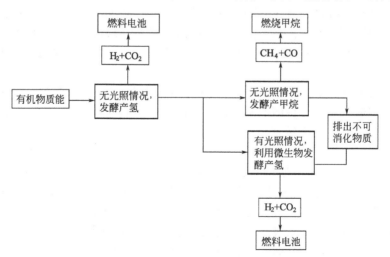

图 5-15　利用有机物质能通过发酵产生氢气的途径

5.3.4.2　微藻类制氢

一些蓝绿藻和细菌利用固氮菌制氢。而绿藻制氢，需要用到氢化酶。制氢的方法和途径多种多样。同步的一次光解水释放出氢气和氧气，这种方法需要严格控制氧气的压力。在绿藻有氧的光合作用中，如果不及时控制释放的氧气的话，则绿藻的产氢活动将是短暂的，因为光解出来的氧气将使得可逆的氢化酶很快失去活性。

解决绿藻产氢过程中对氧气敏感的方法之一是通过培植遗传，在后代中找到可以在空气环境下（有一定氧气的环境）持续释产氢气的变异体。图 5-16 是以莱茵衣藻为例，筛选绿藻变异后代的一个装置。在琼脂培养基中的莱茵衣藻，光照条件下，某些群落能持续释放出氢气，这些氢气经过过滤，上层中是对氢气敏感的感应物质（例如某种钨的氧化物）。当接触到氢气时，它们会转变成蓝紫色。

5.3.4.3 微生物燃料电池

微生物燃料电池（MFC）是依靠微生物的催化作用将废弃物或污染物中化学能转化为清洁电能的技术，具有处理废弃物和联产电能的双重功效，代表着废弃物资源化的重要发展方向。在过去 10 年时间里，有关 MFC 研究引起了世界各国的广泛关注。其基本工作原理是：在阳极室厌氧环境下，有机物在微生物作用下分解并释放出电子和质子，电子依靠合适的电子传递介质在生物组分和阳极之间进行有效传递，并通过外电路传递到阴极形成电流；而质子通过质子交换膜传递到阴极，氧化剂（一般为氧气）在阴极得到电子被还原与质子结合成水。从而使得整个过程达到物质和电荷的平衡，并且外部用电器也获得了电能。

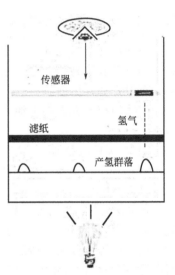

图 5-16 对变异的莱茵衣藻进行筛选

微生物燃料电池具有操作条件温和、资源利用率高和无污染等优点，在以下方面具有较好的应用开发前景。

① 替代能源。生物质制氢被认为是未来氢燃料电池的原料来源，而 MFC 与生物质制氢的共同特点是均以生物质作为原料。但在生物质制氢过程中，葡萄糖等生物质中还有相当部分的氢未被利用，而 MFC 可以直接将葡萄糖中的氢全部消耗转化成 H_2O，生物质转化成能源的效率较高。

② 微生物传感器的开发。生化需氧量（Biochemical Oxygen Demand，BOD）被广泛用于评价污水中可生化降解的有机物含量，但由于传统的 BOD 测定方法需要 5d 的时间，因此利用 MFC 工作原理开发新型 BOD 传感器引起人们的高度关注。其关键在于，电池产生的电流或电荷与污染物的浓度之间呈良好的线性关系，电池电流对污水浓度的响应速率较快，有较好的重复性。

目前，正在研究的 MFC 型传感器全部为有质子交换膜的双池型结构，电池的阴极多为溶氧的磷酸盐缓冲溶液，阳极为待测的水溶液。Kim 等在用自行设计的 BOD 传感器分批测定溶液 BOD 的浓度时发现，电池转移电荷与污水浓度之间呈明显的线性关系，相关系数达到 0.99，标准偏差为 3%～12%。电池在低浓度时响应时间小于 30min。连续测定 BOD 质量浓度小于 100mg/L 的溶液时，电流与浓度呈线性关系，3 次电流测定的差值小于 10%。

③ 污水处理新工艺。在废水处理过程中，微生物燃料电池可以作为电源进行能量修复，在更稳定的条件下产生的剩余污泥比好氧处理工艺少。Jang 等用柱塞流蛇形管道电池处理含不同底物的污水，实现了连续处理污水、连续产生电流。值得注意的是，MFC 在厌氧降解有机物的同时，污水 pH 值保持中性，且溶液中没有常规厌氧环境发酵产生的 CH_4 和 H_2 等。因此，MFC 可以作为污水的常规处理手段，重铬酸盐指数（COD_{Cr}）可以达到与一般厌氧处理过程同样的效果，而且 MFC 不会使污水水质发生酸化，也不会产生具有爆炸性的危险气体，因此具有很好的开发前景。

参 考 文 献

[1] 任东明. 我国可再生能源市场需要有序化. 中国科技投资, 2007, (11): 31-32.

[2] 马承荣, 肖波, 杨宽等. 生物质热解影响因素研究. 环境生物技术, 2005, (5): 10-14.

[3] 翟秀静, 刘奎仁, 韩庆. 新能源技术. 北京: 化学工业出版社, 2005.

[4] 周中仁, 吴文良. 生物质能研究现状及展望. 农业工程学报, 2005, 21 (12): 12-15.

[5] Kaygusuz K, Tuker M F. Biomass energy potential in Turkey. Renewable Energy, 2002, (26): 661-678.

[6] Akinbami F K, Iori M O, et al. Biogas energy use in Nigeria: current status, future prospects and policy implications. Renewable & Sustainable Energy Reviews, 2001, (5): 97-112.

[7] 马隆龙, 吴创之, 孙立. 生物质气化技术及其应用, 北京: 化学工业出版社, 2003.

[8] 刘圣勇, 赵迎芳, 张百良. 生物质成型燃料燃烧理论分析. 能源研究与利用, 2002, (6): 26-28.

[9] Belgiorno V. Energy from gasification of solid wastes. Waste Management, 2003, (23): 1-15.

[10] 谢军. 生物质气化发电技术及应用前景. 上海电力, 2005, (1): 54-57.

[11] Serdar Yaman. Pyrolysis of biomass to produce fuels and chemical feedstocks. Energy Conversion and Management. 2004, (45): 651-671.

[12] 吴创之, 马隆龙. 生物质能现代化利用技术. 北京: 化学工业出版社, 2003.

[13] 谭天伟, 王芳, 邓立等. 生物柴油的生产和应用. 现代化工, 2002, 22 (2): 4-6.

[14] 魏小平, 许世海, 刘晓. 生物柴油的发展及其在中国应用的探讨. 石油商技, 2003, 21 (5): 20-23.

[15] Fukuda H, Kondo A, Noda H. Biodiesel fuel production by transesterification of oils. Journal of Bioscience and Bioengineering, 2001, 92 (5): 405-416.

[16] Zhang Y, Dube M A, Mclean D D, et al. Biodiesel production from waste cooking oil: Process design and technological assessment. Bioresource Technology, 2003, 89 (1): 1-16.

[17] Furuta S, Matsuhashi H, Arata K. Biodiesel fuel production with solid superacid catalysis in fixed bed reactor under atmospheric pressure. Catalysis Communications, 2004, 5 (12): 721-723.

[18] 徐圆圆. 脂肪酶催化合成生物柴油新方法及酶催化特性的研究 [博士学位论文]. 北京: 清华大学, 2005.

[19] Yuanyuan Xu, Wei Du, Jing Zeng, et al. Conversion of soybean oil to biodiesel fuel using lipozyme TLIM in a solvent-free medium. Biocatalysis and Biotransformation. 2004, 22 (1): 45-48.

[20] Wei Du, Yuanyuan Xu, Dehua Liu, et al. Comparative study on lipase-catalyzed transformation of soybean oil for biodiesel production with different acyl acceptors. Journal of Molecular Catalysis B: Enzymatic, 2004, 30 (3-4): 125-129.

[21] Hama S, Yamaji H, Kaieda M, et al. Effect of fatty acid membrane composition on whole-cell biocatalysts for biodiesel-fuel production. Biochemical Engineering Journal, 2004, 21 (2): 155-160.

[22] 墨玉欣, 刘宏娟, 张建安等. 微生物发酵制备油脂的研究. 可再生能源, 2006, (6): 24-28, 32.

[23] 里伟, 杜伟, 李永红等. 生物酶法转化酵母油脂合成生物柴油. 过程工程学报, 2007, 7 (1): 137-140.

[24] 沈瑁瑁, 李富超, 杨庆利等. 皮状丝孢酵母利用大米草水解液发酵生产微生物油脂. 海洋科学, 2007, 31 (8): 38-41.

[25] Shi X Y, Yu H Q. Continuous production of hydrogen from mixed volatile fatty acids with Rhodopseudomonas capsulate. International Journal of Hydrogen Energy, 2006, 31 (12): 1641-1647.

[26] Fang H P, Liu H, Zhang T. Phototrophic hydrogen production from acetate and butyrate in wastewater. International Journal of Hydrogen Energy, 2005, 30 (7): 785-793.

[27] 任南琪, 王宝贞, 马放. 厌氧活性污泥工艺生物发酵产氢能力研究. 中国环境科学, 1995, 12 (6): 401-406.

[28] 刘士清. 一种用于生物质发酵产氢的固定化微生物及制备方法. 中国专利: CN1789414A.

[29] 任南琪. 生物载体强化的连续流生物制氢反应器的运行特性, 环境科学, 2006, 27 (6): 1177-1180.

[30] 周孟津, 张榕林, 蔺金印. 沼气实用技术. 北京: 化学工业出版社, 2004.

[31] Yadvika Santosh, Sreekrishnan T R, Sangeeta Kohli, et al. Enhancement of biogas production from solid substrates using different techniques-a review. Bioresource Technology, 2004, 95 (1): 1-10.

[32] 田晓东, 强健, 陆军. 大中型沼气工程技术讲座(二): 工艺流程设计. 可再生能源, 2002, (6): 45-48.

[33] 吴祖林, 刘静. 生物质燃料电池的研究进展. 电源技术, 2005, 29 (5): 333-336.

[34] 胡徐腾, 齐泮仑, 付兴国, 何皓, 黄格省, 李顶杰. 航空生物燃料技术发展背景与应用现状. 化工进展, 2012, 31 (8): 1625-1630.

[35] Kim B H, Chang I S, Gil G C, Novel BOD(biological oxygen demand) sensor using mediator-less microbial fuel cell. Biotechnology Let, 2003, 25: 541-545.

[36] Jang J K, Pham T H, Chang I S, et al. Construction and operation of a novel mediator and membrane-less microbial fuel cell. Process Bio-chemistry, 2004, 39: 1007-1012.

第6章

核能材料概述

核能材料是指各类核能系统主要构件所用的材料，常见的有反应堆材料和核材料。前者是各类裂变和聚变反应堆使用的主要材料。因为目前的核能系统主要采用的是发电用的各类裂变和聚变反应堆，所以除核能系统常规岛所用材料外，反应堆材料和核能材料基本相同。后者泛指核工业所用材料，也专指易裂变材料铀、钚和可聚变材料氘、氚，以及可转换材料钍、锂。目前国际上禁止核扩散和禁产的核材料则是高富集铀和钚，它是核武器的主要原料。

6.1 核能概述

自 1896 年法国物理学家贝克勒尔发现铀的天然放射性现象以来，人类步入了原子核领域。一个多世纪以来，在世界各国科学家的辛勤探索下，人类不但对物质的微观结构有了更深刻的了解，而且还开发出了威力无比的核能。与此同时，与核能相关的核技术，如加速器技术、同位素制备技术、核辐射探测技术、核成像技术、辐射防护技术及应用核技术等也得到迅猛发展。一个多世纪以来，在这个领域已有 40 多位科学家获得了世界科学技术的最高奖项——诺贝尔物理学奖或化学奖，这是在其他任何学科领域都从未有过的。

其实核能就是指原子能，即原子核结构发生变化时释放出的能量。它包括重核裂变或轻核聚变释放的能量，其能量符合爱因斯坦质能方程 $E = mc^2$，其中 E——能量，m——质量，c——光速（常量）。实际上核能来源于将核子（质子和中子）保持在原子核中的一种非常强的作用力——核力。原子核中所有的质子都是带正电的，当它们拥挤在一个直径只有 $10^{-13}\,\mathrm{cm}$ 的极小空间内时，可想而知其排斥力非常巨大。然而质子不仅没有飞散，相反地，还和不带电的中子紧密地结合在一起。这说明在核子之间还存在一种比电磁力要强得多的吸引力，这种力科学家称之为核力。核力和人们熟知的电磁力以及万有引力完全不同，它是一种非常强大的短程作用力。当原子核间的相对距离小于原子核的半径时，核力显得非常强大。但随着核子间距离的增加，核力迅速减小，一旦超出原子核半径，核力很快下降为零。

1938 年德国化学家哈恩首次揭示了核裂变反应。他通过研究发现，铀-235 在中子的轰击下分裂成 2 个原子核，同时放出 3 个中子，这一过程伴随着能量的放出。这个过程就是核裂变反应，放出的能量就是核能，核反应中释放的能量即物质所具有的原子能要比化学能大几百万倍甚至上千万倍。还有一种核能释放方式是轻元素原子核的聚变反应，它释放的能量是铀裂变反应的 5 倍。由于核聚变要求很高的温度，目前只有在氢弹爆炸和由加速器产生的高能粒子的碰撞中才能实现。

6.1.1　核能的特点

核能的发现和利用，使人类获得对日渐减少的化石燃料的补充和替代，这是人类驾驭自然能力的一大飞跃。当前利用核能的主要方式，仍是通过传统的给水蒸气循环来发电、推动船舶或提供工业及采暖用热。核能作为一种安全、清洁、经济的新能源，并且是目前唯一达到大规模商业应用的替代能源。随着化石燃料的逐渐耗尽，全世界特别是我国核能发展的潜力巨大。核能的主要特点如下。

① 能量的高度集中。$1t^{235}U$ 在裂变反应中产生的能量约等于 1t 标准煤在化学燃烧反应中产生能量的 240 万倍。考虑到当今反应堆利用铀资源的效率低下的情况，将核电厂的燃料消耗量同现代燃煤电厂相比，1t 天然铀也相当于 1 万～2 万吨标准煤。利用核能可以大幅度减少燃料开采、运输和储存的困难及费用。

② 铀资源丰富，用核燃料代替化石燃料有利于化石燃料的合理利用。地球上已探明的易开采铀储量，在投入快中子增殖反应堆（简称快堆）以充分利用的条件下，所能提供的能量已大幅度超过全球可用的煤炭、石油和天然气储量之和。而海水和花岗岩中的铀资源，更是无比丰富。目前，全世界可靠铀资源为 447 万吨，可供目前全世界的热中子堆核电站使用 50 年；如果将铀用于快堆，则铀资源利用率可提高 60 倍，这意味着 400 多万吨的铀资源可利用 3000年。利用核能发电，可为后代保留更多在化工方面用途广泛的煤炭、石油和天然气资源。

③ 有利于环境保护。核电厂不释放温室气体 CO_2 以及 SO_2 与 NO_x，有利于减轻全球变暖和局部性的酸雨危害，而且核能发电不像化石燃料发电那样排放巨大量的污染物质到大气中，因此核能发电不会造成空气污染。所以，核能在近期和远期都是很重要的能源。

④ 核能发电的成本中，燃料费用所占的比例较低。核能发电的成本不易受国际经济形势的影响，故发电成本较其他发电方法更为稳定。

从以上四个特点来看，核电在可持续发展、缓解全球环境恶化和提高全社会经济效益方面都具有竞争力。这在世界上缺乏化石燃料资源的国家(如许多欧洲国家及日本、韩国等国家)是特别明显的。对于中国远离煤炭生产基地的沿海各省市，核电具有十分重要的现实意义。核能供热已在少数工业发达国家得到开发和利用，也有着广泛应用的前景。但同时，核能也存在以下一些不可避免的缺点。

·核能电厂会产生高低阶放射性废料，或者是使用过的核燃料，虽然所占体积不大，但因具有放射性，故必须慎重处理，且需面对相当大的政治困扰。长期以来，科学家们一直在探讨核能源的洁净化问题，希望能有一种方法消除核废料。因此，有关洁净核能源技术的开发和应用便成为国际、国内的一个热门话题。

·核能发电厂热效率较低，因而比一般化石燃料电厂排放更多废热到环境中，故核能电厂的热污染较严重。

·核能电厂投资成本极大，电力公司的财务风险较高。

·核能电厂较不适宜作为尖峰、离峰之随载运转，即不易搬迁挪移。

·兴建核电厂较易引发政治歧见与纷争。如朝鲜核问题。

·核电厂的反应器内有大量放射性物质，如果在事故中释放到外界环境，会对生态及民众造成伤害，从美国三里岛核事故到乌克兰切尔诺贝利核电站的史上最大核泄漏事故，再到日本福岛核事故，核辐射引发的人间惨景仍历历在目。

6.1.2　核能的分类

核能与化学能不同，它们的区别在于化学能是靠化学反应中原子间的电子交换而获得能量，例如煤或石油燃烧时，每个碳或氢原子氧化过程中，只能释放出几个电子伏特能量。而核能则靠原子核里的核子(中子或质子)重新分配获得能量，这种能量非常大。核能可分为以下三类。

① 裂变能，如重元素(铀、钍等)的原子核发生分裂时释放出来的能量。它是将平均结合能比较小的重核设法分裂成两个或多个平均结合能大的中等质量的原子核，同时释放出能量的反应过程。重核裂变一般有自发裂变和感生裂变两种方式。自发裂变是重核本身不稳定造成的，因此半衰期都很长。而感生裂变是重核受到其他粒子(主要是中子)轰击时裂变成两块质量略有不同的较轻的核，同时释放出能量和几个中子。

② 聚变能，由轻元素(氘和氚)原子核发生聚合反应时释放出来的能量。它是将平均结合能较小的轻核在一定条件下将它们聚合成一个较重的平均结合能较大的原子核，同时释放出巨大的能量。由于原子核间有很强的静电排斥力，因此在一般条件下发生核聚变的概率很小，只有在几千万度的超高温下，轻核才有足够的动能去克服静电斥力而发生持续的核聚变。因此，使聚变能能够持续地释放，让其成为人类可控制的能源，即实现可控热核反应仍是 21 世纪科学家奋斗的目标。

③ 原子核衰变时发出的放射能，也称为反物质能。众所周知，构成物质的基本粒子有电子、中子和质子。但是，宇宙中还存在反粒子，如正电子、反质子等。由反粒子构成的原子称为反原子，由反原子构成的物质称反物质。地球上除了科学家制造出来的反物质外，并没有反物质存在。但是，人们在宇宙中发现了反物质。当常规物质与反物质相遇时，随即发生"湮灭反应"，它们的质量全部消失而转变为能量，这也是核能的一种。如果用相应的质量转变为能量进行比较，"湮灭反应"放出的能量比核聚变能大 266 倍，比核裂变能大 1000 倍。

6.1.3　核能利用的现状与前景

从前苏联建成第一座核电厂至今，世界核电得到了迅速发展。特别是 20 世纪 70 年代后，核电技术的成熟和中东战争引发的石油危机，更促成了核电发展的高潮。截止 2006 年 1 月 4 日，全世界共有 31 个国家的 443 台核电机组在运行，总装机容量达到 3.7 亿千瓦。法国是世界上核发电比例最高的国家，2004 年的核发电量占当年总发电量的 78%；而美国和俄罗斯也分别达到了 20% 和 16%。在亚洲，以日本、韩国为代表的东亚国家的核电建设正在蓬勃发展。目前全世界核电提供的电能占世界电力供应的 16%，为此每年可以减少 23 亿吨 CO_2 的排放量。

目前人们已经掌握的、可以和平利用的核能只有核裂变能，它已经被广泛地应用于工业检测与分析、进行物质改性和材料加工、产生动力、农业育种、医学诊疗、科学研究等多方面生产和科研工作中。利用核能发电是核裂变能的主要用途，国际上已对核电与煤电的成本做过比较，如表 6-1 所示。

表 6-1　核电与煤电成本比较(核电成本为 1)

国家	法国	德国	意大利	日本	韩国
煤电成本	1.75	1.64	1.57	1.51	1.7

而核聚变的应用还只局限在军事上，即氢弹。但是现在世界上一些国家正在积极研究核聚变能的受控释放，从而实现核聚变能的和平利用。而反物质能的应用还处于研究、探索阶段。

然而在过去 10 年中，核电却变成了一个备受争议的话题，它已从世界发展最快的能源沦为发展最慢的能源，远远落后于石油甚至煤炭之后。例如，在欧洲许多国家不但不建设核电站而是讨论如何迅速关闭核电厂。究其原因主要是美国三里岛和前苏联切尔诺贝利核电厂事故引起公众对核的恐慌。这种恐慌心理导致核电的发展停滞，已经带来了严重的负面影响。

但随着先进堆型的开发，核电技术的不断完善，核安全程度越来越高，加上全球经济的迅速发展，以及为了解决温室气体排放及酸雨等环境问题，核电在未来20年将又有一个新的发展，对发展中国家更是如此。表6-2为2015～2020年世界核电能力的预测。

表6-2 2015～2020年世界核电能力的预测 单位：10^6kW

地区	2015	2020	地区	2015	2020
美国	79.5	71.6	俄罗斯	17.6	13.1
其他北美国家	14.9	14.9	乌克兰	13.1	13.1
日本	56.6	56.6	其他前苏联国家	1.0	1.0
法国	64.3	63.1	中国	11.6	18.7
英国	8.1	5.3	韩国	19.4	22.1
其他西欧国家	42.8	35.7	其他发展中国家	22.7	25.0
东欧	10.6	10.6	世界总计	362.2	350.8

注：表中数据来源于国际原子能机构的报告。

6.2 裂变反应堆材料

6.2.1 裂变原理和裂变反应堆

6.2.1.1 裂变原理

裂变反应材料有铀-235和钚-239。铀-235或钚-239等重元素的原子核在吸收一个中子后发生裂变，分裂成两个质量大致相同的新原子核，同时放出2～3个中子，这些中子又会引发其他的铀-235或钚-239原子核裂变，如此形成链式反应（如图6-1）。在裂变过程中伴随着能量放出，这就是裂变能。一种典型的裂变反应式为：

$$^{235}U+n \longrightarrow {}^{140}Ba+{}^{94}Kr+2n$$

铀-235原子每次裂变时放出约200MeV的能量，一个碳原子燃烧时放出的能量为4.8eV。铀的裂变能是碳燃烧释放能的4.878万倍。人们知道^{235}U是主要的易裂变材料。天然铀通常由三种同位素构成：^{238}U，约占铀总量的99.3%；^{235}U，占铀的总量不到0.7%；还有极少数的^{234}U。在自然界中具有经济价值的铀矿床是花岗岩矿床，以及与花岗岩有关的砂岩床和含铀砾岩矿床。由于核动力和核武器的需要，世界上对铀矿的勘探和开采日益重视。

根据国际原子能机构估计，全球常规铀资源量为1620万吨，如按现在消费能力可供250年。经过多年研究，人们发现海水中也含有铀，据估计虽然每1000吨海水中仅含铀3g，而全球有1.5×10^{15}亿吨海水，则含铀总量高达45亿吨，几乎比地球上的含铀量多千倍。因此，海水中的铀将是人类用之不竭的能源。

6.2.1.2 裂变反应堆

能实现大规模可控核裂变反应的装置称为反应堆。裂变反应堆有多种类型。

根据引起燃料核裂变的中子的能量，反应堆可分为快堆、中能堆和热堆；根据所用燃料的种类可分为铀堆、钚堆、钍堆和混合堆；根据用于慢化中子的材料，反应堆可分为轻水堆

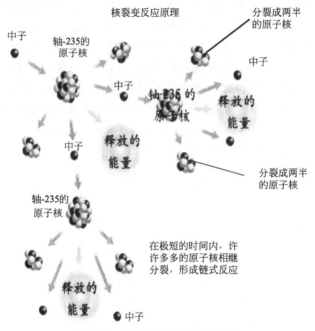

图 6-1　核裂变链式反应示意图

（Light Water Reactors，LWR）、重水堆（Heavy Water Reactors，HWR）、石墨堆和有机介质堆。冷却剂是区分反应堆的一个重要特性，可采用轻水、重水、液态金属、气体、有机介质作为冷却剂。

根据目的和用途，反应堆有动力堆和生产放射性同位素用堆。动力堆本身又有固定式的（核电站）和移动式的（船舶用堆、飞机和火箭用堆）。目前应用最广泛的是水冷却（主要是轻水），加浓铀作为燃料的核电站，它已证实本身不仅在技术上成熟可靠，在经济上也有竞争力。

水冷堆中广泛应用的是压水堆（Pressurized Water Reactor）。压水堆选择主要考虑在给定温度下防止活性区内水冷却剂沸腾，进入汽轮机的蒸汽在冷却剂循环流过的热交换器内生成。这样的系统使活性区结构复杂化，对元件提出苛刻要求。

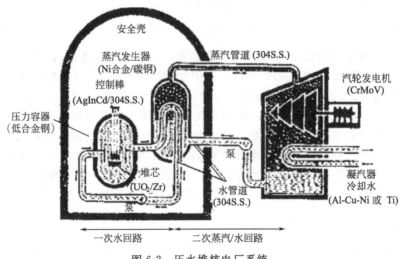

图 6-2　压水堆核电厂系统

如图 6-2 所示，压水堆核电厂有两个独立的水系统，即一次水回路和二次水回路，它们在蒸汽发生器汇合。蒸汽发生器是一台由约 3000 根镍基合金制成的传热管构成的热交换器，传热管由碳钢板支撑，被集装在高 20m、宽 4m 的钢壳内，质量约 310t。压水堆可有两条、三条或四条冷却剂回路，每条回路都有自己的蒸汽发生器和一台或两台循环泵。

压水堆主回路系统在水不发生沸腾的条件下运行。低合金钢压力容器（高 12m、宽 4m）和与其连接的钢制管路内的压力均为 15.5MPa，在该压力下将水加热到 590K。加热的水通过蒸汽发生器的传热管，把热量传递给二次回路，产生温度为 560K、压力为 7MPa 的蒸汽以驱动汽轮机发电。

在直接循环沸水堆（Boiling Water Reactors，BWR）中，水在活性区内沸腾，生成饱和蒸汽，直接进入汽轮机，沸水堆需要的投资少，能保证生产出成本更低的电能。

在动力堆中，采用重水作为冷却剂可避免使用浓缩铀，用天然铀即可作为核燃料。由于重水价格昂贵，目前重水堆电站仅在加拿大建造，加拿大有丰富的重水资源和廉价的天然铀。用重水作为慢化剂时，一般用轻水作为冷却剂。

气冷堆（Air Cooled Reactors）中最常用的冷却剂是氦、空气和二氧化碳，此外还可采用氮和氩。

石墨气冷堆（Graphite Gas-Cooled Reactors）在英国和法国得到了很大发展，先是用镁诺克斯合金（Magnox）作为天然铀燃料的包壳型元件。这种堆装备的核电站为两用堆。后来英国又研制改进型石墨气冷堆，采用 UO_2 形式的加浓核燃料和不锈钢包壳，这样可将元件不锈钢包壳的工作温度提高到 700℃，从而使核电站效率提高到 40%～41%。英国、美国、德国等国家正在进行高温气冷堆的研究工作。这种反应堆的优点在于，采用陶瓷体元件，使元件表面温度达到 1000℃，反应堆出口处气体冷却剂温度可提高到 800℃，从而保证蒸汽循环装置的效率达到 45%。而采用氦冷却剂的燃气透平循环时甚至能达到 50%。

许多国家正在研究和建造快堆。用液态金属冷却剂的快增殖堆（LMFBR）已在各种反应堆中占据了大量席位，并被看成是最佳能源体系中的一个组成部分。这种堆能使人们更加合理地使用铀资源，而且对周围环境不会产生不良影响。作为增殖堆的冷却剂可采用钠和气体。目前液态金属冷却增殖堆已得到了充分的研究和发展。

6.2.2　裂变堆材料分类与特征

裂变反应堆材料主要分为堆芯结构材料和堆芯外结构材料。堆芯处于很强的核辐射环境，有严重的辐照效应，对材料有特殊的核性能要求。堆芯外结构材料与一般结构材料基本相同。下面介绍有关的堆芯结构材料。

① 燃料元件用材料。燃料元件将裂变产生的能量以热的形式传给冷却剂。如果核燃料裸露，与冷却剂直接接触，裂变反应产物就会进入冷却剂中，导致系统严重污染。因此，要把燃料加上包壳，包壳所用的材料称为包壳材料。装在包壳内的燃料芯体是含裂变物质的材料，芯体通常可做成棒状、板状和粒状。把燃料芯体完全包起来就成为燃料元件。在动力堆中把一定数目的元件组装在一起，做成燃料组件。以整个组件形式放入反应堆中或从堆中取出。在热中子堆中燃料芯体的包壳材料必须选用热中子吸收截面（Neutron Capture Cross Section）低的材料。燃料芯体中进行的核裂变反应，产生大量的高能裂变产物，这些裂变产物在燃料芯体的晶体中运动，使晶体产生变形和损伤。因此，燃料芯体必须能经受这种辐照损伤效应。快中子辐照使晶格中的原子被击出，造成晶格缺陷，因而使强度增加而塑性相对降低。由于在结构材料中燃料包壳受到的累积辐照通量最大。因此，要求包壳强度的增加和塑性的降低必须达到容许的程度。另外，包壳在使用时还要具备必要的强度和塑性，对冷却剂要有一定的化学稳定性，即抗腐蚀性能要好。

高温气冷堆由于工作温度很高，一般采用涂层颗粒燃料。空间热离子反应堆燃料元件由核燃料和外侧的热离子二极管两部分构成。前者可选用 UO_2 或 UN，后者除满足 1500℃ 高温堆芯结构材料的要求外，特别要考虑有高的裸体功函数和导热性以保证高的热电转换效率。发射极选用钨或钼的单晶，接收极为 Mo(或 W)-Al_2O_3-316SS 复合材料。

② 慢化剂材料。在热中子反应堆中，为了把裂变时产生的快中子的能量降到热中子能量水平，要使用慢化剂，达到良好的慢化效果。质量数接近中子的轻原子核对中子的慢化效果最有利。另外，要求慢化剂对中子散射截面要大，中子吸收截面要小，符合这些要求的主要有氢、氘、铍和石墨。所以，热中子堆一般选用轻水(H_2O)、重水(D_2O)、铍、石墨和氢化锆等作为慢化剂材料。

③ 控制材料 (Control Materials)。对反应堆裂变反应的控制，通常是向堆芯放入或取出容易吸收中子的材料。材料的热中子吸收特性用中子吸收截面来表示。材料热中子吸收截面的大小因材料而差别很大，最高与最低之间差 7 个数量级。控制材料的热中子吸收截面在 100 靶恩❶以上直到数万靶恩。常用的控制材料有铪、BC、Ag-In-Cd、硼硅酸玻璃等。铪可以直接以裸露的金属作为控制棒使用，因为它与反应堆冷却剂的相容性很好。其他控制材料要放入由耐冷却剂腐蚀的材料制成的套管中包覆起来使用。此外，还有像压水堆一样采用化学控制法，把中子吸收材料以溶液的形式注入反应堆中。对快中子反应堆、各元素的吸收性能差别不大，但也希望用吸收截面较大的材料作为控制材料。

④ 冷却剂材料 (Control Materials)。对动力堆来说，冷却剂的作用就是把堆芯产生的热量输送到用热处。因此，冷却剂最重要的是载热性能要好，必须是流体。冷却剂流经堆芯，带走热量，必须能承受大量中子照射而不分解变质。所以，有机材料作为冷却剂容易辐照分解，必须对它进行处理。目前在热中子反应堆中，常用的冷却剂有轻水(H_2O)、重水(D_2O)、CO_2、He 等，在快中子堆中采用液态金属钠。

⑤ 反射层材料。为了防止堆芯的裂变中子泄漏到堆芯外部，有效利用中子，在堆芯的周围放置反射层，作为反射层材料，希望其反射中子的性能好，并且与中子碰撞时对中子的吸收尽可能少。也就是要选用中子散射截面大、而吸收截面小的材料。使用状态可以固态砌堆构成反射墙，如铍块、石墨块等，也可以液体充注堆芯周围，如水堆中，水兼作为慢化剂和反射层材料，还兼作为冷却剂。由于固体反射层受辐照后会变质，所以堆芯高中子通量的材料寿命就成为问题。如高中子通量的材料试验堆中的铍反射层，由于(n、2n)反应产生 He，在铍中生成气泡使靠堆芯的一侧会突起弯曲，通常使用数年之后就要更换。

⑥屏蔽材料。其选择根据屏蔽对象而有所不同，屏蔽 γ 射线选用高密度的固体，如铁、铅、重混凝土。屏蔽热中子选用热中子吸收材料，如硼钢、B_4C-Al 复合材料。通常采用的屏蔽层是一定厚度的固体墙，虽然在堆芯外围使用，也要考虑接受辐射时会发热，引起结构和性能的变化等因素。

⑦反应堆容器材料。反应堆容器是包容反应堆堆芯的主容器，它是反应堆的一道安全屏障，在反应堆的全寿期内是不可更换的。对于水冷动力堆，冷却剂压力很高，堆容器是压力容器，为满足高压容器的要求，器壁很厚。一般选用高强度钢，如 A-508。反应堆容器也受到高能中子的照射，照射的程度与容器壁到堆芯之间的距离有关，在积分通量接近 10^{19} 中子/cm^2 的情况下，必须考虑辐照效应。放入监视试验片，对脆化过程进行监视，测试塑-脆转变温度的升高，以判断反应堆容器辐照脆化的程度是否在安全限值之内。对于钠快冷堆，冷却剂是常压，容器只要能承受内容物的质量就行，一般使用奥氏体不锈钢。由于工作温度较高，也要考虑辐照效应问题。

---

❶ 1 靶恩 $= 10^{-24} cm^2$。

6.3 聚变反应堆材料 «‹‹‹

6.3.1 聚变原理与托卡马克装置

6.3.1.1 聚变反应原理

① 聚变反应。两个轻原子核融合形成重原子核，叫做核聚变。如图 6-3 所示为核聚变反应示意图。发生核聚变反应时放出更大量的能量。用于聚变堆的反应主要为：

$$D+D \longrightarrow {}^3He+n$$

$$D+D \longrightarrow {}^3T+p$$

$$D+T \longrightarrow {}^4He+n$$

式中，D 为氘，T 为氚。D-T 反应最容易实现，是目前最有应用前途的燃料。

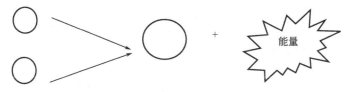

图 6-3　核聚变反应示意图

② 等离子体约束。高温气体状态时，分子离解为原子，原子电离后分为带正电荷的离子和带负电荷的电子，把这些中性气体的聚集状态称为等离子体。等离子体有以下两种约束方式。

a. 磁约束。用磁场约束的方法，即运动的带电粒子在磁场中受洛伦兹力而绕磁力线旋转时不会横越磁力线飞散掉，从而实现对它们的约束。

b. 惯性约束。在真空容器的中心，脉冲式的制成等离子体，用瞬间过渡现象将等离子体扩散加以约束的方法。

③ 等离子体加热。要进行聚变反应，除了要把等离子体加以约束外，加热等离子体也是重要条件。把等离子体加热到数万摄氏度乃至数亿摄氏度。加热等离子体的方法很多，如高速中性粒子入射加热、电阻加热、高频加热、激光加热等。

6.3.1.2 托卡马克装置

现在世界各国都在进行聚变堆的概念设计，最有代表性的就是托卡马克（Tokamak）聚变装置。图 6-4 是托卡马克聚变堆示意图。托卡马克聚变装置的主要部件有：第一壁，它构成等离子体室；偏滤器系统，它从 D-T 反应中提取氦；包层系统，它将聚变能转换成热能，同时增殖燃料循环中所需的氚Ⅰ磁场屏蔽；容器结构；磁场系统；燃料和等离子体辅助热源。

托卡马克是一种利用磁约束来实现受控核聚变的环形容器。托卡马克的中央是一个环形的真空室，外面缠绕着线圈。在通电的时候托卡马克的内部会产生巨大的螺旋形磁场，将其中的等离子体加热到很高的温度，以达到核聚变的目的。相比其他方式的受控核聚变，托卡马克拥有不少优势。

受控热核聚变在常规托卡马克装置上已经实现。但常规托卡马克装置体积庞大、效率低，突破难度大。20 世纪末，科学家们把新兴的超导技术用于托卡马克装置，使其基础理论研究

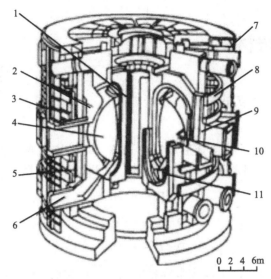

图 6-4   托卡马克聚变堆示意图

1—中央螺线管；2—屏蔽/包层 I；3—活动线圈 I；4—等离子体；
5—真空容器屏蔽 I；6—等离子体排出；7—低温恒温器；
8—轴向场线圈；9—环向场线圈；10—第一壁；11—滤板

和系统运行参数得到很大提高。据科学家估计，可控热核聚变的演示性聚变堆将于 2025 年实现，商用聚变堆将于 2040 年建成。在商用堆建成之前，中国科学家还设计把超导托卡马克装置作为中子源，以和平用于环境保护、科学研究及其他途径。这一设想获得国内外专家较高评价。

6.3.2   聚变堆主要材料与特征

聚变堆技术难度极大，普遍认为聚变堆材料是聚变堆技术的主要难点之一。特别是第一壁材料要经受 14MeV 中子和其他高能带电粒子的轰击，其辐照效应比裂变堆材料所遇到的辐照效应更为严峻，是研究的重点。按照目前的托卡马克装置，聚变堆材料主要包括以下几类。

① 聚变核燃料。主要是氘和氚。

② 氚增殖材料。这里是指可与中子反应而生成氚的锂的陶瓷或合金。通过锂与中子反应生成氚。这种材料主要有 Al-Li 合金、陶瓷型的 Li_2O、偏铝酸锂（$LiAlO_2$）、偏锆酸锂（Li_2ZrO_3）等，还有液态锂铅合金(Li-Pb，17％原子 Li)、锂铍氟化物（FLiBe）熔盐等。氚增殖材料的基本要求是：有一定的氚增殖能力，化学稳定性好，与第一壁结构和冷却剂有好的相容性，氚回收容易，残留量低。

③ 中子倍增材料。这种含有能产生(n、2n)和(n、3n)核反应的核素材料。铍(Be)、铅(Pb)和锆(Zr)产生这种核反应的截面较大。含有这些元素的化合物或合金，如 Zr_3Pb_2、PbO 和 Pb-Bi 合金都可以作为中子材料。

④ 第一壁材料。第一壁是托卡马克聚变装置包容等离子体区和真空区的部件，又称面向等离子体部件，它与外围的氚增殖区结构紧密相连。第一壁材料主要包括第一壁表面覆盖材料，可以选择与等离子体相互作用性能好的材料，如铍、石墨、碳化硅、碳/碳、碳/碳化硅纤维强化复合材料。第一壁结构材料要在高温、高中子负荷下有合适的工作寿命，目前选用的材料有奥氏体不锈钢、铁素体不锈钢、钒、钛、铌和钼等合金。第一壁材料还包括高热流材料和低活化材料等。

6.4　核能材料的辐照效应　◄◄◄

自从 Hamgerg 于 1914 年在放射性产物自轰击的硅铍钇矿中发现潜能释放以来，辐照效应研究随着核反应堆的发展越发受到重视。Fermi 于 1946 年曾指出"核技术的成败取决于材料在反应堆中强辐射下的行为"。以后几十年核反应堆的发展证实了此断言。早期，锆合金包壳的织构、氢化和侵蚀性穿孔造成大量放射性泄漏，影响了核电站的进程。20 世纪 70 年代初期，二氧化铀燃料的辐照密实引起燃料棒坍塌、弯曲和破坏，不得不中止核电站的运行。直到目前，由芯块与包壳相互作用导致的燃料棒破损问题因影响核电站的经济性和安全性，仍在深入研究之中。聚变堆的成败在于，能否避免第一壁材料和面向等离子体材料受到比裂变堆核电站燃料包壳高 104 倍的 14MeV 中子辐照和逃逸离子轰击而产生的肿胀和剥落现象。因此，材料在辐照场下的性能至关重要。

6.4.1　辐照缺陷的产生过程

中子和辐射粒子撞击固体材料的点阵原子产生缺陷或引起反应生成嬗变元素。这些点阵缺陷和嬗变元素改变材料的性能，这种现象被统称为辐照效应。该效应主要包括以下内容。

① 入射粒子在固体中的行为。入射原子进入固体与原子发生弹性碰撞和核反应时，能量必然受到损失。若入射粒子在其路程上撞击一系列点阵原子，传递反冲能量 T 给点阵原子，则当 T 超过其离位阈能 T_d 时，点阵原子就离开原来位置，到达间隙位置，形成弗兰克尔缺陷对。大多数核能材料经受快中子辐照，它传递给点阵原子的能量高出 T_d 许多倍。当初级反冲原子获得的能量远大于 T_d 时，它将继续去撞击周围的原子产生次级反冲原子，它们又可逐次碰撞下去形成碰撞级联。这种过程对固体材料的辐照效应起到极为重要的作用。

② 碰撞截面和辐照损伤剂量。在碰撞级联中产生的平均离位原子数目称为离位损伤函数 N_d，最先由 Kinchin 和 Pease 采用弹簧碰撞和刚球作用导出了 N_d 近似等于 $T/2T_d$ 的关系，考虑到电子能量损失和原子作用势的作用，有：

$$Nd(T)=\begin{cases} 0.8T_{dam}/2Td, & T_{dam}>2.5Td \\ 1 & Td<T<2.5Td \\ 0 & T<2.5Td \end{cases}$$

式中，T_{dam} 是能量为 T 的初级离位原子（PKA）损失于弹性碰撞的能量。

③ 离位阈能。Frenkel 缺陷对是辐照损伤的基本单元。它们由低能的 PKA 和级联碰撞中碰撞列产生。离位阈能 T_d 是碰撞中反冲原子形成的弗兰克尔缺陷对所需的最低能量，它可由电子辐照实验和计算机计算实验确定。T_d 的数值随着反冲原子在晶格中的反冲方向而变化。采用电子辐照处于 4.2K 温度的单晶 Cu 片，在不同的电子束与晶片夹角测出在不同电子束能量下的电阻变化，得出 T_d 与晶片方向的关系，如图 6-5 所示的离位阈能面。

④ 离位峰。高能 PKA 产生缺陷的过程分为前后两个阶段，即级联碰撞和离位峰。级联碰撞持续的时间约为 $0.1\sim0.3$ps，小于典型的原子振动时间，此后就进入离位峰阶段。在新生的离位峰中原子剧烈运动，在其边缘建立起密度极高的密度冲击波峰，以置换碰撞、位错圈或其他机制把附近的离位原子逐出周围的点阵区域。图 6-6 描述了 Au 中 10keV 的 PKA 事件发生后 1ps 时刻的原子图像。在中心的类液相区，冲击波波峰和置换碰撞列的痕迹清晰可见。

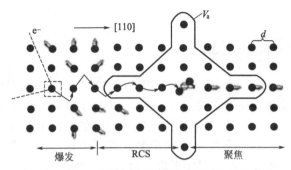

图 6-5   在 Cu 中单个离位事件的分子动力学模拟

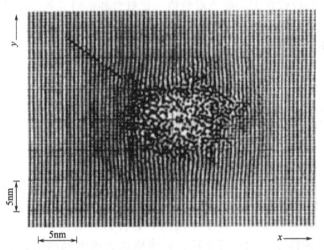

图 6-6   PKA 事件在 1ps 瞬间其最邻近的三层原子位置在 {100} 面上的投影图

6.4.2   核能材料中辐照损伤现象

研究表明，大多数性能变化是朝坏的方向发展，因此把辐照的影响称为辐照损伤，主要包括以下内容。

（1）辐照与原子、分子的相互作用

从原子核里射出的粒子或者结合体以及以电磁波的形式放出的原子核内外的能量统称为辐射。与反应堆关系密切的辐射有 α 射线辐射、β 射线辐射、γ 射线辐射、X 射线辐射、质子（p）辐射、重氢核（d）辐射、中子（n）辐射以及裂变产物（FP）辐射。这些粒子由于某些原因得到能量而克服原子核或原子内的结合力跑出来，通常具有较大的动能。常用的能量单位为电子伏（eV）。

带电粒子（α、β、p、d、FP）以高速度通过物质，使原子核外的电子脱离轨道成为自由电子，失掉一些电子的原子成为带正电荷的离子，称为电离现象。具有这种能力的辐射称为电离辐射。在物质中粒子所能通过的距离称为射程。这个值与它所具有的动能成函数关系。对于同一类的辐射，能量越高，射程越远。质量大的带电粒子 FP，在固体中射程非常短，只有几十微米。裂变时放出的能量几乎都作为动能传给了 FP。该能量是发生在核裂变的极其微小的范围内，它集中地传给物质，从而转换成热能。因此，只要是使用固体燃料，目前阶段还不能避免对材料结构的损伤。高能中子辐射和 γ 射线辐射同样也显示了损伤效应。

（2）粒子辐射对晶体的作用

粒子辐射（γ 射线、电子、质子和 α 粒子、中子等），作为入射粒子与晶体原子碰撞时，当入射粒子和晶体所有原子的全部动能总和不变时，是弹性碰撞（Elastic Collisions）。当只是晶体原子的电子状态变化(电子激发)，原子的动能不变，入射粒子和晶体原子动能总和变化时，称为非弹性碰撞。随着入射粒子能量的不同，对点阵原子的效应也不同。

在研究晶体辐射损伤时，重要的是研究弹性碰撞，当入射粒子进入固体与原子发生弹性碰撞和核反应时，能量就受到损失。在相互作用粒子间的弹性碰撞过程中，轰击粒子把反冲能 T 传递给晶格原子，如果反冲能超过与材料有关的离位阈能 T_d，则原子离开它的原来位置，产生空位-间隙原子(或称为弗兰克尔对)。大多数核材料受快中子辐照，快中子传递的反冲能比 T_d 大许多倍，这时 PKA 又能使邻近原子离位，产生次级反冲原子，它们又可逐次碰撞下去，形成离位(碰撞)级联。除了产生弗兰克尔缺陷，核反应产生的外来元素也可能使核材料性能降低。产生气体的核反应特别重要，因为气体原子，特别是氦，会损害反应堆某些部件长期结构的完整性，其主要表现如下。

① 包壳材料中空位团、间隙原子团的形核生长和辐照肿胀。辐照缺陷的浓度和相应的微观结构可分为开始的瞬态过程和以后的准稳态过程。起初，原始的辐照缺陷浓度增加，而后趋向稳定。在瞬态过程结束时，缺陷的产生量与缺陷的复合及消失量达到平衡，此时空位和间隙原子形成各自的平衡浓度。由于间隙原子迁移率远高于空位，且缺陷尾间俘获间隙原子的效率要高于俘获空位的效率，所以导致空位浓度要高于间隙原子，相应就要有更多的空位流经空洞或气泡，使空洞或气泡生长，从而引起材料的肿胀。

② 核燃料中裂变气泡迁移、聚集和裂变气体释放。对于核燃料，聚变产物的能量很高，高质量数一组的动能为 61MeV，低质量数一组的动能为 93MeV，都产生严重的辐照缺陷。它们在辐照缺陷的协同作用下形成气泡，造成肿胀或扩散迁移而释放。以 UO_2 燃料为例，芯块中残留的烧结气孔分两类：一类小尺寸气孔在热应力和裂变碎片作用下发生收缩、湮没而导致芯块密实；另一类较大的气孔在温度梯度下发生迁移。随着燃料消耗增加，裂变气体的气泡形核成长，并与气体相遇合并，使芯块由密实变为肿胀。气孔通过长期迁移到达晶界，又不断长大、变形或与其他气孔相连构成气孔链，或与裂缝表面相通构成释放通道。

③ 结构材料的辐照硬化、脆化和断裂。大多数金属材料在辐照下屈服应力和极限强度增加、延伸率下降。它们都是快中子注量和温度的函数，前者反映辐照硬化，后者反映辐照脆化。辐照也使持久强度增加，断裂寿命降低。对于脆性材料，辐照提高延-脆转变温度。这些都是在应力作用下发生位错与辐照缺陷相互作用的结果。

6.4.3　辐照对聚变结构材料力学性能的影响

断裂韧度是指材料在弹塑性条件下，当应力场强度因子增大到临界值，裂纹便失稳扩展而导致材料断裂，该失稳扩展的应力场强度因子即断裂韧度。它反映了材料抵抗裂纹失稳扩展即抵抗脆断裂的能力，是材料力学性能指标。铁素体/马氏体钢和难熔金属的低温辐照强化会导致断裂韧度值降低和材料脆性的增加。辐照后的铁素体/马氏体钢和钒基合金的最低断裂韧度值为 $30MPa \cdot m^{1/2}$，都远小于辐照前的数值($>100MPa \cdot m^{1/2}$)。在低温($<0.3T_m$)条件下，即使辐照剂量低至 1DPA[①]，铁素体/马氏体和难熔金属也会表现出辐照强化。在 $0.3T_m$ 以上温度时辐照会引起聚变结构材料的脆性转变，但随着温度的升高，聚变结构材料的辐照硬化率会急速下降。

参　考　文　献

[1] 雷永泉主编．万群，石永康副主编．新能源材料．天津：天津大学出版社，2000.
[2] 马栩泉．核能开发与应用．北京：化学工业出版社，2005.

---

❶ DPA (Displacement Per Atom，原子平均离位) 是材料辐射损伤的单位，定义为在给定注量下每个原子平均的离位次数。

［3］黄素逸，杜一庆．新能源技术．北京：中国电力出版社，2011．

［4］郑子樵主编．新材料概论．长沙：中南大学出版社，2009．

［5］王革华，艾德生．新能源概论．北京：原子能出版社，2002．

［6］王成孝．核能与核技术应用．北京：原子能出版社，2002．

［7］梁彤祥．清洁能源成材料导论．哈尔滨：哈尔滨工业大学出版社，2003．

［8］Roberts J T A. Structural materials in nuclear power systems. New York：Plenum Press，1981．

［9］Bailly H，Menessier D，Pranier C. Nuclear fuel of pressurized water reactor and fast reactor-design and behaviour. Intercept Ltd. Harnpshire：U. K 1999．

［10］［美］唐纳德·奥兰德．核反应堆燃料元件基本问题．北京：原子能出版社，1984．

［11］杨文斗．反应堆材料学．北京：原子能出版社，2006．

［12］王喜元．从核弹到核电——核能中国．中国科学技术大学校友文库，2009．

第7章

其他新能源材料

"绿色、环保、低碳、节能、减排"是当今社会乃至人类生存与发展、科学发展、可持续发展的永恒主题。利用新技术、新方法，研究、开发新能源是社会发展之必需。除了太阳能、生物质能、氢能外，其他三种新能源如风能、地热能和海洋能的利用和研究也越来越受到关注，且发展非常迅速。本章将对这三种能源的应用情况及其应用方式进行介绍。

7.1 风能及其材料

7.1.1 风能概述

风是地球上的一种自然现象，它是由太阳辐射热引起的。太阳照射到地球表面，地球表面各处受热不同，产生温差，从而引起大气的对流运动形成风。据估计到达地球的太阳能中虽然只有大约 2% 转化为风能，但其总量仍是十分可观的。全球的风能约为 2.74×10^9 MW，其中可利用的风能为 2×10^7 MW，比地球上可开发利用的水能总量还要大 10 倍。图 7-1 为风能利用实例。

7.1.1.1 国内外风能发展现状

尽管最近几年世界经济整体低迷，风力发电的发展还是取得了比较满意的结果。自 2000 年以来，世界风力发电装机年增长量均在 20% 以上，风电在能源供应中所占比例逐年提升。据世界风能理事会的统计数据显示，2012 年底世界风电总装机容量达 282.6 GW。2012 年世界风电新增装机容量为 44.8GW，同比增长 19%。欧洲、亚洲、北美洲是世界范围内三大主要风电市场，其新增装机总容量及累计装机总容量均占全球 95% 以上。欧洲 2011 年新增装机容量 10.226 GW，累计装机容量达到 97.588 GW，可以满足欧洲 6% 的用电量。德国、瑞典陆上风电以及英国海上风电是欧洲风电的主要拉动力，而法国和西班牙相比上年有所减少。从累计容量上看，德国依然是欧洲风电的领跑者，紧随其后的是西班牙、英国、法国和意大利。亚洲地区的印度得益于政府的激励政策，实现了里程碑式发展，2011 年新增装机 3.01GW，同比增长 50%。美国借助风能生产税抵减政策，风电市场出现反弹，2011 年新增装机 6.810GW，相比上年增幅高达 28%。

图 7-1   风能利用实例

就国内而言，中国幅员辽阔，海岸线绵长，可开发利用的风能资源十分丰富，集中分布在东南沿海及华北、东北、西北地区。在《可再生能源法》及一系列国家产业政策的推动下，我国风电装机容量迅速增长，风电装备制造业也快速发展，产业体系已逐步形成。中国已经成为世界风能大国，正在向风能强国转变，风电产业发展前景广阔。截至 2012 年底，累计装机容量达 75324.2MW，居世界第一位。预计到 2020 年，我国风电的累计装机容量将在 200GW～300GW，到 2030 年，累计装机容量可能超过 400GW。届时，风电将占全国发电量的 8.4% 左右，在能源结构中约占 15%。

中国风电正经历由分散、小规模开发，向集中开发、大规模远距离输送方向发展。在"建设大基地、融入大电网"的风电发展战略导引下，我国风电场呈现出规模化发展的趋势，在内蒙古、新疆哈密、甘肃酒泉、河北、吉林西部以及江苏沿岸规划已建设了大型风电基地。对于海洋风能而言，我国海岸线绵长，海上风能资源相对丰富。据《全国海岸带和海涂资源综合调查报告》，我国大陆沿岸浅海 0～20m 等深线海域面积达 15.7 万平方公里，按浅海 10%～20% 海面可利用风能计算，海上可布置 1 亿～2 亿千瓦的风机。可见，未来我国可开发的海洋风能储量潜力巨大。为充分利用我国的海洋风能资源，政府与企业对发展海洋风能表现出空前热情。国家还确定了关于风电发展的目标，即到 2015 年全国海洋风电规划装机容量应达到 500 万千瓦，到 2020 年全国海洋风电容量达到 3000 万千瓦。可见，发展海洋风电已经成为替代性能源的大势所趋，我国已开启了由陆上风电转向海陆风电双重发展的全新时代。而目前我国海洋风能装机进程相对缓慢，根据中国风能协会发布的《2012 年中国风电装机容量报告》统计数据显示，截至 2012 年底，我国已经建成的海洋风电项目总装机容量达 38.96 万千瓦，尚不足"十二五"规划中确定目标的 1/10。为鼓励海洋风能产业的快速发展，实现"十二五"规划中确定的风能发展目标，我国政府主管部门纷纷出台了海洋风电扶植政策，相信在不久的将来我国会发展为海上风电强国。

7.1.1.2   我国风能资源总量及分布情况

中国土地广阔富饶，一直以来都是一个资源大国，因此风能资源也较为丰富。根据初步勘测，我国陆地风能的实际可开发总量大约是 $2.53 \times 10^8 kW$。中国的风能资源主要分布在以下两大风带。

① "三北地区"（东北、华北以及西北地区）。具体为黑、吉、辽东北三省、河北省、青海省、西藏、新疆以及内蒙古等省、自治区近 200km 宽的地带，可供开发、利用的风能约有 $2 \times 10^8 kW$，占全国风能可利用储量的 79%。处于三北地区的风电场地势平坦、交通便利且不具有破坏性的风速，它是中国最大的风能资源地，对风电场的大规模开发有重要意义。

② 东部沿海的陆地、岛屿与近岸海域。沿海及岛屿在冬、春季节会受到冷空气的影响，在夏、秋季节会受到台风影响，所以此地区的风能也极为丰富，年有效风功率密度在 $200W/m^2$ 之上。此外，中国内地还有局部地区有着丰富的风能。

7.1.1.3　风力发电优势

风力发电优势主要如下。

① 经济驱动力。在偏远地区，电力供应困难。与常规电网延伸和汽油/柴油机发电相比，利用小型离网风力发电系统供电有成本优势。例如，在内蒙古农牧区，利用小型离网风力发电系统供电，农牧户承担的成本约 2 元/($kW \cdot h$)。如果采用电网延伸的方法，农牧户承担的成本高于 8 元/($kW \cdot h$)。在这些地区，利用汽油/柴油发电机的供电，考虑油料的运输成本，农牧户承担的成本也要高于 6 元/($kW \cdot h$)。

② 环境驱动力。作为可再生能源的一种，风能不释放温室气体，对于节能减排具有重要意义。表 7-1 给出了水、煤和风力发电所用面积的比较。在表 7-1 中，对于褐煤发电计算的为发电厂的功率和煤矿露天开采的面积。在德国，开采褐煤使得大小相当于萨尔州面积的地域面临荒漠化。对于水电站，是以水库的面积来计算的。而对于风力发电，为简单起见，则以叶轮的面积为基准。显而易见，叶轮面积要比风力机实际占的土地大得多（如地基）。对于目前国际上着力发展的海上风电技术来说，所占据的陆地土地资源更是可以忽略不计。因此，风能不仅在控制温室气体方面有突出贡献，在合理利用土地资源方面也是其他类型的能源望尘莫及的。

表 7-1　水、煤和风力发电所用面积的比较

类型	地点与时间	数据	电能产量
水电	Itaipu(巴西),1985 年	12600MW 扬程 $H=200m$	$6W/m^2$
	Spiez(瑞士),1986 年	23MW 扬程 $H=65m$	$87W/m^2$(每平方米地表面积)
褐煤发电	Schkopau(德国),1996 年	1000MW	$8W/m^2$
	Schwarze Pumpe(德国),1998 年	1600MW	$16W/m^2$
	Buschhaus(德国),1985 年	380MW	$31W/m^2$(每平方米开采面积)
风电	德国	风速 $=4.5\sim6.0m/s$	$50\sim120W/m^2$(每平方米叶轮面积；地基面积比叶轮面积小 10 倍)

③ 社会驱动力。风力发电产业在发展过程中会创造大量直接和间接的就业机会。从研发到生产，从安装到维护，都需要大量相关行业的配合，需要大量人员的参与。这对于缓解失业率、提供新的经济增长点都大有裨益。

7.1.2　风力发电技术

7.1.2.1　风力发电系统

风机系统即风力发电机组是指由风轮（叶片）、传动系统、发电机、储能系统、塔架及电气系统组成的发电设备。图 7-2 为使用直流发电机的风机系统。

7.1.2.2　风机的工作原理

风能产生三种力以驱动发电机工作，分别为轴向力（即空气牵引力，气流接触到物体并在流动方向上产生的力）、径向力（即空气提升力）和切向力，用于发电的主要是前两种力。水平轴风机使用轴向力，垂直轴风机使用径向力。现代风机主要利用空气提升力，其方向与风向垂直，主要装置为风翼或叶片。

当气流经过风翼或叶片表面时就开始了风能向电能的转化过程。气体在叶片迎风面的流动

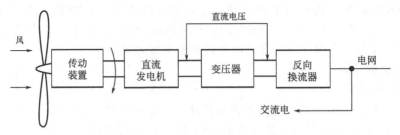

图 7-2　使用直流发电机的风机系统

速率远高于背风面，相应，迎风面压力小于背风面压力，并由此产生提升力，导致转子围绕中心轴旋转，如图 7-3 所示。

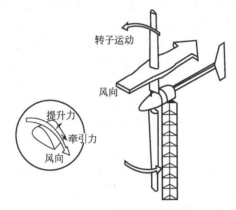

图 7-3　风力发电机的空气动力学原理示意图

根据旋转轴方向的不同，风机可分为水平轴和垂直轴两种，如图 7-4 所示。

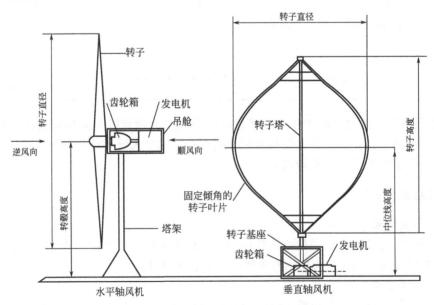

图 7-4　水平轴和垂直轴风机结构示意图

目前使用最多的是水平轴风机。水平轴风力发电机可分为升力型和阻力型两类。升力型风力发电机旋转速率快，阻力型风力发电机旋转速率慢。对于风力发电，多采用升力型水平轴风力发电机。大多数水平轴风力发电机具有对风装置，能随风向改变而转动。对于小型风力发电机，这种对风装置采用尾舵；而对于大型风力发电机，则利用风向传感元件以及伺服电机组成的传动机构。风力机的风轮在塔架前面的称为上风向风力机，风轮在塔架后面的则称为下风向风机。水平轴风力发电机的形式很多，有的具有反转叶片的风轮，有的则在一个塔架上安装多个风轮，以便在输出功率一定的条件下减少塔架的成本。其他水平轴风力发电机则在风轮周围产生漩涡，集中气流，增加气流速率。

典型的水平轴风机主要由以下几部分组成：叶片、机舱、轮毂、调速器、调向装置和塔架等。

① 叶片。风机叶片安装在轮毂上，轮毂与主轴相连并将叶片力矩传递到发电机。对于现代风机而言，转子叶片是最昂贵的零部件之一，而且叶片的强度是风力发电机组性能优劣的关键。目前的叶片所用材质已经由木质、帆布等发展为复合材料(玻璃钢)、金属(铝合金等)，其中纤维增强的新型复合材料不仅抗疲劳强度高、寿命较长，而且具有防雷击破坏的能力。

风轮叶片的数目根据风机用途而定，用于风力发电的风机叶片数一般取 1～3 片，用于风力提水的风力机叶片数一般取 12～24 片。

② 机舱。机舱包含风力发电机的关键设备，包括齿轮箱、发电机等。

③ 轮毂。轮毂是连接叶片与风轮转轴的部件，是用于传递风轮力和力矩到后面传动系统的结构。水平轴轮毂的结构大致有三种：固定式轮毂、叶片之间相对固定铰链式轮毂和各叶片自由的铰链式轮毂。

④ 调速器。调速器和限速装置的用途是在不同风速下维持风机转速恒定，或者不超过设计最高转速值，从而保证风机在额定功率值及低于此值以下时运行。特别是当风速过高时，调速器可以限制功率输出，减少叶片上的载荷，保证风机的安全性。

⑤ 调向装置。风轮若不能正对风向，风轮有效扫风面积减少，风力输出功率下降。因此，需要调整风轮的风向。风机对风常用的有尾舵调向、侧风轮调向和风力追踪器调向三种。

⑥ 塔架。风机的塔架除了要支撑风力机的重量外，还要承受风吹向风机和塔架的风压，以及风机运行中的动载荷。

垂直轴风力发电机在风向改变的时候无须对风，在这点上相对于水平轴风力发电机是一大优势，它不仅使结构设计简化，而且也减少了风轮对风时的陀螺力。垂直轴风力机的齿轮箱和发电机均可安装在地面上或风轮下，运行维修简便，费用较低。此外，垂直轴风力机叶片结构简单，制造方便，设计费用较低。

现有水平轴与垂直轴风机效率均可达到 30％～40％，但均需要进一步完善。水平轴风机使用螺旋桨式叶片，具有稳定的攻角。其优点是稳定性高，对振动和应力不敏感，但必须安装于塔架之上，增加了安装和维护费用；同时需要转向装置。垂直轴风机使用打蛋形转子，攻角变化稳定，但易产生共振，导致结构破坏。其优点是无须塔架和转向装置，而且由于发电机、齿轮箱及其他设备均处于地面，安装和维护费用相对低廉。

7.1.3　风能的其他用途

7.1.3.1　风力提水

风力提水可用于农田灌溉、人畜饮水、海水制盐、水产养殖、草场改良或滩涂改造等工程的提水作业，经济效益和社会效益显著。我国早在 1700 多年前就已应用风帆式风车提水。风力提水机总的工作原理是将风力机因风力而旋转的转轴运动应用于传动机构，使之转换成垂直方向的上下运动或较快转速的旋转运动，以此来传动与之相连的活塞式水泵或旋转式水泵。

我国目前研发生产的风力提水机主要有两种：一种为低扬程、大流量风力提水机，用于提取地表水，其扬程一般为 0.5～3.0m，流量为 50～100m³/h，主要在南方各省及东南沿海地区使用；另一种风力提水机为高扬程、小流量风力提水机，用于提取深井地下水，其扬程一般为 10~146m 之间，流量为 0.5~5m³/h，主要用于北方及草原牧区。

7.1.3.2 风帆助航

人类最早利用风能的方式为风帆助航，埃及是最先利用风能的国家。约在 5000 年前，埃及的风帆船已在尼罗河上航行。我国商朝就出现了风帆船，到唐朝已广泛航行于江河。此后，随着帆船制造技术的进步、科技发展和航行经验的积累迎来了风帆助航的辉煌时期。15 世纪是人类历史上的大航海时期，在此期间，我国航海家郑和七下西洋；哥伦布乘帆船发现了美洲新大陆。此后，随着蒸汽机和内燃机的发明以及煤、石油等能源的大规模开采和利用，帆船因其动力小和速度慢而逐渐被淘汰。

7.1.3.3 风力致热

风力致热的作用为将风能转换成热能以供家用或工农业供热需求。通常有三种转换方法。第一种是用风力机发电，再将电通入电阻丝发热。这是一种间接发热方法，转换效率不高。第二种是用风力机带动一台空气压缩机对空气压缩后放出热量。此法转换效率也不高。第三种是将风力机直接通过传动器带动搅拌器高速转动并搅拌液体致热。此法转换效率最高。此外，通过利用风力使固体材料摩擦产生热量也是一种有效方法。日本在 1981 年已经采用风力致热方法在北海道养殖鳗鱼，在京都等地用于温室供热。丹麦、荷兰、美国、新西兰等国家也将风力致热器用于家庭供热，这是一项节能和提高人民生活水平的有效措施。欧美和日本等国家目前都在进一步开展这方面的研制工作。

7.2 地热能及其材料

7.2.1 地热能概述

7.2.1.1 地热能简介

地热能是由地壳抽取的天然热能，这种能量来自地球内部的熔岩，并以热力形式存在，是导致火山爆发及地震的能量。地球内部的温度高达 7000℃，而在离地面 128~160km 的深度以下，温度会降至 650~1200℃。透过地下水的流动和熔岩涌至离地面 1~5km 的地壳，热力得以被传送到较接近地面的地方。高温的熔岩将附近的地下水加热，这些加热的水最终会渗出地面。运用地热能较简单和较合乎成本效益的方法，就是直接取用这些热源，并抽取其能量。

人类很早以前就开始利用地热能，例如利用温泉沐浴、医疗，利用地下热水取暖，建造农作物温室及烘干谷物等。但真正认识地热资源并进行较大规模的开发利用却是始于 20 世纪中叶。但是，目前则更多地利用地热来发电。

如何利用这种巨大的潜在能源呢？地热发电是利用液压或爆破碎裂法把水注入岩层，产生高温蒸汽，然后将其抽出地面推动涡轮机转动，使发电机产生电能。在这一过程中，将一部分没有利用到的水蒸气或者废气，经过冷凝器处理还原为水送回地下，如此循环往复。1990 年安装的地热发电能力达到 6000MW，直接利用地热资源的总量相当于 4.1Mt 油当量。

地热能是一种新的洁净能源，在当今人们环保意识日渐增强和能源日趋紧缺的情况下，对地热资源的合理开发、利用已越来越受到人们的青睐。在我国的地热资源开发中，经过多年的技术积累，地热发电效益显著提升。除地热发电外，直接利用地热水进行建筑供暖、发展温室农业和温泉旅游等也得到较快发展。全国已经基本形成以西藏羊八井为代表的地热发电、以天津和西安为代表的地热供暖、以东南沿海地区为代表的疗养与旅游和以华北平原为代表的种植和养殖的开发利用格局。图 7-5 为西藏羊八井地热发电站。

图 7-5　西藏羊八井地热发电站

7.2.1.2　地热能的分类及其分布情况

地热能一般可分为以下几种类型。

① 水热型。即地球浅处(地下 100～4500m)，所见到的是热水或水蒸气。

② 地压地热能。即在某些大型沉积(或含油气)盆地深处(3～6km)存在的高温、高压流体，其中含有大量甲烷气体。

③ 干热岩地热能。是在特殊地质条件形成高温但少水甚至无水的干热岩体，需要人工注水的方法才能将其热能取出。

④ 岩浆地热能。即储存在高温(700～1200℃)熔融岩浆体中的巨大热能，但如何开发利用目前仍处于探索阶段。

在上述四类地热能中，只有第一类水热型资源已达到商业开发利用阶段。

地热能集中分布在板块构造边缘一带，该区域也是火山和地震多发区。全球地热资源主要分布于以下几个地热带。

·环太平洋地热带。世界最大的太平洋板块与美洲、欧亚、印度板块的碰撞边界，即从美国的阿拉斯加、加利福尼亚到墨西哥、智利，从新西兰、印度尼西亚、菲律宾到中国沿海和日本。世界许多地热田都位于这个地热带，如美国的盖瑟斯，墨西哥的普列托、新西兰的怀腊开、中国台湾的马槽和日本的松川、大岳等地热田。

·地中海-喜马拉雅地热带。它是欧亚板块与非洲、印度板块的碰撞边界，从意大利直至中国，如意大利的拉德瑞罗地热田和中国西藏的羊八井及云南的腾冲地热田均属这个地热带。

·大西洋中脊地热带。这是大西洋板块的开裂部位，包括冰岛和亚速尔群岛的一些地热田。

·红海-亚丁湾-东非大裂谷地热带。包括肯尼亚、乌干达、刚果、埃塞俄比亚、吉布提等国家的地热田。

除板块边界形成的地热带外，在板块内部靠近边界的部位，在一定的地质条件下也有高热流区，可以蕴藏一些中、低温地热，如中亚、东欧地区的一些地热田和中国的胶东、辽东半岛及华北平原的地热田。

7.2.2　地热能的利用

地热能的利用可分为地热发电和直接利用两大类，而对于不同温度的地热流体可能利用的范围如下。

① 20～50℃。用于沐浴、水产养殖、饲养牲畜、土壤加温、脱水加工。

② 50～100℃。用于供暖、温室、家庭用热水、工业干燥。

③ 100～150℃。用于双循环发电、供暖、制冷、工业干燥、脱水加工、回收盐类、加工罐头食品。

④ 150～200℃。用于双循环发电、制冷、工业干燥、工业热加工与生产。

⑤ 200～400℃。用于直接发电及综合利用。

7.2.2.1　地热发电

地热发电是地热利用的最主要方式。高温地热流体应首先应用于发电。地热发电是利用地下热水和蒸汽作为动力源的发电技术，即通过地下2000m左右的岩浆，产生200～350℃的蒸汽带动锅炉发电。其基本原理与火力发电的原理是一样的，都是利用蒸汽的热能在汽轮机中转变为机械能，然后带动发电机发电。所不同的是，地热发电不像火力发电一样需要装备庞大的锅炉，也不需要消耗燃料，它所用的能源就是地热能。

要利用好地下热能，首先需要有"载热体"把地下的热能带到地面上来。目前能够被地热电站利用的载热体，主要是地下的天然水蒸气和热水。按照载热体类型、温度、压力和其他特性的不同，可把地热发电的方式划分为蒸汽型地热发电和热水型地热发电两大类。此外，还有正在研究的地压地热发电系统和干热岩发电系统。

① 蒸汽型地热发电。蒸汽型地热发电是把蒸汽田中的干蒸汽直接引入汽轮发电机组发电，但在引入发电机组前应把蒸汽中所含的岩屑和水滴分离出去。这种发电方式最为简单，但干蒸汽地热资源十分有限，且多存于较深地层，开采技术难度大，故其发展受到限制。主要有背压式和凝汽式两种发电系统。

② 热水型地热发电。热水型地热发电是地热发电的主要方式。目前热水型地热电站有两种循环系统：a. 闪蒸系统，当高压热水从热水井中抽至地面，由于压力降低，部分热水会沸腾并"闪蒸"成蒸汽，蒸汽送至汽轮机做功，而分离后的热水可继续利用后排出，当然最好是再回注入地层；b. 双循环系统，地热水首先流经热交换器，将地热能传给另一种低沸点的工作流体，使之沸腾而产生蒸汽。蒸汽进入汽轮机做功后进入凝汽器，再通过热交换器而完成发电循环。地热水则从热交换器回注入地层。这种系统特别适合含盐量大、腐蚀性强和不凝结气体含量高的地热资源。发展双循环系统的关键技术是开发高效的热交换器。

7.2.2.2　地热的直接利用

地热的直接利用包括以下内容。

① 地热采暖、供热和供热水。将地热能直接用于采暖、供热和供热水是仅次于地热发电的地热利用方式。因为这种利用方式简单、经济性好，深受各国重视，特别是位于高寒地区的西方国家，其中以冰岛开发利用得最好。我国利用地热供暖和供热水发展也非常迅速，在京津地区已成为地热利用中最为普遍的方式之一。

② 地热热泵。地热热泵的工作原理类似于电冰箱，但它可实现双向输出。地热热泵以地热能作为夏季制冷的冷却源、冬季供热的低温热源，从而实现采暖、制冷、供生活热水，可取代传统的制冷和供热模式。

③ 地热用于工农业生产。地热水广泛应用于纺织、印染、制革、造纸、蔬菜脱水等领域。现以地热在农副业中的应用为例，在北京、河北等地用地热水灌溉农田，调节水温，用30～40℃的地热水种植水稻，可以解决春寒时的早稻烂秧问题。利用地热水养鱼，在28℃水温下可加速鱼的育肥，可提高鱼的出产率，还可利用地热进行特种水产养殖。此外，可利用地热建造温室，育秧、种菜和养花；利用地热，给沼气池加温，提高沼气的产量等。

7.2.3　我国地热资源分布及应用情况

我国的地热资源相对丰富，全国地热可采储量是已探明煤炭可采储量的2.5倍，其中距地

表 2000m 内储藏的地热能为 2500 亿吨标准煤。全国地热可开采资源量为每年 68 亿立方米，所含地热量为 973 万亿千焦耳。在地热利用规模上，我国近些年来一直位居世界首位，并以每年近 10％的速度稳步增长。地热能作为可再生能源，开发利用好地热能资源，对缓解我国能源、环境及生态问题具有重要意义。

7.2.3.1 我国地热资源分布

地热能集中分布在板块构造边缘一带，这些区域也是火山和地震多发区。我国在地质构造上位于欧亚板块的东南角，地热能资源主要分布在京津冀、环渤海地区、东南沿海和藏滇地区。我国高温对流型地热资源主要分布在西藏、腾冲现代火山区及中国台湾，前二者属地中海地热带中的东延部分，而台湾位居环太平洋地热带中。中低温对流型地热资源主要分布在沿海一带，如广东、福建、海南等省区。中低温传导型地热资源分布在中新生代大中型沉积盆地，如华北、松辽、四川等地区。

7.2.3.2 我国地热资源应用情况

根据 2010 年世界地热大会中国国家报告，中国地热发电在最近几年几乎没有发展，高温湿蒸汽发电只有羊八井地热电厂仍在进行，西藏和中国台湾的另外 4 处地热发电均因结垢等问题而关停。此外，中低温地热的双工质循环发电，从 20 世纪 70 年代以来所维持的两座 0.3MW 发电机组，终因设备过于老化于 2008 年停运。然而，中国的地热直接利用一直在稳步增长，并呈现进一步规模化、产业化的发展趋势，热能利用总量持续 20 年世界第一。

7.2.3.3 我国地热能现状与问题

我国地热能现状与问题如下。

① 地热利用技术发展严重滞后。近 20 年来地热发电停滞不前，以致地热发电技术落后于世界先进国家。地热直接利用虽然发展较好，但也有一部分地区存在资源利用效率较低的问题，没有形成资源梯级开发综合利用的最佳模式。地热成井工艺、回灌技术以及结垢和腐蚀等技术问题较难处理，研发工作也没有跟上。

② 人力资源匮乏、研究力量薄弱。人才队伍远远落后于风能、太阳能等可再生能源领域。

③ 国家政策扶持力度不够。总体上看，地热供暖及地源热泵产业虽然已得到国家政策扶持，但力度还不够。且目前国内地热开发项目呈分散式和小规模，不利于地热资源的综合高效利用。而地热发电产业近 30 年来几乎没有得到国家的支持，颁布的《可再生能源法》虽然起到重要的指导作用，但并没有明确地热发电项目的优惠扶持政策。

7.3 海洋能及其材料

7.3.1 海洋能简介

海洋能是指蕴藏在海水里的可再生能源，主要有潮汐能、海流能、波浪能、海水温差能、海水盐差能等。潮汐能和海流能来源于太阳和月球对地球的引力变化，其他海洋能则源于太阳辐射。海洋能按其储存形式，又可分为机械能(潮汐能、波浪能和海流能)、热能(海水温差能)和化学能(海水盐差能)。海洋空间里的风力和太阳能及在海洋一定范围内的生物能也属于广义的海洋能。海洋能具有如下特点。

① 海洋能在海洋总水体中的蕴藏量巨大，而单位体积、单位面积、单位长度所拥有的能量较小。这就是说，要想得到更大能量，就要从大量海水中获得。

② 海洋能具有可再生性。海洋能来源于太阳辐射能和天体间的万有引力，只要太阳、月

球等天体与地球共存，这种能源就会再生，就会取之不尽，用之不竭。

③ 海洋能有较稳定与不稳定能源之分。较稳定的海洋能为温差能、盐差能和海流能。不稳定能源分为变化有规律与变化无规律两种。属于不稳定但变化有规律的有潮汐能与潮流能。人们根据潮汐、潮流变化规律，编制出各地逐日逐时的潮汐与潮流预报，预测未来各个时间的潮汐大小与潮流强弱。潮汐电站与潮流电站可根据预报表安排发电运行。另外，既不稳定又无规律的是波浪能。

④ 海洋能属于清洁能源，也就是海洋能一旦开发后，其本身对环境污染影响很小。

7.3.2　海洋能的应用

7.3.2.1　潮汐发电

潮汐能是指在涨潮和落潮过程中产生的势能。潮汐能主要用来发电。潮汐发电是利用海水潮涨、潮落的势能发电，潮汐的能量与潮量和潮差成正比。实践证明，潮涨、潮落的最大潮位差应在 10m 以上时（平均潮位差 ≥ 3m）才能获得经济效益，否则难以实用化。人类利用潮汐发电已有近百年历史，潮汐发电是海洋能利用技术中最成熟、规模最大的一种。

潮汐发电的工作原理如下。在适当的地点建造一个大坝，涨潮时，海水从大海流入坝内水库，带动水轮机旋转发电。落潮时，海水流向大海，同样推动水轮机旋转而发电。因此，潮汐发电所使用的水轮机需要在正、反两个方向的水流作用下均能同向旋转。

我国沿岸潮汐能资源主要集中在东海沿岸。从潮差和海岸性质来看，能量密度和电站水库地质条件以福建、浙江沿岸地区最好，其次是辽东半岛南岸东侧、山东半岛南岸北侧和广西东部等岸段。这些地区潮差较大，海岸曲折，多海湾，具有潮汐电站建设的良好条件。据估算，合计装机容量可达 1925 万千瓦，年发电量将达 551 亿千瓦·时。自从 20 世纪 50 年代中期，我国潮汐电站始建直到目前为止，还在运行的潮汐能电站只剩下了 3 座，分别是：位于浙江温岭的总装机容量 3200kW 的江厦站、位于浙江玉环的总装机容量 150kW 的海山站和位于山东乳山的总装机容量 640kW 的白沙口站。需要指出的是，我国的潮汐能源密度在世界范围仅属于中等水平。

7.3.2.2　波浪能发电

海面在风力作用下产生的波浪运动所具有的能量称为波浪能。波浪的能量与波高的平方、波浪的运动周期以及迎波面的宽度成正比。波浪能是海洋能源中最不稳定的一种能源。波浪能发电装置按固定方式可分为固定式和漂浮式两种，也可按其位置分为离岸式和岸式；按照获取能量的方式还可分为 6 种主要类型。装置的具体分类及其特点如表7-2 所示。

表 7-2　波浪能发电装置的分类

分类方式	类别	主要特点
固定方式	固定式(fixed)	发电效率较高,建造成本受周边环境因素影响大
	漂浮式(floating)	效率相对较低,且装置的结构可靠性往往不理想.但是建造难度较小
位置	岸式(onshore)	便于维护管理和电力输送,但是海边波浪能流密度较小
	离岸式(offshore)	固定在海底,能流密度大,但是转化效率低,管理成本较大

续表

分类方式	类别	主要特点
获取能量的方式	振荡水柱式（OWC）	波浪进入气室形成水柱，水柱自由表面上部的空气柱产生振荡运动，推动出气孔处的往复透平，将高速空气转化为电能
	筏式（raft）	筏通过铰链铰接在一起，铰链处设有能量转换装置，波浪的运动引起铰接板的弯曲，进而反复压缩液压活塞并输出机械能
	摆板式（pendulum）	利用装置的运动部件，在波浪的推动下，将其从波浪吸收的能量转化为机械能
	越浪式（overtopping）	波浪越过一个倾斜坡道，沿坡道进入到一个高位水库，然后通过水库里的低水头水轮机发电
	点吸收（point absorber）	利用一个在港中的浮子作为波浪的吸收载体，然后将浮子吸收的能量通过机械装置或者液压装置转换出去
	鸭式（duck）	波浪在推动鸭身结构绕轴旋转时，接近鸭嘴的浮体做上升和下沉两种运动；在一个波浪周期内，点头鸭将其机械能通过液压装置转化为电能

我国波浪能发电研究始于 20 世纪 70 年代，80 年代以来获得较快发展，中国科学院广州能源研究所先后完成了 3kW、20kW 以及 100kW 岸式波力试验电站，并在"十五"期间在广东汕尾市完成了世界首座独立稳定波浪能电站。

7.3.2.3　温差能发电

海水温差能是指海洋表层海水和深层海水之间水温差的热能。海洋温差发电是利用海洋表层海水（太阳辐射能大部分转化为热能，形成 $26 \sim 27^{\circ}C$ 的热水层）与深层海水（$1 \sim 6^{\circ}C$）的温差而发电的方式。海水的热传导率低，表层的热量难以传到深层，许多热带或亚热带海域终年形成 $20^{\circ}C$ 以上的垂直温差，利用此温差可实现热力循环来发电。

海洋温差发电的基本原理是利用海洋表面的温海水加热某些低沸点工质并使之气化，或通过降压使海水汽化以驱动汽轮机发电。同时，利用从海底提取的冷海水将做功后的乏汽冷凝，使之重新变成液体。海水温差发电的主要方式有 3 种，即闭式循环系统、开式循环系统和混合式循环。如图 7-6～图 7-8 所示，分别为这 3 种循环系统方式的系统原理图。

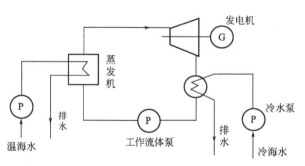

图 7-6　闭式海洋温差发电系统

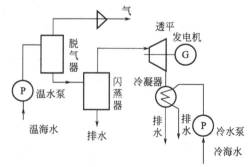

图 7-7　开式海洋温差发电系统

我国近海及毗邻海域的温差能资源储量巨大，其理论储量为 $(14.4 \sim 15.9) \times 10^{18} kJ$。相比较而言，我国对海洋温差能的研究工作起步晚。20 世纪 80 年代初，中国科学院广州能源研究所、中国海洋大学和国家海洋局海洋技术中心研究所等单位开始温差发电技术的研究。1986年，广州能源研究所研制完成开式温差能转换试验模拟装置，利用 30℃ 以下的温水，在温差

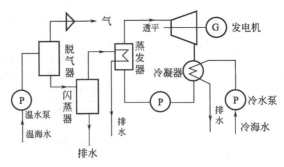

图 7-8 混合式海洋温差发电系统

20℃的情况下，实现电能转换。2004~2005 年，天津大学完成了对混合式海洋温差能利用系统理论研究课题。2008 年，国家海洋局第一海洋研究所承担了"十一五"科技支撑计划——"15kW 海洋温差能关键技术与设备的研制"。

7.3.2.4 盐差能发电

盐差能是指海水和淡水之间或两种含盐浓度不同的海水之间的化学电位差能，主要存在于河海交界处。盐差能是海洋能中能量密度最大的一种可再生能源。盐差能有多种表现形态，最受关注的是以渗透压形态表现的势能。所谓渗透压是在两种浓度不同的溶液之间隔一层半透膜（只允许溶剂通过的膜）时，淡水会通过半透膜向海水一侧渗透，海水一侧因水量增加而液面不断升高。当两侧的水位差达到一定高度 h 时，淡水便会停止向海水一侧渗透，两侧的水位差 h 称为这两种溶液的渗透压，利用这一水位差就可以直接由水轮发电机发电。

目前正在研究的盐差能发电装置为渗透压式盐差能发电系统、蒸气压式盐差能发电系统等。但上述装置均处于研发阶段，要达到经济性的开发目标仍需要一定的时间。

参 考 文 献

[1] 翟秀静，刘奎仁，韩庆等. 新能源技术. 北京：化学工业出版社，2010.
[2] 冯飞，张蕾等. 新能源技术与应用概论. 北京：化学工业出版社，2011.
[3] 姜丽，杜琼伟，公衍芬. 我国海洋风能开发现状及前景分析. 海洋信息，2013，4：58-60.
[4] 张峰，张建华. 风电发展现状与关键技术研究. 能源环境，2013.
[5] 林宗虎. 风能及其利用. 自然杂志，2008，30(6)：309-314.
[6] 程永卓. 浅谈中国风力发电的现状与发展前景. 能源与节能，2013，5：19-25.
[7] 陶金，张雪，刘煜龙. 我国风力发电的现状和前景探讨. 现代机械，2013，3：26-28.
[8] 李勇刚. 水平轴风机空气动力学性能的时域仿真研究. 硕士论文，2011.
[9] 田甜. 论地热能开发与利用. 现代装饰，2012，10：34-35.
[10] 王小毅，李汉明. 地热能的利用与发展前景. 能源研究与利用，2013，3：44-48.
[11] Keyan Z，Zaisheng H，ZhenguoZ. Steady Industrialized Development of Geothermal Energy in China Country Update Report，2005-2009. England：Elsevier，2010.
[12] 邓隐北，熊雯. 海洋能的开发与利用. 可再生能源，2004，3：70-72.
[13] 马龙，陈刚，兰丽茜. 浅析我国海洋能合理化开发利用的若干关键问题及发展策略. 海洋开发与管理，2013，2：46-50.
[14] 杨宗宇. 越浪式波能发电装置水力性能的实验研究. 硕士论文，2013.
[15] 王传崑，施伟勇. 中国海洋能资源的储量及其评价. 中国可再生能源学会海洋能专业委员会第一届学术讨论会文集. 2008：169-179.
[16] Yang HaiJun. Assessing the meridional atmosphere and ocean energy transport in a varying climate. Chinese Science Bulletin. 2013. 15：1737-1740.